JN171786

大学数学入門編

初めから解ける 演習 微分積分

■ キャンパス・ゼミ ■

大学数学を楽しく練習できる演習書！

馬場敬之

マセマ出版社

◆ はじめに ◆

　みなさん，こんにちは。マセマの**馬場敬之(けいし)**です。既刊の『**初めから学べる　微分積分キャンパス・ゼミ**』は多くの読者の皆様のご支持を頂いて，**大学数学入門編のための教育のスタンダードな参考書**として定着してきているようです。そして，マセマには連日のように，この『初めから学べる　微分積分キャンパス・ゼミ』で養った実力をより確実なものとするための『**演習書(問題集)**』が欲しいとのご意見が寄せられてきました。このご要望にお応えするため，新たに，この『**初めから解ける　演習　微分積分キャンパス・ゼミ**』を上梓することができて，心より嬉しく思っています。

　推薦入試や**AO入試**など，本格的な大学受験の洗礼を受けることなく大学に進学して，大学の**微分積分(解析学)**の講義を受けなければならない皆さんにとって，その基礎学力を鍛えるために**問題練習は欠かせません。**
　この『**初めから解ける　演習　微分積分キャンパス・ゼミ**』は，そのための**最適な演習書**と言えます。

　ここで，まず本書の特徴を紹介しておきましょう。
- ●『初めから学べる　微分積分キャンパス・ゼミ』に準拠して全体を**4章**に分け，各章毎に，解法のパターンが一目で分かるように，(*methods & formulae*)(要項)を設けている。
- ●マセマオリジナルの頻出典型の演習問題を，各章毎に**分かりやすく体系立てて配置**している。
- ●各演習問題には(ヒント)を設けて解法の糸口を示し，また(解答&解説)では，定評あるマセマ流の読者の目線に立った**親切で分かりやすい解説**で明快に解き明かしている。
- ●**2色刷り**の美しい構成で，読者の理解を助けるため図解も豊富に掲載している。

さらに，本書の具体的な利用法についても紹介しておきましょう。

● まず，各章毎に，(*methods & formulae*)(要項)と演習問題を一度**流し読み**して，学ぶべき内容の全体像を押さえる。

● 次に，(*methods & formulae*)(要項)を**精読**して，公式や定理それに解法パターンを頭に入れる。そして，各演習問題の(解答 & 解説)を見ずに，問題文と(ヒント)のみを読んで，**自分なりの解答**を考える。

● その後，(解答 & 解説)をよく読んで，自分の解答と比較してみる。そして間違っている場合は，**どこにミスがあったかをよく検討**する。

● 後日，また(解答 & 解説)を見ずに**再チャレンジ**する。

● そして，問題がスラスラ解けるようになるまで，何度でも納得がいくまで**反復練習**する。

　以上の流れに従って練習していけば，大学の微分積分の基本を確実にマスターできますので，**微分積分の講義にも自信をもって臨める**ようになります。また，易しい問題であれば，**十分に解きこなすだけの実力**も身につけることができます。どう？ やる気が湧いてきたでしょう？

　この『初めから解ける 演習 微分積分キャンパス・ゼミ』では，"オイラーの公式"や"ダランベールの収束判定法"や"マクローリン展開"，それに **2** 変数関数の"**偏微分と全微分**"や"**重積分**"の問題など，高校数学では扱わない分野でも，**大学数学で重要なテーマの問題は積極的に掲載**しています。したがって，これで確実に**高校数学から大学数学へステップアップ**していけます。

　この演習書で，読者の皆様が，大学の微分積分の面白さに目覚め，さらに楽しみながら実力を身に付けて行かれることを願ってやみません。この演習書が，これからの皆様の数学学習の**良きパートナー**となることを期待しています。

マセマ代表　馬場 敬之

この演習書は読者の皆様により親しみをもって頂けるように「演習 大学基礎数学 微分積分キャンパス・ゼミ」のタイトルを変更したものです。新たに，補充問題として，ダランベールの判定法の応用問題を加えました。

4

§1. 無限級数

Σ 計算の基本公式

$$(1)\ \sum_{k=1}^{n} k = \frac{1}{2}n(n+1) \qquad (2)\ \sum_{k=1}^{n} k^2 = \frac{1}{6}n(n+1)(2n+1)$$

$$(3)\ \sum_{k=1}^{n} k^3 = \frac{1}{4}n^2(n+1)^2 \qquad (4)\ \sum_{k=1}^{n} c = nc$$

（定数）　　　　　　　　　　　　　　　　　　　n 個の c の和だ！

$$(5)\ \sum_{k=1}^{n} ar^{k-1} = \frac{a(1-r^n)}{1-r}\quad (r \neq 1) \qquad (6)\ \sum_{k=1}^{n} (I_k - I_{k+1}) = I_1 - I_{n+1}$$

（等比数列の和）

$$\sum_{k=1}^{n} (I_k - I_{k+2}) = I_1 + I_2 - I_{n+1} - I_{n+2}\ \text{など}\cdots,$$
様々な変形パターンがある。

　一般に，$S_n = \sum_{k=1}^{n} a_k$ について，$n \to \infty$ の極限をとったものを $S = \lim_{n \to \infty} S_n = \sum_{k=1}^{\infty} a_k$ とおくと，S は無限級数の和を表し，これは収束する場合もあれば，発散する場合もある。

　数列の極限や無限級数の問題で，$\frac{\infty}{\infty}$ の不定形が表われる場合が多い。このイメージとして，次の **3** つのパターンが考えられる。

$$\begin{cases} (\text{i})\ \dfrac{400}{10000000000} \longrightarrow 0 \quad (\text{収束}) & \left[\dfrac{\text{弱い}\infty}{\text{強い}\infty} \longrightarrow 0\right] \\[2mm] (\text{ii})\ \dfrac{300000000000}{100} \longrightarrow \infty \quad (\text{発散}) & \left[\dfrac{\text{強い}\infty}{\text{弱い}\infty} \longrightarrow \infty\right] \\[2mm] (\text{iii})\ \dfrac{1000000}{2000000} \longrightarrow \dfrac{1}{2} \quad (\text{収束}) & \left[\dfrac{\text{同じ強さの}\infty}{\text{同じ強さの}\infty} \longrightarrow \text{有限な値}\right] \end{cases}$$

　ただし，この "強い∞" や "弱い∞" などは便宜上の表現なので，答案に書いてはいけない。頭の中の操作として利用しよう。

$\lim_{n \to \infty} r^n$ の基本公式

$$\lim_{n \to \infty} r^n = \begin{cases} 0 & (-1 < r < 1\ \text{のとき}) & (\text{I}) \\ 1 & (r = 1\ \text{のとき}) & (\text{II}) \\ \text{発散}\ (r \leqq -1,\ 1 < r\ \text{のとき}) & & (\text{III}) \end{cases}$$

(ⅰ) $-1 < r < 1$ (ⅱ) $r = 1$ (ⅲ) $r = -1$ (ⅳ) $r < -1$, $1 < r$

このとき,
$\lim_{n \to \infty} r^n = 0$
（収束）

このとき,
$\lim_{n \to \infty} r^n = 1$
（収束）

このとき,
$\lim_{n \to \infty} r^n$ は -1 と 1 の値を交互にとって振動する。（発散）

このとき,
$\lim_{n \to \infty} r^n$ は発散するけれど,
$\lim_{n \to \infty} \left(\dfrac{1}{r}\right)^n = 0$
となる。（収束）

無限級数の和の公式

（Ⅰ）無限等比級数の和

$$\sum_{k=1}^{\infty} ar^{k-1} = a + ar + ar^2 + \cdots\cdots = \frac{a}{1-r} \quad (\text{収束条件}: -1 < r < 1)$$

（初項 a / 公比 r）

（Ⅱ）部分分数分解型

これについては, $\sum_{k=1}^{\infty} \dfrac{1}{k(k+1)}$ の例で示す。

部分和 $S_n = \sum_{k=1}^{n} \dfrac{1}{k(k+1)} = \sum_{k=1}^{n} \left(\dfrac{1}{k} - \dfrac{1}{k+1}\right) = \dfrac{1}{1} - \dfrac{1}{n+1}$

$$\left[\sum_{k=1}^{n} (I_k - I_{k+1}) = I_1 - I_{n+1} \right]$$

$\therefore$ 無限級数の和 $S = \lim_{n \to \infty} S_n = \lim_{n \to \infty} \left(1 - \dfrac{1}{n+1}\right) = 1$

（$\to 0$）

    無限級数 $\lim_{n \to \infty} S_n = \sum_{k=1}^{\infty} a_k = a_1 + a_2 + a_3 + \cdots$ について, 一般に次の命題

「$\lim_{n \to \infty} S_n = S$（収束）ならば, $\lim_{n \to \infty} a_n = 0$ となる」 $\cdots\cdots$(*1)

が成り立つが, この逆は成り立つとは限らない。

$a_k > 0$ $(k = 1, 2, 3, \cdots)$ のとき, $\sum_{k=1}^{\infty} a_k$ を正項級数という。

この正項級数 $\sum_{k=1}^{\infty} a_k$ は, $\lim_{n \to \infty} \dfrac{a_{n+1}}{a_n} = r$ とおくと,

（ⅰ）$0 \leqq r < 1$ のとき収束し, （ⅱ）$1 < r$ のとき発散する。

これを "ダランベールの判定法" という。

§2. 漸化式と数列の極限

漸化式と解

(1) 等差数列型

漸化式：$a_{n+1} = a_n + \boxed{d}$ 〔公差〕

のとき，$a_n = a_1 + (n-1)d$

(2) 等比数列型

漸化式：$a_{n+1} = \boxed{r}\,a_n$ 〔公比〕

のとき，$a_n = a_1 \cdot r^{n-1}$

(3) 階差数列型

漸化式：$a_{n+1} - a_n = b_n$

のとき，$n \geqq 2$ で，

$$a_n = a_1 + \sum_{k=1}^{n-1} b_k$$

(4) 等比関数列型

$F(n+1) = rF(n)$ のとき，

$F(n) = F(1)r^{n-1}$

(4)を利用して，2項間と3項間の漸化式の解法パターンを下に示す。

2項間の漸化式

- $a_{n+1} = \underline{p}a_n + q$ のとき，$(p,\ q：定数)$

  特性方程式：$x = px + q$ の解 α を使って，

  $\underline{a_{n+1} - \alpha} = p(\underline{a_n - \alpha})$ の形にもち込んで解く。

  $\boxed{F(n+1) = \underline{p} \cdot F(n)}$ ←── 等比関数列型の漸化式

3項間の漸化式

- $a_{n+2} + pa_{n+1} + qa_n = 0$ のとき，$(p,\ q：定数)$

  特性方程式：$x^2 + px + q = 0$ の解 $\alpha,\ \beta$ を用いて，

  $$\begin{cases} \underline{a_{n+2} - \alpha a_{n+1}} = \beta(\underline{a_{n+1} - \alpha a_n}) & \cdots\cdots(a) \quad \boxed{F(n+1) = \beta F(n)} \\ \underline{a_{n+2} - \beta a_{n+1}} = \alpha(\underline{a_{n+1} - \beta a_n}) & \cdots\cdots(b) \quad \boxed{G(n+1) = \alpha G(n)} \end{cases}$$

  の形にもち込んで解く！

一般項 a_n が求まらない場合の極限 $\displaystyle\lim_{n\to\infty} a_n$ の問題は，$0 < r < 1$ として，

$|a_{n+1} - \alpha| \leqq r|a_n - \alpha|$ $\boxed{F(n+1) \leqq rF(n)}$ の形にもち込み，

$|a_n - \alpha| \leqq |a_1 - \alpha|r^{n-1}$ $\boxed{F(n) \leqq F(1) \cdot r^{n-1}}$ と変形して，

$n \to \infty$ の極限を求めれば，ハサミ打ちの原理から $\displaystyle\lim_{n\to\infty} a_n = \alpha$ が導ける。

§3. 関数の基本

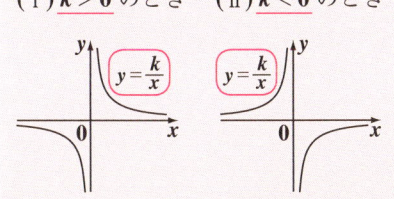

・分数関数 $y = \dfrac{k}{x}$ のグラフ

(i) $k > 0$ のとき　　(ii) $k < 0$ のとき

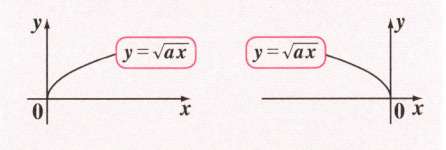

・無理関数 $y = \sqrt{ax}$ のグラフ

(i) $a > 0$ のとき　　(ii) $a < 0$ のとき

関数の平行移動

$$y = f(x) \xrightarrow[\text{平行移動}]{(p,\ q)\ \text{だけ}} y - q = f(x - p)$$

$$\therefore\ y = f(x - p) + q \text{ となる。}$$

関数の対称移動については，次のものがある。

(i) x 軸に関する対称移動：$y = f(x) \longrightarrow -y = f(x)$

(ii) y 軸に関する対称移動：$y = f(x) \longrightarrow y = f(-x)$

(iii) 原点 O に関する対称移動：$y = f(x) \longrightarrow -y = f(-x)$

逆関数の公式

$y = f(x)$：1 対 1 対応の関数のとき，

$$y = f(x) \xleftarrow{\text{逆関数}} x = f(y)$$

直線 $y = x$ に関して対称なグラフ　　　$y = f^{-1}(x)$

元の関数の x と y を入れ替えたもの

これを，$y = (x \text{ の式})$ の形に書き換える。

逆関数の出来上がり！

(ex) 1 対 1 対応の関数 $y = \sin x$

$\left(-\dfrac{\pi}{2} \leqq x \leqq \dfrac{\pi}{2} \right)$ の x と y を入れ替えて，$x = \sin y$ $(-1 \leqq x \leqq 1)$ これを $y = \sin^{-1}x$ $(-1 \leqq x \leqq 1)$ とおいて，$\sin x$ の逆関数 $\sin^{-1}x$ が求まる。$y = \sin x$ と $y = \sin^{-1}x$ のグラフは，直線 $y = x$ に関して対称なグラフになる。

$y = \sin^{-1}x$ $(-1 \leqq x \leqq 1)$ のグラフ

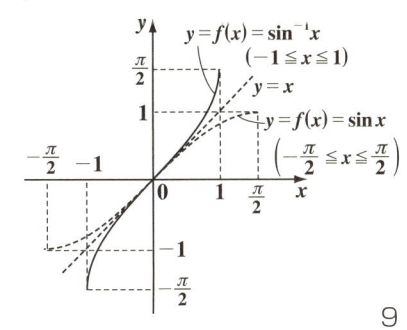

9

$$\begin{cases} t = f(x) & \cdots\cdots ① \\ y = g(t) & \cdots\cdots ② \end{cases}$$

東京 — f → SF — g → NY
x → t → y

$g \circ f$ 合成関数
後 先

$\therefore$ ①を②に代入して，

$$y = g(f(x)) = g \circ f(x)$$

(ex) $f(x) = 2x - 1$，$g(x) = \cos 2x$ のとき，

$$\begin{cases} \cdot g \circ f(x) = g(f(x)) = g(2x-1) = \cos 2(2x-1) = \cos(4x-2) \\ \cdot f \circ g(x) = f(g(x)) = f(\cos 2x) = 2\cos 2x - 1 \quad となる。 \end{cases}$$

§4. 関数の極限

関数の極限では，$\dfrac{\infty}{\infty}$ の不定形以外に，$\dfrac{0}{0}$ の不定形の問題もよく出題される。$\dfrac{0}{0}$ の不定形のイメージを下に示す。

$$\begin{cases} (\text{i}) \dfrac{0.000000004}{0.001} \longrightarrow 0 \quad (収束) \quad \left[\dfrac{強い\ 0}{弱い\ 0} \longrightarrow 0\right] \\[3mm] (\text{ii}) \dfrac{0.005}{0.000000002} \longrightarrow \infty \quad (発散) \quad \left[\dfrac{弱い\ 0}{強い\ 0} \longrightarrow \infty\right] \\[3mm] (\text{iii}) \dfrac{0.00001}{0.00003} \longrightarrow \dfrac{1}{3} \quad (収束) \quad \left[\dfrac{同じ強さの\ 0}{同じ強さの\ 0} \longrightarrow 有限な値\right] \end{cases}$$

ただし，この"強い 0"や"弱い 0"などは便宜上の表現なので，答案に書いてはいけない。頭の中の操作として利用しよう。

(ex) $\displaystyle\lim_{x \to 1} \dfrac{\sqrt{x^2+3}-2}{x-1}$ について， ← これは，$\dfrac{\sqrt{1+3}-2}{1-1} = \dfrac{0}{0}$ の不定形

$x^2 + 3 - 2^2 = x^2 - 1 = (x+1)(x-1)$

$$\lim_{x \to 1} \dfrac{\sqrt{x^2+3}-2}{x-1} = \lim_{x \to 1} \dfrac{\left(\sqrt{x^2+3}-2\right)\left(\sqrt{x^2+3}+2\right)}{(x-1)\left(\sqrt{x^2+3}+2\right)}$$

分子・分母に $\sqrt{}+2$ をかけた。

$$= \lim_{x \to 1} \dfrac{(x-1)(x+1)}{(x-1)\left(\sqrt{x^2+3}+2\right)} = \dfrac{1+1}{\sqrt{1^2+3}+2} = \dfrac{2}{4} = \dfrac{1}{2} \quad となる。$$

$\dfrac{0}{0}$ の要素が消えた！

三角関数の極限公式

$$(1)\ \lim_{x \to 0} \frac{\sin x}{x} = 1 \qquad (2)\ \lim_{x \to 0} \frac{\tan x}{x} = 1 \qquad (3)\ \lim_{x \to 0} \frac{1 - \cos x}{x^2} = \frac{1}{2}$$

(1), (2), (3) の公式はいずれも $\frac{0}{0}$ の不定形の形であり, (1), (2) のイメージは $\frac{0.0001}{0.0001} = 1$ なので, これらの逆数の極限をとっても同じ **1** になる。つまり, $\lim_{x \to 0} \frac{x}{\sin x} = 1$, $\lim_{x \to 0} \frac{x}{\tan x} = 1$ となる。(3) のイメージは, $\frac{0.0001}{0.0002} = \frac{1}{2}$ なので, この逆数の極限は, $\lim_{x \to 0} \frac{x^2}{1 - \cos x} = 2$ となる。

指数関数・対数関数の極限公式

$$(1)\ \lim_{x \to 0} (1 + x)^{\frac{1}{x}} = e \qquad (2)\ \lim_{x \to \pm\infty} \left(1 + \frac{1}{x}\right)^x = e$$

$$(3)\ \lim_{x \to 0} \frac{e^x - 1}{x} = 1 \qquad (4)\ \lim_{x \to 0} \frac{\log(1 + x)}{x} = 1$$

(ただし, ネイピア数 $e = 2.7182\cdots$ であり, $\log(1 + x)$ は自然対数である。)

大学数学で, 指数関数や対数関数という場合, いずれもその底は e (ネイピア数) を指すことが多い。すなわち指数関数 $y = e^x$ であり, 対数関数 $\underline{y = \log x}$ である。

> これは, $y = \log_e x$ のことで, これを自然対数関数という。

ネイピア数 e は (1) の極限の式で定義される。ここで, (1) の x を $x = \frac{1}{t}$ とおくと, $x \to 0$ のとき, $t \to \pm\infty$ より,

$\lim_{x \to 0} (1 + x)^{\frac{1}{x}} = \lim_{t \to \pm\infty} \left(1 + \frac{1}{t}\right)^t = e$ となり, この t を x に置き換えると, (2) の公式になる。

(3), (4) はいずれも $\frac{0}{0}$ の不定形であり, そのイメージは共に $\frac{0.0001}{0.0001} = 1$ より, これらの逆数の極限をとっても同じ **1** になる。つまり, $\lim_{x \to 0} \frac{x}{e^x - 1} = 1$, $\lim_{x \to 0} \frac{x}{\log(1 + x)} = 1$ となる。

Σ 計算と極限（I）

次の極限の値を求めよ。

$$\lim_{n \to \infty} \frac{\{3+5+7+\cdots+(2n+1)\}^2}{3^3+6^3+9^3+\cdots+(3n)^3} \quad \cdots\cdots ①$$

ヒント！　①の分子と分母をそれぞれ S_n, T_n とおいて，これらを Σ 計算の公式で求めた後，極限 $\lim_{n \to \infty} \dfrac{S_n}{T_n}$ の値を求めればいいんだね。頑張ろう！

解答＆解説

①の分子を S_n，分母を T_n とおくと，

・$S_n = \{3+5+7+\cdots+(2n+1)\}^2$

公式：
$$\sum_{k=1}^{n} k = \frac{1}{2}n(n+1)$$
$$\sum_{k=1}^{n} c = n \cdot c$$

$$\sum_{k=1}^{n}(2k+1) = 2\sum_{k=1}^{n}k + \sum_{k=1}^{n}1 = 2\cdot\frac{1}{2}n(n+1)+n\cdot1$$

$$= \{n(n+1)+n\}^2 = (n^2+2n)^2 = n^4+4n^3+4n^2 \quad \cdots\cdots② \quad となり，$$

・$T_n = 3^3+6^3+9^3+\cdots+(3n)^3$

$$= \sum_{k=1}^{n}(3k)^3 = 27\sum_{k=1}^{n}k^3 = 27\cdot\frac{1}{4}n^2(n+1)^2$$

公式：
$$\sum_{k=1}^{n}k^3 = \frac{1}{4}n^2(n+1)^2$$

$$= \frac{27}{4}n^2(n^2+2n+1) = \frac{27}{4}(n^4+2n^3+n^2) \quad \cdots\cdots③ \quad となる。$$

以上②，③を①に代入して，極限の値を求めると，

$$\lim_{n \to \infty}\frac{S_n}{T_n} = \lim_{n \to \infty}\left(\frac{n^4+4n^3+4n^2}{\frac{27}{4}(n^4+2n^3+n^2)}\right.$$

（4次の ∞）
（4次の ∞）

$$= \lim_{n \to \infty}\frac{4}{27}\cdot\frac{n^4+4n^3+4n^2}{n^4+2n^3+n^2}$$

分子・分母を n^4 で割った！

$$= \lim_{n \to \infty}\frac{4}{27}\cdot\frac{1+\dfrac{4}{n}+\dfrac{4}{n^2}}{1+\dfrac{2}{n}+\dfrac{1}{n^2}} = \frac{4}{27}\times\frac{1}{1} = \frac{4}{27} \quad \cdots\cdots\cdots\cdots(答)$$

Σ計算と極限（Ⅱ）

次の極限の値を求めよ。

$$\lim_{n \to \infty} \frac{(1 + 3 + 3^2 + 3^3 + \cdots + 3^{n-1})^2}{3 + 3^2 + 3^3 + 3^4 + \cdots + 3^{2n}} \quad \cdots\cdots ①$$

ヒント! ①の分子・分母をそれぞれ S_n, T_n とおいて，等比数列の和の公式：
$a + ar + ar^2 + \cdots + ar^{n-1} = \dfrac{a(1-r^n)}{1-r}$ を用いて求めた後，極限 $\lim_{n \to \infty} \dfrac{S_n}{T_n}$ の値を求める。この際，分子・分母の項数に注意しよう。

解答&解説

①の分子を S_n，分母を T_n とおくと，

・$S_n = (1 + 3 + 3^2 + 3^3 + \cdots + 3^{n-1})^2$

$\qquad = \left(\dfrac{3^n - 1}{2}\right)^2$

$\qquad = \dfrac{1}{4}(3^n - 1)^2 \quad \cdots\cdots ②$　となり，

・$T_n = 3^{\boxed{1}} + 3^2 + 3^3 + \cdots + 3^{\boxed{2n}}$

（　）内は，初項 $a = 1$，公比 $r = 3$ の等比数列で，

この項数は，$3^{\boxed{0}} + 3^1 + 3^2 + 3^3 + \cdots + 3^{\boxed{n-1}}$ として，
1刻みで増えている数を基に，

$n - 1 - 0 + 1 = n$ 項と分かるので，公式

$\dfrac{a(1 - r^{(項数)})}{1 - r} = \dfrac{1 \cdot (1 - 3^n)}{1 - 3} = \dfrac{3^n - 1}{2}$ となる。

（項数）＝（最後の数）−（最初の数）＋1
と覚えよう！

これは，初項 $a = 3$，公比 $r = 3$，項数 $2n - 1 + 1 = 2n$ の等比数列の和だね。

$\qquad = \dfrac{3(1 - 3^{2n})}{1 - 3} = \dfrac{3}{2}(3^{2n} - 1) \quad \cdots\cdots ③$　となる。

以上②，③を①に代入して，極限の値を求めると，

$$\lim_{n \to \infty} \frac{S_n}{T_n} = \lim_{n \to \infty} \frac{\dfrac{1}{4}(3^n - 1)^2}{\dfrac{3}{2}(3^{2n} - 1)} = \lim_{n \to \infty} \frac{1}{6} \cdot \frac{3^{2n} - 2 \cdot 3^n + 1}{3^{2n} - 1}$$

分子・分母を 3^{2n} で割った！

$$= \lim_{n \to \infty} \frac{1}{6} \cdot \frac{1 - 2\left(\dfrac{1}{3}\right)^n + \left(\dfrac{1}{3}\right)^{2n}}{1 - \left(\dfrac{1}{3}\right)^{2n}} = \frac{1}{6} \times 1 = \frac{1}{6} \text{ となる。} \quad \cdots\cdots \text{(答)}$$

13

Σ 計算と極限 (Ⅲ)

次の各問いに答えよ。

(1) $\displaystyle\lim_{n\to\infty}\sum_{k=1}^{n}\frac{1}{k(k+1)(k+2)}$ を求めよ。

(2) $S_n=\displaystyle\sum_{k=1}^{n}\frac{1}{\sqrt{k+1}+\sqrt{k}}$ のとき，極限 $\displaystyle\lim_{n\to\infty}\frac{S_n}{\sqrt{n}}$ を求めよ。

(3) $T_n=\displaystyle\sum_{k=1}^{n}\left(\sin\frac{k}{6}\pi-\sin\frac{k+1}{6}\pi\right)$ のとき，極限 $\displaystyle\lim_{n\to\infty}\frac{T_n}{n}$ を求めよ。

ヒント！ (1), (2), (3)は，いずれも公式：$\displaystyle\sum_{k=1}^{n}(I_k-I_{k+1})=I_1-I_{n+1}$ を利用するΣ 計算と極限の問題だね。(3)では，ハサミ打ちの原理を使うことがポイントになる。

解答 & 解説

公式：
$$\sum_{k=1}^{n}(I_k-I_{k+1})$$
$$=(I_1-\cancel{I_2})+(\cancel{I_2}-\cancel{I_3})+\cdots+(\cancel{I_n}-I_{n+1})$$
途中がバサバサと消える！
$$=I_1-I_{n+1}$$

(1) $\dfrac{1}{k(k+1)}-\dfrac{1}{(k+1)(k+2)}$

$=\dfrac{\cancel{k}+2-\cancel{k}}{k(k+1)(k+2)}=\dfrac{2}{k(k+1)(k+2)}$ より，

$\dfrac{1}{k(k+1)(k+2)}=\dfrac{1}{2}\left\{\underbrace{\dfrac{1}{k(k+1)}}_{I_k}-\underbrace{\dfrac{1}{(k+1)(k+2)}}_{I_{k+1}}\right\}$

$I_k=\dfrac{1}{k(k+1)}$ とおくと，$I_{k+1}=\dfrac{1}{(k+1)(k+1+1)}$ となるからね。

よって，求める極限は，

$\displaystyle\lim_{n\to\infty}\sum_{k=1}^{n}\frac{1}{k(k+1)(k+2)}=\lim_{n\to\infty}\frac{1}{2}\sum_{k=1}^{n}\left\{\underbrace{\frac{1}{k(k+1)}}_{I_k}-\underbrace{\frac{1}{(k+1)(k+2)}}_{I_{k+1}}\right\}$

$I_1-I_{n+1}=\dfrac{1}{1\cdot2}-\dfrac{1}{(n+1)(n+2)}$

$=\displaystyle\lim_{n\to\infty}\frac{1}{2}\left\{\frac{1}{2}-\boxed{\frac{1}{(n+1)(n+2)}}\right\}=\frac{1}{2}\times\frac{1}{2}=\frac{1}{4}$ ……………………(答)

$\dfrac{1}{\infty}=0$

(2) $S_n = \sum\limits_{k=1}^{n} \dfrac{1}{\sqrt{k+1}+\sqrt{k}} = \sum\limits_{k=1}^{n} \dfrac{\sqrt{k+1}-\sqrt{k}}{\left(\sqrt{k+1}+\sqrt{k}\right)\left(\sqrt{k+1}-\sqrt{k}\right)}$

> 分子・分母に$(\sqrt{}-\sqrt{})$
> をかけた。

$\underbrace{k+1-k=1}$

$= \sum\limits_{k=1}^{n}\left(\sqrt{k+1}-\sqrt{k}\right) = -\sum\limits_{k=1}^{n}\left(\underbrace{\sqrt{k}}_{I_k}-\underbrace{\sqrt{k+1}}_{I_{k+1}}\right) = -\left(\underbrace{\sqrt{1}}_{I_1}-\underbrace{\sqrt{n+1}}_{I_{n+1}}\right)$

> $\sum\limits_{k=1}^{n}(I_k - I_{k+1})$
> $= I_1 - I_{n+1}$

$= \sqrt{n+1}-1$ となる。よって，求める極限は，

$$\lim_{n\to\infty}\dfrac{S_n}{\sqrt{n}} = \lim_{n\to\infty}\dfrac{\sqrt{n+1}-1}{\sqrt{n}} = \lim_{n\to\infty}\dfrac{\sqrt{1+\overset{0}{\boxed{\dfrac{1}{n}}}}-\overset{0}{\boxed{\dfrac{1}{\sqrt{n}}}}}{1}$$

> 分子・分母を
> $\sqrt{n}$ で割った。

$$= \dfrac{\sqrt{1}-0}{1} = 1 \text{ となる。} \cdots\cdots\cdots\cdots\cdots\cdots\cdots\text{(答)}$$

(3) $T_n = \sum\limits_{k=1}^{n}\left(\underbrace{\sin\dfrac{k}{6}\pi}_{I_k}-\underbrace{\sin\dfrac{k+1}{6}\pi}_{I_{k+1}}\right) = \underbrace{\boxed{\sin\dfrac{1}{6}\pi}}_{I_1}-\underbrace{\sin\dfrac{n+1}{6}\pi}_{I_{n+1}}$

> $\boxed{\sin\dfrac{\pi}{6}=\dfrac{1}{2}}$

> $\sum\limits_{k=1}^{n}(I_k - I_{k+1})$
> $= I_1 - I_{n+1}$

$= \dfrac{1}{2}-\sin\dfrac{n+1}{6}\pi \ \cdots\cdots① \quad (n=1, 2, 3, \cdots)$ となる。

ここで，$-1 \leqq \underline{\sin\dfrac{n+1}{6}\pi} \leqq 1$ より，この各辺に-1をかけて，

> $\boxed{\sin\text{の最大値は }1,\ \text{最小値は}-1\text{だね。}}$

$1 \geqq -\sin\dfrac{n+1}{6}\pi \geqq -1$　さらに各辺に$\dfrac{1}{2}$をたすと，

> $\boxed{\ominus\text{の数をかけると不等号の向きが変わる。}}$

$-\dfrac{1}{2} \leqq \underbrace{\dfrac{1}{2}-\sin\dfrac{n+1}{6}\pi}_{T_n(①\text{より})} \leqq \dfrac{3}{2}$　よって，①より，$-\dfrac{1}{2} \leqq T_n \leqq \dfrac{3}{2}\ \cdots\cdots②$ となる。

②の各辺を $n\,(n=1, 2, 3, \cdots)$ で割ると，$-\dfrac{1}{2n} \leqq \dfrac{T_n}{n} \leqq \dfrac{3}{2n}$

各辺の $n\to\infty$ の極限をとると，

> $\boxed{\text{ハサミ打ちの原理だね！}}$

$\lim\limits_{n\to\infty}\left(\underset{0}{\boxed{-\dfrac{1}{2n}}}\right) \leqq \lim\limits_{n\to\infty}\dfrac{T_n}{n} \leqq \lim\limits_{n\to\infty}\underset{0}{\boxed{\dfrac{3}{2n}}}$ となり，$\lim\limits_{n\to\infty}\dfrac{T_n}{n}$ の左右両辺は共に 0 に

収束する。

∴ハサミ打ちの原理より，$\lim\limits_{n\to\infty}\dfrac{T_n}{n} = 0$ である。$\cdots\cdots\cdots\cdots\cdots\cdots\cdots$(答)

Σ計算と極限 (IV)

$S_n = \sum_{k=1}^{n} \dfrac{2k-1}{2^k} = \dfrac{1}{2^1} + \dfrac{3}{2^2} + \dfrac{5}{2^3} + \dfrac{7}{2^4} + \cdots + \dfrac{2n-1}{2^n}$ であるとき,

極限 $\displaystyle\lim_{n \to \infty} S_n$ の値を求めよ。ただし, $\displaystyle\lim_{n \to \infty} \dfrac{n}{2^n} = 0$ は用いてもよい。

ヒント! S_n は, 等差数列 $1,\ 3,\ 5,\ \cdots,\ 2n-1$ と等比数列 $\dfrac{1}{2^1},\ \dfrac{1}{2^2},\ \dfrac{1}{2^3},\ \cdots,\ \dfrac{1}{2^n}$ の積の和になっている。この場合, $S_n - \dfrac{1}{2}S_n$ を計算すると, S_n を求めることができるんだね。

等比数列の公比

解答&解説

$S_n = 1 \times \dfrac{1}{2} + 3 \times \dfrac{1}{2^2} + 5 \times \dfrac{1}{2^3} + 7 \times \dfrac{1}{2^4} + \cdots + (2n-1) \times \dfrac{1}{2^n}$ より,

初項 1, 公差 2 の等差数列

初項 $\dfrac{1}{2}$, 公比 $\dfrac{1}{2}$ の等比数列

S_n と $\dfrac{1}{2} \cdot S_n$ を列記すると,

公比

$$\begin{cases} S_n = 1 \cdot \dfrac{1}{2} + 3 \cdot \dfrac{1}{2^2} + 5 \cdot \dfrac{1}{2^3} + 7 \cdot \dfrac{1}{2^4} + \cdots + (2n-3) \cdot \dfrac{1}{2^{n-1}} + (2n-1) \cdot \dfrac{1}{2^n} \quad \cdots\cdots① \\[3mm] \dfrac{1}{2}S_n = \qquad 1 \cdot \dfrac{1}{2^2} + 3 \cdot \dfrac{1}{2^3} + 5 \cdot \dfrac{1}{2^4} + \cdots + (2n-5) \cdot \dfrac{1}{2^{n-1}} + (2n-3) \cdot \dfrac{1}{2^n} + (2n-1) \cdot \dfrac{1}{2^{n+1}} \quad \cdots\cdots② \end{cases}$$

①－②より,

$\left(\dfrac{2n}{2^{n+1}} - \dfrac{1}{2^{n+1}} \right) = \left(\dfrac{n}{2^n} - \dfrac{1}{2^{n+1}} \right)$

$S_n - \dfrac{1}{2}S_n = \dfrac{1}{2} + 2\left(\dfrac{1}{2^2} + \dfrac{1}{2^3} + \dfrac{1}{2^4} + \cdots + \dfrac{1}{2^{n-1}} + \dfrac{1}{2^n} \right) - \dfrac{2n-1}{2^{n+1}}$

$\dfrac{1}{2}S_n$

初項 $a = \dfrac{1}{2^2} = \dfrac{1}{4}$, 公比 $r = \dfrac{1}{2}$ で, 項数 $n-1\ (= n-2+1)$ の等比数列の

最後の数   最初の数

和となるんだね。

よって，

$$\frac{1}{2}S_n = \frac{1}{2} + 2 \cdot \frac{\frac{1}{4}\left\{1 - \left(\frac{1}{2}\right)^{n-1}\right\}}{1 - \frac{1}{2}} - \frac{n}{2^n} + \frac{1}{2^{n+1}}$$

項数

$$\frac{a\left(1 - r^{\boxed{n-1}}\right)}{1 - r}$$

$$\frac{1}{2}S_n = \frac{1}{2} + 2 \cdot \frac{\boxed{\frac{1}{4}}\left\{1 - \left(\frac{1}{2}\right)^{n-1}\right\}}{\frac{1}{2}} - \frac{n}{2^n} + \frac{1}{2^{n+1}}$$

$$2 \cdot \frac{\left\{1 - \left(\frac{1}{2}\right)^{n-1}\right\}}{2} = 1 - \left(\frac{1}{2}\right)^{n-1}$$

両辺に 2 をかけて，S_n を求めると，

$$S_n = 1 + 2\left\{1 - \left(\frac{1}{2}\right)^{n-1}\right\} - 2 \cdot \frac{n}{2^n} + \frac{1}{2^n} \quad (n = 1, 2, 3, \cdots) \text{ となる。}$$

以上より，求める極限は，

$$\lim_{n \to \infty} S_n = \lim_{n \to \infty}\left[1 + 2\left\{1 - \left(\frac{1}{2}\right)^{n-1}\right\} - 2 \cdot \frac{n}{2^n} + \frac{1}{2^n}\right]$$

0   0   0

これは $\frac{\infty}{\infty}$ の不定形だけれど，

$\frac{(\text{中位の}\infty)}{(\text{強い}\infty)} \to 0$ となるんだね。

$$= 1 + 2 \times 1 = 3 \text{ となる。} \cdots\cdots\cdots\cdots\cdots\cdots\cdots\cdots\cdots\cdots\cdots\cdots (答)$$

17

$\lim_{n \to \infty} r^n$ の極限

関数 $f(x) = \lim_{n \to \infty} \dfrac{x^{2n}+x}{x^{2n-1}+2}$ について，次の問いに答えよ。

(1)（ i ）$-1 < x < 1$，（ ii ）$x = 1$，（ iii ）$x = -1$，（ iv ）$x < -1$ または $1 < x$ の
4つの場合について $f(x)$ を求めよ。

(2) 関数 $y = f(x)$ のグラフの概形を図示せよ。

ヒント! 一般に $\lim_{n \to \infty} r^n$ についての極限の問題では，（ i ）$-1 < r < 1$ のとき，
$\lim_{n \to \infty} r^n = 0$ となる。（ ii ），（ iii ）$r = \pm 1$ のときは，そのまま値を代入する。そして
（ iv ）$r < -1$，$1 < r$ のときは，$\lim_{n \to \infty} \left(\dfrac{1}{r}\right)^n = 0$ となることを利用する。変数が r から
x に変わっても，同様の操作を行って解いていけばいい。

解答＆解説

(1) 関数 $f(x) = \lim_{n \to \infty} \dfrac{x^{2n}+x}{x^{2n-1}+2}$ ……① について，

（ i ）$-1 < x < 1$ のとき，①より，

$$f(x) = \lim_{n \to \infty} \frac{\overset{0}{x^{2n}}+x}{\underset{0}{x^{2n-1}}+2} = \frac{x}{2} \quad \text{……（答）}$$

> $-1 < x < 1$ のとき，
> $\lim_{n \to \infty} x^n = \lim_{n \to \infty} x^{2n} = \lim_{n \to \infty} x^{2n-1} = 0$
> となる。

（ ii ）$x = 1$ のとき，①より，

$$f(1) = \lim_{n \to \infty} \frac{\overset{1}{1^{2n}}+1}{\underset{1}{1^{2n-1}}+2} = \frac{1+1}{1+2} = \frac{2}{3} \quad \text{……（答）}$$

> $\lim_{n \to \infty} 1^{2n} = \lim_{n \to \infty} 1^{2n-1} = 1$
> （1を何回かけても1は1だね。）

（ iii ）$x = -1$ のとき，①より，

$$f(-1) = \lim_{n \to \infty} \frac{\overset{1}{(-1)^{2n}}+(-1)}{\underset{-1}{(-1)^{2n-1}}+2}$$

> $n \to \infty$ としても，
> ・-1 を偶数回かけたものは $(-1)^{2n} = 1$ となり，
> ・-1 を奇数回かけたものは $(-1)^{2n-1} = -1$ となる。

$$= \frac{1-1}{-1+2} = 0 \quad \text{……（答）}$$

(iv) $x < -1$ または $1 < x$ のとき，① より，

$$f(x) = \lim_{n \to \infty} \frac{x^{2n} + x}{x^{2n-1} + 2} = \lim_{n \to \infty} \frac{1 + \left(\dfrac{1}{x}\right)^{2n-1}}{x^{-1} + 2 \cdot \left(\dfrac{1}{x}\right)^{2n}}$$

分子・分母を x^{2n} で割った。

$x < -1,\ 1 < x$ のとき，
$$\lim_{n \to \infty} \left(\frac{1}{x}\right)^n = \lim_{n \to \infty} \left(\frac{1}{x}\right)^{2n}$$
$$= \lim_{n \to \infty} \left(\frac{1}{x}\right)^{2n-1} = 0$$

$$= \frac{1}{x^{-1}} = \frac{1}{\dfrac{1}{x}} = x \ \text{となる。} \quad\cdots\cdots\cdots\cdots\cdots\cdots (答)$$

(2) (1) の結果より，$f(x)$ は，

$$f(x) = \begin{cases} \dfrac{x}{2} & (-1 < x < 1 \text{ のとき}) \\[2mm] \dfrac{2}{3} & (x = 1 \text{ のとき}) \\[2mm] 0 & (x = -1 \text{ のとき}) \\[2mm] x & (x < -1,\ 1 < x \text{ のとき}) \end{cases} \qquad \text{となる。}$$

よって，関数 $y = f(x)$ のグラフ
の概形を示すと，右図のように
なる。$\cdots\cdots\cdots\cdots\cdots\cdots\cdots\cdots(答)$

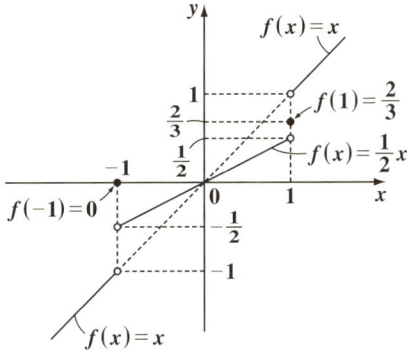

19

$$\boxed{\lim_{n \to \infty} S_n = S \Rightarrow \lim_{n \to \infty} a_n = 0}$$

無限級数 $\lim_{n \to \infty} S_n = \sum_{k=1}^{\infty} a_k = a_1 + a_2 + \cdots + a_n + \cdots$ について，次の問いに答えよ。

(1) 命題「$\lim_{n \to \infty} S_n = S$ (収束) ならば，$\lim_{n \to \infty} a_n = 0$ となる。」……(*)
　　が真であることを示せ。

(2) 命題 (*) を利用して，$\lim_{n \to \infty} S_n = \sum_{k=1}^{\infty} a_k = \dfrac{1}{\sqrt{2}} + \dfrac{\sqrt{2}}{\sqrt{3}} + \dfrac{\sqrt{3}}{\sqrt{4}} + \cdots + \dfrac{\sqrt{n}}{\sqrt{n+1}} + \cdots$
　　の極限を調べよ。

ヒント！ (2) では，(*) の対偶「$\lim_{n \to \infty} a_n \neq 0 \Rightarrow \lim_{n \to \infty} S_n$ は発散する。」を利用すれば
いいんだね。

解答 & 解説

(1) $\lim_{n \to \infty} S_n = S$ (収束) であるならば，$\lim_{n \to \infty} S_{n-1} = S$ (収束) も成り立つ。

ここで，$n \geq 2$ とすると，$a_n = \underbrace{S_n - S_{n-1}}_{n}$ が成り立つ。よって，この両辺の

$$\boxed{a_1 + a_2 + \cdots + a_{n-1} + a_n - (a_1 + a_2 + \cdots + a_{n-1})}$$

$n \to \infty$ の極限をとると，

$\lim_{n \to \infty} a_n = \lim_{n \to \infty} (\underset{\textstyle \widehat{S}}{S_n} - \underset{\textstyle \widehat{S}}{S_{n-1}}) = S - S = 0$ となる。これから，

命題「$\lim_{n \to \infty} S_n = S$ (収束) $\Longrightarrow \lim_{n \to \infty} a_n = 0$」……(*) は真である。………(終)

(2) (1) の結果から，(*) の命題の対偶，すなわち，

> 命題「$p \Rightarrow q$」の対偶は「$\overline{q} \Rightarrow \overline{p}$」である。そして，元の命題が真ならば対偶も真である。

「$\lim_{n \to \infty} a_n \neq 0 \Longrightarrow \lim_{n \to \infty} S_n$ は発散する。」……(*)´ も真である。

ここで，$S_n = \sum_{k=1}^{n} a_k = \sum_{k=1}^{n} \dfrac{\sqrt{k}}{\sqrt{k+1}} = \dfrac{1}{\sqrt{2}} + \dfrac{\sqrt{2}}{\sqrt{3}} + \cdots + \underset{\textstyle \widehat{a_n}}{\dfrac{\sqrt{n}}{\sqrt{n+1}}}$ について，

$a_n = \dfrac{\sqrt{n}}{\sqrt{n+1}}$ より，$\lim_{n \to \infty} a_n = \lim_{n \to \infty} \sqrt{\dfrac{n}{n+1}} = \lim_{n \to \infty} \sqrt{\dfrac{1}{1 + \boxed{\dfrac{1}{n}}}} = \sqrt{\dfrac{1}{1}} = 1 \ (\neq 0)$ と

なるので，(*)´ より，この無限級数 $\lim_{n \to \infty} S_n$ は発散する。………………(答)

ダランベールの判定法（I）

次の正項級数の収束・発散を調べよ。

$$\sum_{k=1}^{\infty} \frac{2^{2k}}{k!} = \frac{2^2}{1!} + \frac{2^4}{2!} + \frac{2^6}{3!} + \frac{2^8}{4!} + \cdots + \frac{2^{2n}}{n!} + \cdots \quad \cdots\cdots ①$$

次に，極限 $\lim\limits_{n \to \infty} \dfrac{2^{2n}}{n!}$ を調べよ。

ヒント！ 一般に正項級数 $\sum\limits_{k=1}^{\infty} a_k$ は，$\lim\limits_{n \to \infty} \dfrac{a_{n+1}}{a_n} = r$ とおくと，(ⅰ) $0 \leqq r < 1$ のとき

収束し，(ⅱ) $1 < r$ のとき発散する。これをダランベールの判定法というんだね。

解答＆解説

①の正項級数：

$$\sum_{k=1}^{\infty} \frac{2^{2k}}{k!} = \underset{(a_1)}{\frac{2^2}{1!}} + \underset{(a_2)}{\frac{2^4}{2!}} + \underset{(a_3)}{\frac{2^6}{3!}} + \cdots + \underset{(a_n)}{\frac{2^{2n}}{n!}} + \cdots \quad \cdots\cdots ①$$

> すべての項 $a_n > 0$
> $(n = 1, 2, 3, \cdots)$
> のとき，この無限級数：
> $a_1 + a_2 + \cdots + a_n + \cdots$
> を正項級数という。

の一般項 $a_n = \dfrac{2^{2n}}{n!}$ $\cdots\cdots ②$ $(n = 1, 2, 3, \cdots)$ より，①の収束・発散を調べる

ためにダランベールの判定法を利用すると，

$$\lim_{n \to \infty} \frac{a_{n+1}}{a_n} = \lim_{n \to \infty} \frac{\frac{2^{2(n+1)}}{(n+1)!}}{\frac{2^{2n}}{n!}} = \lim_{n \to \infty} \underset{\frac{1}{n+1}}{\frac{n!}{(n+1)!}} \cdot \underset{2^2 = 4}{\frac{2^{2n+2}}{2^{2n}}}$$

> ダランベールの判定法
> 正項級数 $\sum\limits_{k=1}^{\infty} a_k$ は，
> $\lim\limits_{n \to \infty} \dfrac{a_{n+1}}{a_n} = r$ とおくと，
> (ⅰ) $0 \leqq r < 1$ のとき収束し，
> (ⅱ) $1 < r$ のとき発散する。

$$= \lim_{n \to \infty} \underset{0}{\frac{4}{n+1}} = 0 \ (= r) \ \text{となる。よって，}$$

$0 \leqq r < 1$ をみたすので，この正項級数 $\lim\limits_{n \to \infty} S_n - \sum\limits_{k=1}^{\infty} \dfrac{2^{2k}}{k!}$ は収束する。$\cdots\cdots$（答）

次に，$\sum\limits_{k=1}^{\infty} \dfrac{2^{2n}}{n!} = S$（収束）となるので，$\lim\limits_{n \to \infty} a_n = \lim\limits_{n \to \infty} \dfrac{2^{2n}}{n!} = 0$ である。$\cdots\cdots$（答）

> 「$\lim\limits_{n \to \infty} S_n = S$（収束）$\Longrightarrow \lim\limits_{n \to \infty} a_n = 0$」$\cdots\cdots (*)$ より

ダランベールの判定法 (Ⅱ)

次の正項級数の収束・発散を調べよ。

$$\sum_{k=1}^{\infty} \frac{5^k (k!)^3}{(3k)!} = \frac{5^1 \cdot (1!)^3}{3!} + \frac{5^2 \cdot (2!)^3}{6!} + \cdots + \frac{5^n \cdot (n!)^3}{(3n)!} + \cdots \quad \cdots\cdots①$$

次に，極限 $\lim_{n \to \infty} \dfrac{5^n \cdot (n!)^3}{(3n)!}$ を調べよ。

ヒント! ①は正項級数 (すべての項が正の無限級数) なので，この一般項 $a_n =$ $\dfrac{5^n \cdot (n!)^3}{(3n)!}$ から，極限 $\lim_{n \to \infty} \dfrac{a_{n+1}}{a_n} = r$ とおいて r を求め，ダランベールの判定法 ((ⅰ) $0 \leqq r < 1$ ならば，①は収束，(ⅱ) $1 < r$ ならば，①は発散) にもち込めばいいんだね。

解答&解説

①の初項から第 n 項までの部分和を S_n とおくと，

$$S_n = \sum_{k=1}^{n} a_k = \sum_{k=1}^{n} \frac{5^k (k!)^3}{(3k)!} = \underbrace{\frac{5^1 \cdot (1!)^3}{3!}}_{a_1} + \underbrace{\frac{5^2 \cdot (2!)^3}{6!}}_{a_2} + \cdots + \underbrace{\frac{5^n \cdot (n!)^3}{(3n)!}}_{a_n} \cdots\cdots\cdots\cdots①'$$

となる。ここで，$\lim_{n \to \infty} S_n \cdots\cdots①$ は，正項級数より，$a_n = \dfrac{5^n \cdot (n!)^3}{(3n)!} \cdots\cdots②$

とおいて，ダランベールの判定法を用いて，①の収束・発散を調べると，

$$\lim_{n \to \infty} \frac{a_{n+1}}{a_n} = \lim_{n \to \infty} \left(\frac{\dfrac{5^{n+1} \{(n+1)!\}^3}{\{3(n+1)\}!}}{\dfrac{5^n \cdot (n!)^3}{(3n)!}} \right) = \lim_{n \to \infty} \frac{5^{n+1} \cdot \{(n+1)!\}^3 \cdot (3n)!}{5^n \cdot (n!)^3 \cdot (3n+3)!}$$

$$= \lim_{n \to \infty} \underbrace{\frac{5^{n+1}}{5^n}} \cdot \underbrace{\left\{ \frac{(n+1)!}{n!} \right\}^3} \cdot \underbrace{\frac{(3n)!}{(3n+3)!}}$$

$$\boxed{5^{n+1-n} = 5^1 = 5}$$

$$\boxed{\frac{1 \times 2 \times \cdots \times n \times (n+1)}{1 \times 2 \times \cdots \times n} = n+1}$$

$$\boxed{\frac{1 \times 2 \times \cdots \times (3n)}{1 \times 2 \times \cdots \times (3n) \times (3n+1) \times (3n+2) \times (3n+3)} = \frac{1}{(3n+1)(3n+2)(3n+3)}}$$

よって,

$$\lim_{n \to \infty} \frac{a_{n+1}}{a_n} = \lim_{n \to \infty} 5 \times (n+1)^3 \times \frac{1}{(3n+1)(3n+2)(3n+3)}$$

$$= \lim_{n \to \infty} 5 \times \frac{(n+1)^3}{(3n+1)(3n+2)(3n+3)}$$

$$= \lim_{n \to \infty} 5 \times \frac{\dfrac{(n+1)^3}{n^3}}{\dfrac{(3n+1)(3n+2)(3n+3)}{n^3}}$$

$$\frac{(3次の\infty)}{(3次の\infty)} より,$$
この分子・分母
を n^3 で割る!

$$= \lim_{n \to \infty} 5 \times \frac{\left(1+\dfrac{1}{n}\right)^3}{\left(3+\dfrac{1}{n}\right)\left(3+\dfrac{2}{n}\right)\left(3+\dfrac{3}{n}\right)}$$

ダランベールの判定法
正項級数 $\sum_{k=1}^{\infty} a_k$ は,
$\lim_{n \to \infty} \dfrac{a_{n+1}}{a_n} = r$ とおくと,
(ⅰ) $0 \leq r < 1$ のとき収束し,
(ⅱ) $1 < r$ のとき発散する。

$$= 5 \times \frac{1^3}{3^3} = \frac{5}{27} \ (=r) \ となる。$$

よって, $0 \leq r < 1$ をみたすので, この正項級数

$$\lim_{n \to \infty} S_n = \sum_{k=1}^{\infty} \frac{5^k (k!)^3}{(3k)!} \ は収束する。 \cdots (答)$$

次に, $\lim_{n \to \infty} S_n = \sum_{k=1}^{\infty} a_k = S \ (収束)$ となるので,

$\lim_{n \to \infty} S_n = S \ (収束) \Rightarrow \lim_{n \to \infty} a_n = 0$
が成り立つ。

$$\lim_{n \to \infty} a_n = \lim_{n \to \infty} \frac{5^n \cdot (n!)^3}{(3n)!} = 0 \ となる。 \cdots (答)$$

階差数列型漸化式と極限

数列 $\{a_n\}$ が，$a_1 = 4$，$a_{n+1} - a_n = 3^{n+1}$ ……① ($n = 1,\ 2,\ 3,\ \cdots$)

で定義されるとき，極限 $\displaystyle\lim_{n \to \infty} \frac{a_n}{3^n}$ を求めよ。

ヒント！ 階差数列型の漸化式 $a_{n+1} - a_n = b_n$ のとき，$n \geqq 2$ で，$a_n = a_1 + \displaystyle\sum_{k=1}^{n-1} b_k$ と

して a_n を求め，極限 $\displaystyle\lim_{n \to \infty} \frac{a_n}{3^n}$ を計算すればいい。

解答＆解説

$a_1 = 4$，$a_{n+1} - a_n = 3^{n+1}$ ……① ($n = 1,\ 2,\ 3,\ \cdots$)

より，$n \geqq 2$ で，

$$a_n = a_1 + \sum_{k=1}^{n-1} 3^{k+1}$$

> 階差数列型漸化式
> $a_{n+1} - a_n = b_n$ のとき，
> $n \geqq 2$ で，
> $a_n = a_1 + \displaystyle\sum_{k=1}^{n-1} b_k$ となる。

$\underbrace{}_{④}$

$$\underbrace{3^{2} + 3^3 + 3^4 + \cdots + 3^{n}}_{\text{項数}}$$

$$= \frac{3^2(1 - 3^{n-1})}{1 - 3}$$

> 初項 $a = 3^2$，公比 $r = 3$，
> 項数 $n-1$ $(= n - 2 + 1)$ の等比数列の和
> 最後の数　最初の数
> だから，$\dfrac{a(1 - r^{n-1})}{1 - r}$ だね。

$$= 4 + \frac{9}{2}(3^{n-1} - 1)$$

$$= \frac{1}{2} \cdot 3^2 \cdot 3^{n-1} + 4 - \frac{9}{2} = \frac{3^{n+1}}{2} - \frac{1}{2} = \frac{1}{2}(3^{n+1} - 1)\ \text{となる。}$$

$$\left(n = 1\ \text{のとき，}\ a_1 = \frac{1}{2}(3^2 - 1) = \frac{8}{2} = 4\ \text{となって，これは}\ n = 1\ \text{のときもみたす。}\right)$$

∴ 一般項 $a_n = \dfrac{1}{2}(3^{n+1} - 1)$ ……② ($n = 1,\ 2,\ 3,\ \cdots$) となる。

②から，求める極限値は，

$$\lim_{n \to \infty} \frac{a_n}{3^n} = \lim_{n \to \infty} \frac{1}{2} \cdot \frac{3^{n+1} - 1}{3^n} = \lim_{n \to \infty} \frac{1}{2}\left(3 - \frac{1}{3^n}\right) = \frac{3}{2}\ \text{となる。} \quad \cdots\cdots\cdots\text{(答)}$$

2項間の漸化式と極限 (I)

次の数列の漸化式を解いて，極限の値を求めよ。

(1) $a_1 = 6$, $a_{n+1} = -\dfrac{1}{2}a_n + 6$ ……① のとき，$\displaystyle\lim_{n \to \infty} a_n$ を求めよ。

(2) $b_1 = 7$, $b_{n+1} = \dfrac{1}{3}b_n + 5 \cdot 2^n$ ……③ のとき，$\displaystyle\lim_{n \to \infty} \dfrac{b_n}{2^n}$ を求めよ。

ヒント！ (1)は，特性方程式を利用し，(2)は，$b_{n+1} + \alpha \cdot 2^{n+1} = \dfrac{1}{3}(b_n + \alpha \cdot 2^n)$ の形にして，等比関数列型漸化式 $F(n+1) = r \cdot F(n)$ を作り，$F(n) = F(1) \cdot r^{n-1}$ から，それぞれの一般項を求めて，極限の値を求めればいいんだね。

解答＆解説

(1) $a_1 = 6$, $a_{n+1} = -\dfrac{1}{2}a_n + 6$ ……① ($n = 1, 2, 3, \cdots$)

の特性方程式：$x = -\dfrac{1}{2}x + 6$ を解いて，$\dfrac{3}{2}x = 6$

より，$x = \underline{4}$ となる。よって，①を変形して，

$$a_{n+1} - 4 = -\dfrac{1}{2}(a_n - 4) \qquad \left[F(n+1) = -\dfrac{1}{2}F(n) \right]$$

$$a_n - 4 = \underbrace{(a_1 - 4)}_{6 - 4 = 2} \cdot \left(-\dfrac{1}{2}\right)^{n-1} \qquad \left[F(n) = F(1) \cdot \left(-\dfrac{1}{2}\right)^{n-1} \right]$$

$\therefore$ 一般項 $a_n = 4 + 2 \cdot \left(-\dfrac{1}{2}\right)^{n-1}$ ……② ($n = 1, 2, 3, \cdots$) となる。②より

求める極限は，$\displaystyle\lim_{n \to \infty} a_n = \lim_{n \to \infty}\left\{ 4 + 2\underbrace{\left(-\dfrac{1}{2}\right)^{n-1}}_{0} \right\} = 4$ となる。…………(答)

$$\begin{cases} a_{n+1} = -\dfrac{1}{2}a_n + 6 & \cdots\cdots ㋐ \\ x = -\dfrac{1}{2}x + 6 & \cdots\cdots ㋑ \end{cases}$$

特性方程式

㋐ - ㋑ より，

$a_{n+1} - x = -\dfrac{1}{2}(a_n - x)$

これに，$x = 4$ を代入する。

25

(2) $b_1 = 7$, $b_{n+1} = \dfrac{1}{3}b_n + 5 \cdot 2^n$ ………③ $(n = 1, 2, 3, \cdots)$

定数 α を用いて，③が次のように
変形できるものとする。

$$b_{n+1} + \alpha \cdot 2^{n+1} = \frac{1}{3}(b_n + \alpha \cdot 2^n) \cdots\cdots ④$$

$$\left[\ F(n+1)\ = \frac{1}{3} \cdot\ F(n)\ \right]$$

> $F(n) = \underline{b_n + \alpha \cdot 2^n}$ とおくと，
> $\underbrace{}_{n の式}$
>
> $F(n+1) = \underline{b_{n+1} + \alpha \cdot 2^{n+1}}$ となり，
> $\underbrace{\phantom{b_{n+1} + \alpha \cdot 2^{n+1}}}_{n+1 の式}$
>
> $F(n+1) = \dfrac{1}{3}F(n)$ をみたす定数
> α の値を求めればいい。

④をまとめると，

$$b_{n+1} = \frac{1}{3}b_n + \frac{\alpha}{3} \cdot 2^n - \underbrace{2\alpha \cdot 2^n}_{\alpha \cdot 2^{n+1}}$$

$$b_{n+1} = \frac{1}{3}b_n - \underbrace{\frac{5}{3}\alpha \cdot 2^n}_{} \cdots\cdots ④'$$
$$\underbrace{\phantom{\frac{5}{3}\alpha}}_{5(③と比較して)}$$

ここで，③と④′を比較して，

$$-\frac{5}{3}\alpha = 5 \qquad \therefore \alpha = -3$$ となる。これを④に代入して，

$$b_{n+1} - 3 \cdot 2^{n+1} = \frac{1}{3}(b_n - 3 \cdot 2^n) \qquad \left[F(n+1) = \frac{1}{3}F(n)\right]$$ より，

$$b_n - 3 \cdot 2^n = \underbrace{(b_1 - 3 \cdot 2^1)}_{7 - 6 = 1} \cdot \left(\frac{1}{3}\right)^{n-1} \qquad \left[F(n) = F(1) \cdot \left(\frac{1}{3}\right)^{n-1}\right]$$

$$\therefore b_n = 3 \cdot 2^n + \frac{1}{3^{n-1}} \cdots\cdots ⑤ \quad (n = 1, 2, 3, \cdots)$$ となる。

⑤より，求める極限は，

$$\lim_{n \to \infty} \frac{b_n}{2^n} = \lim_{n \to \infty} \frac{1}{2^n}\left(3 \cdot 2^n + \frac{1}{3^{n-1}}\right) = \lim_{n \to \infty}\left(3 + \frac{1}{2^n} \cdot \frac{1}{3^{n-1}}\right)$$

$$= \lim_{n \to \infty}\left(3 + \frac{1}{2} \times \underset{0}{\frac{1}{6^{n-1}}}\right) = 3$$ となる。……………………………(答)

2 項間の漸化式と極限 (Ⅱ)

数列 $\{a_n\}$ が，$a_1 = 1$，$a_{n+1} = \dfrac{n}{n+3} a_n$ ……① $(n = 1, 2, 3, \cdots)$ で
定義されるとき，$S_n = \displaystyle\sum_{k=1}^{n} a_k$ とおいて，極限 $\displaystyle\lim_{n \to \infty} S_n$ を求めよ。

ヒント！ ①より，$(n+3) a_{n+1} = n a_n$ となるので，この両辺に $(n+2)(n+1)$ をかけることに気付けば，$F(n+1) = 1 \cdot F(n)$ の式が導けるんだね。アイデアが勝負の問題だね。

解答 & 解説

$a_1 = 1$，$a_{n+1} = \dfrac{n}{n+3} a_n$ ……① $(n = 1, 2, 3, \cdots)$

①より，$(n+3) a_{n+1} = n a_n$ ……①′

①′の両辺に $(n+2)(n+1)$ をかけると，

$(n+3)(n+2)(n+1) a_{n+1} = 1 \cdot (n+2)(n+1) n a_n$ より，

$$[\qquad F(n+1) \qquad = 1 \cdot \qquad F(n) \qquad]$$

> $F(n) = (n+2)(n+1) n a_n$ とおくと，
> $F(n+1) = (n+1+2)(n+1+1)(n+1) a_{n+1}$
> $\qquad = (n+3)(n+2)(n+1) a_{n+1}$
> となる。よって，この式は，
> $F(n+1) = 1 \cdot F(n)$ の形になっているので，
> これから，
> $F(n) = F(1) \cdot 1^{n-1}$ と変形できる。

$(n+2)(n+1) n a_n = (1+2) \cdot (1+1) \cdot 1 \cdot \boxed{a_1}^{\,1} \cdot 1^{n-1}$ となる。

$$[\qquad F(n) \qquad = \qquad F(1) \qquad \cdot 1^{n-1}]$$

よって，$(n+2)(n+1) n a_n = 6$ より，

$a_n = \dfrac{6}{n(n+1)(n+2)}$ ……② $(n = 1, 2, 3, \cdots)$ となる。

この部分和を S_n とおくと，

$$S_n = \sum_{k=1}^{n} a_k = \sum_{k=1}^{n} \frac{6}{k(k+1)(k+2)} = \sum_{k=1}^{n} 3 \left\{ \frac{1}{k(k+1)} - \frac{1}{(k+1)(k+2)} \right\}$$

> $\dfrac{\cancel{k}+2-\cancel{k}}{k(k+1)(k+2)} = \dfrac{2}{k(k+1)(k+2)}$

$$= 3 \sum_{k=1}^{n} \left\{ \underbrace{\frac{1}{k(k+1)}}_{I_k} - \underbrace{\frac{1}{(k+1)(k+2)}}_{I_{k+1}} \right\} = 3 \left\{ \underbrace{\frac{1}{1 \cdot 2}}_{I_1} - \underbrace{\frac{1}{(n+1)(n+2)}}_{I_{n+1}} \right\}$$

> $\displaystyle\sum_{k=1}^{n} (I_k - I_{k+1})$
> $= I_1 - I_{n+1}$

$\therefore$ 求める極限は，$\displaystyle\lim_{n \to \infty} S_n = \lim_{n \to \infty} 3 \left\{ \dfrac{1}{2} - \underbrace{\dfrac{1}{(n+1)(n+2)}}_{0} \right\} = \dfrac{3}{2}$ となる。……(答)

対称形連立漸化式と極限

2つの数列 $\{a_n\}$ と $\{b_n\}$ が次式で定義される。

$a_1 = 2,\ b_1 = -3$

$\begin{cases} a_{n+1} = 2a_n - 3b_n \cdots\cdots ① \\ b_{n+1} = -3a_n + 2b_n \cdots\cdots ② \quad (n = 1,\ 2,\ 3,\ \cdots) \end{cases}$

(1) $\{a_n\}$ と $\{b_n\}$ の一般項 a_n と b_n を求めよ。

(2) 極限 $\displaystyle\lim_{n\to\infty}\frac{a_n}{5^n}$ と $\displaystyle\lim_{n\to\infty}\frac{b_n}{5^n}$ を求めよ。

> **ヒント！**　一般に次のように，2つの対角線上の係数が共に等しい連立漸化式の
> ことを対称形の連立漸化式という。
>
> $\begin{cases} a_{n+1} = pa_n + qb_n \cdots\cdots ⑦ \\ b_{n+1} = qa_n + pb_n \cdots\cdots ④ \quad (n = 1,\ 2,\ 3,\ \cdots)\ (p,\ q:定数) \end{cases}$
>
> この場合，⑦+④と⑦-④の2つの操作によって，2つの等比関数列型の漸化式
> を導くことができるんだね。この解法パターンも頭に入れておこう。

解答＆解説

(1) $a_1 = 2,\ b_1 = -3$

$\begin{cases} a_{n+1} = 2a_n - 3b_n \cdots\cdots ① \\ b_{n+1} = -3a_n + 2b_n \cdots\cdots ② \quad (n = 1,\ 2,\ 3,\ \cdots)\ について， \end{cases}$

①，②は対称形の連立漸化式より，①+②と①-②を求めると，

①+②より，$a_{n+1} + b_{n+1} = -a_n - b_n$

$\qquad\qquad \therefore a_{n+1} + b_{n+1} = -1\cdot(a_n + b_n) \cdots\cdots ③$

$\qquad\qquad [\ F(n+1)\ = -1\cdot\ F(n)\ ]$

> 等比関数列型の
> 漸化式が1つ導けた！

①-②より，$a_{n+1} - b_{n+1} = 5a_n - 5b_n$

$\qquad\qquad \therefore a_{n+1} - b_{n+1} = 5(a_n - b_n) \cdots\cdots ④$

$\qquad\qquad [\ G(n+1)\ = 5\cdot\ G(n)\ ]$

> 等比関数列型の漸化
> 式がもう1つ導けた！

よって，③，④より，

$$a_n + b_n = (a_1 + b_1) \cdot (-1)^{n-1} \quad \cdots\cdots ⑤$$

$$\left[F(n) = F(1) \cdot (-1)^{n-1} \right]$$

$$a_n - b_n = (a_1 - b_1) \cdot 5^{n-1} \quad \cdots\cdots ⑥$$

$$\left[G(n) = G(1) \cdot 5^{n-1} \right]$$

⑤，⑥に，$a_1 = 2$，$b_1 = -3$ を代入すると，

$$\begin{cases} a_n + b_n = (2-3) \cdot (-1)^{n-1} = (-1)^n \quad \cdots\cdots ⑤' \\ a_n - b_n = (2+3) \cdot 5^{n-1} = 5^n \quad \cdots\cdots\cdots ⑥' \end{cases} \text{となる。よって，}$$

・$\dfrac{⑤' + ⑥'}{2}$ より，$a_n = \dfrac{1}{2}\{(-1)^n + 5^n\}$ $(n = 1, 2, 3, \cdots)$ $\cdots\cdots ⑦$ $\cdots\cdots$(答)

・$\dfrac{⑤' - ⑥'}{2}$ より，$b_n = \dfrac{1}{2}\{(-1)^n - 5^n\}$ $(n = 1, 2, 3, \cdots)$ $\cdots\cdots ⑧$ $\cdots\cdots$(答)

(2) ⑦より，求める極限は，

$$\lim_{n \to \infty} \frac{a_n}{5^n} = \lim_{n \to \infty} \frac{1}{2} \cdot \frac{1}{5^n}\{(-1)^n + 5^n\} = \lim_{n \to \infty} \frac{1}{2}\left\{\left(-\frac{1}{5}\right)^n + 1\right\}$$

$$= \frac{1}{2} \times 1 = \frac{1}{2} \text{ である。} \quad \cdots\cdots\cdots\text{(答)}$$

また，⑧より，求める極限は，

$$\lim_{n \to \infty} \frac{b_n}{5^n} = \lim_{n \to \infty} \frac{1}{2} \cdot \frac{1}{5^n}\{(-1)^n - 5^n\} = \lim_{n \to \infty} \frac{1}{2}\left\{\left(-\frac{1}{5}\right)^n - 1\right\}$$

$$= \frac{1}{2} \times (-1) = -\frac{1}{2} \text{ である。} \quad \cdots\cdots\cdots\text{(答)}$$

3 項間の漸化式と極限

数列 $\{a_n\}$ が次のように定義される。

$a_1 = 0,\ a_2 = 1,\ 6a_{n+2} + a_{n+1} - a_n = 0$ ……① $(n = 1,\ 2,\ 3,\ \cdots)$

このとき，一般項 a_n を求め，極限 $\displaystyle\lim_{n \to \infty} 2^{2n} a_{2n}$ を求めよ。

また，無限級数 $\displaystyle\sum_{k=1}^{\infty} a_k$ を求めよ。

ヒント！　一般に，3 項間の漸化式 $a_{n+2} + p a_{n+1} + q a_n = 0$ $(p,\ q : 定数)$ については，特性方程式 $x^2 + px + q = 0$ を解いて，2 つの解 $\alpha,\ \beta$ を求め，これを使って，2 つの等比関数列型漸化式 $a_{n+2} - \alpha a_{n+1} = \beta(a_{n+1} - \alpha a_n)$ と $a_{n+2} - \beta a_{n+1} = \alpha(a_{n+1} - \beta a_n)$ の形にもち込んで解いていけばいいんだね。

解答 & 解説

$a_1 = 0,\ a_2 = 1,\ 6a_{n+2} + a_{n+1} - a_n = 0$ ……① $(n = 1,\ 2,\ 3,\ \cdots)$ より，

①の特性方程式 $6x^2 + x - 1 = 0$ を解くと，

$(2x + 1)(3x - 1) = 0$ より，$x = -\dfrac{1}{2},\ \dfrac{1}{3}$ となる。よって，①を変形して，

$$\begin{cases} a_{n+2} + \dfrac{1}{2} a_{n+1} = \dfrac{1}{3} \cdot \left(a_{n+1} + \dfrac{1}{2} a_n \right) & \left[F(n+1) = \dfrac{1}{3} \cdot F(n) \right] \\[3mm] a_{n+2} - \dfrac{1}{3} a_{n+1} = -\dfrac{1}{2} \left(a_{n+1} - \dfrac{1}{3} a_n \right) & \left[G(n+1) = -\dfrac{1}{2} G(n) \right] \end{cases}$$ より，

$$\begin{cases} a_{n+1} + \dfrac{1}{2} a_n = \left(a_2 + \dfrac{1}{2} a_1 \right) \cdot \left(\dfrac{1}{3} \right)^{n-1} & \cdots\cdots② & \left[F(n) = F(1) \cdot \left(\dfrac{1}{3} \right)^{n-1} \right] \\[3mm] a_{n+1} - \dfrac{1}{3} a_n = \left(a_2 - \dfrac{1}{3} a_1 \right) \cdot \left(-\dfrac{1}{2} \right)^{n-1} & \cdots\cdots③ & \left[G(n) = G(1) \cdot \left(-\dfrac{1}{2} \right)^{n-1} \right] \end{cases}$$

となる。②，③に $a_1 = 0,\ a_2 = 1$ を代入すると，

$$\begin{cases} a_{n+1} + \dfrac{1}{2} a_n = \left(\dfrac{1}{3} \right)^{n-1} & \cdots\cdots②{}' \\[3mm] a_{n+1} - \dfrac{1}{3} a_n = \left(-\dfrac{1}{2} \right)^{n-1} & \cdots\cdots③{}' \end{cases}$$

②′ − ③′ より，$\left(\dfrac{1}{2} + \dfrac{1}{3}\right)a_n = \left(\dfrac{1}{3}\right)^{n-1} - \left(-\dfrac{1}{2}\right)^{n-1}$

$$\dfrac{3+2}{6} = \dfrac{5}{6}$$

∴ 求める一般 a_n は，$a_n = \dfrac{6}{5}\left\{\left(\dfrac{1}{3}\right)^{n-1} - \left(-\dfrac{1}{2}\right)^{n-1}\right\}$ ……④ $(n = 1,\ 2,\ 3,\ \cdots)$

…………(答)

④を用いて，求める極限は，

$$\lim_{n \to \infty} 2^{2n} \cdot a_{2n} = \lim_{n \to \infty} 2^{2n} \times \dfrac{6}{5}\left\{\left(\dfrac{1}{3}\right)^{2n-1} - \left(-\dfrac{1}{2}\right)^{2n-1}\right\}$$

a_n の n に $2n$ を代入したもの

$$= \lim_{n \to \infty} \dfrac{6}{5}\left\{2 \cdot \left(\dfrac{2}{3}\right)^{2n-1} - 2 \cdot (-1)^{2n-1}\right\}$$

0 　-1

$n \to \infty$ にしても，-1 を奇数回
かけたものは，-1 になる。

$$= \lim_{n \to \infty} \dfrac{6}{5} \times 2 = \dfrac{12}{5} \ \text{である。} \cdots\cdots(答)$$

次に，求める無限級数は，④より，

$$\sum_{k=1}^{\infty} a_k = \sum_{k=1}^{\infty} \dfrac{6}{5}\left\{\left(\dfrac{1}{3}\right)^{k-1} - \left(-\dfrac{1}{2}\right)^{k-1}\right\}$$

$$= \sum_{k=1}^{\infty} \dfrac{6}{5} \cdot \left(\dfrac{1}{3}\right)^{k-1} - \sum_{k=1}^{\infty} \dfrac{6}{5} \cdot \left(-\dfrac{1}{2}\right)^{k-1}$$

無限等比級数の公式：
$-1 < r < 1$ のとき，
$$\sum_{k=1}^{\infty} ar^{k-1} = \dfrac{a}{1-r}$$

$$= \dfrac{\dfrac{6}{5}}{1 - \dfrac{1}{3}} - \dfrac{\dfrac{6}{5}}{1 - \left(-\dfrac{1}{2}\right)}$$

$$= \dfrac{6}{5}\left(\dfrac{1}{\dfrac{2}{3}} - \dfrac{1}{\dfrac{3}{2}}\right) = \dfrac{6}{5}\left(\dfrac{3}{2} - \dfrac{2}{3}\right) = \dfrac{6}{5} \times \dfrac{9\ \ 4}{6}$$

$$= \dfrac{6}{5} \times \dfrac{5}{6} = 1 \ \text{である。} \cdots\cdots(答)$$

数学的帰納法と極限

数列 $\{a_n\}$ が $a_1 = 1$，$a_{n+1} = \dfrac{(n+2)a_n + 1}{a_n + 1}$ ……① $(n = 1, 2, 3, \cdots)$

で定義されるとき，次の問いに答えよ。

(1) a_2, a_3, a_4 を求め，一般項 a_n を推定せよ。そして，数学的帰納法により，それが正しいことを示せ。

(2) 極限 $\displaystyle\lim_{n \to \infty} \dfrac{\displaystyle\sum_{k=1}^{n} a_k{}^2}{n^3}$ を求めよ。

ヒント！ (1)①の漸化式は，解ける形のものではないが，a_2, a_3, a_4 を具体的に求めることにより，一般項 a_n を推定することができるんだね。そして，すべての自然数 n について，a_n の推定式が成り立つことを示すのに，数学的帰納法を利用しよう。

解答&解説

(1) $a_1 = 1$，$a_{n+1} = \dfrac{(n+2)a_n + 1}{a_n + 1}$ ……① $(n = 1, 2, 3, \cdots)$ より，

a_2, a_3, a_4 の値を求める。

・$n = 1$ のとき，①より，$a_2 = \dfrac{(1+2)\underset{1}{\overset{1}{\boxed{a_1}}} + 1}{\underset{1}{\overset{1}{\boxed{a_1}}} + 1} = \dfrac{3 \times 1 + 1}{1 + 1} = \dfrac{4}{2} = 2$ ……(答)

・$n = 2$ のとき，①より，$a_3 = \dfrac{(2+2)\underset{2}{\overset{2}{\boxed{a_2}}} + 1}{\underset{2}{\overset{2}{\boxed{a_2}}} + 1} = \dfrac{4 \times 2 + 1}{2 + 1} = \dfrac{9}{3} = 3$ ……(答)

・$n = 3$ のとき，①より，$a_4 = \dfrac{(3+2)\underset{3}{\overset{3}{\boxed{a_3}}} + 1}{\underset{3}{\overset{3}{\boxed{a_3}}} + 1} = \dfrac{5 \times 3 + 1}{3 + 1} = \dfrac{16}{4} = 4$ …(答)

以上より，$a_1 = 1$, $a_2 = 2$, $a_3 = 3$, $a_4 = 4$ であることから，

一般項 $a_n = n$ ……(*) $(n = 1, 2, 3, \cdots)$ であると推定できる。……(答)

すべての自然数 n について，(*) が成り立つことを，数学的帰納法により証明する。

(i) $n = 1$ のとき，

　　$a_1 = 1$ より，(∗) は成り立つ。

(ii) $n = k$ $(k = 1, 2, 3, \cdots)$ のとき，

　　$a_k = k$ が成り立つと仮定して，

　　$n = k + 1$ のときについて調べる。

　　$n = k$ を ① に代入して，

$$a_{k+1} = \frac{(k+2)\overset{k}{\boxed{a_k}} + 1}{\underset{k}{\boxed{a_k}} + 1}$$

> $a_k = k$ は仮定しているので使える。

> 数学的帰納法による証明
> $n = 1, 2, 3, \cdots$ について，
> 命題「$\cdots$」$\cdots\cdots$(∗) が成り立つことを数学的帰納法により示す。
>
> (i) $n = 1$ のとき，
> 　　$\cdots$，(∗) は成り立つ。
> (ii) $n = k$ $(k = 1, 2, 3, \cdots)$ のとき，
> 　　(∗) が成り立つと仮定して，
> 　　$n = k + 1$ のときについて調べる。
> 　　$\cdots\cdots\cdots\cdots$
> 　　$\therefore n = k + 1$ のときも成り立つ。
> 以上 (i)(ii) より，すべての自然数 n に対して，(∗) は成り立つ。

$$= \frac{(k+2)\cdot k + 1}{k+1} = \frac{k^2 + 2k + 1}{k+1} = \frac{(k+1)^2}{k+1} = k + 1$$

　　$\therefore a_{k+1} = k + 1$ となるので，$n = k + 1$ のときも，(∗) は成り立つ。

以上 (i)(ii) より，任意の自然数 n に対して，$a_n = n$ $\cdots\cdots$(∗) は成り立つ。

$\cdots\cdots\cdots$(終)

(2) $a_n = n$ $\cdots\cdots$(∗) $(n = 1, 2, 3, \cdots)$ より，

$$\sum_{k=1}^{n} a_k{}^2 = \sum_{k=1}^{n} k^2 = \frac{1}{6} n(n+1)(2n+1) \quad \cdots\cdots ② \quad \text{となる。}$$

よって，② より，求める極限は，

$$\lim_{n \to \infty} \frac{\sum_{k=1}^{n} a_k{}^2}{n^3} = \lim_{n \to \infty} \frac{\frac{1}{6} n(n+1)(2n+1)}{n^3}$$

> $\dfrac{3次の\infty}{3次の\infty}$

$$= \lim_{n \to \infty} \frac{1}{6} \cdot \frac{n}{n} \cdot \frac{n+1}{n} \cdot \frac{2n+1}{n} = \lim_{n \to \infty} \frac{1}{6} \times 1 \times \left(1 + \frac{1}{n}\right) \times \left(2 + \frac{1}{n}\right)$$

$$= \frac{1}{6} \times 1 \times 1 \times 2 = \frac{1}{3} \quad \text{である。} \cdots\cdots\cdots\cdots(答)$$

漸化式と極限の応用（I）

数列 $\{a_n\}$ が，$a_1 = 5$，$a_{n+1} = \sqrt{2a_n + 8}$ ……① （$n = 1, 2, 3, \cdots$）で
定義されるとき，次の問いに答えよ。

(1) $a_n > 0$ （$n = 1, 2, 3, \cdots$）であることを示せ。

(2) $\displaystyle\lim_{n \to \infty} a_n = 4$ であることを示せ。

ヒント! (1)は，数学的帰納法で簡単に示せる。(2)は，一般項 a_n を求めること
は難しいんだけれど，その極限が $\displaystyle\lim_{n \to \infty} a_n = 4$ となることは容易に推定できる。よっ
て，$|a_{n+1} - 4| \leqq r|a_n - 4|$ の形にもち込んで，ハサミ打ちの原理を使うといいんだね。

解答＆解説

$a_1 = 5$，$a_{n+1} = \sqrt{2a_n + 8}$ ……① （$n = 1, 2, 3, \cdots$）について，

(1) $n = 1, 2, 3, \cdots$ のとき，$a_n > 0$ ……(*)
　　が成り立つことを，数学的帰納法により
　　示す。

　　(i) $n = 1$ のとき，$a_1 = 5 > 0$ である。

　　(ii) $n = k$　（$k = 1, 2, 3, \cdots$）のとき，
　　　　$a_k > 0$ と仮定して，a_{k+1} について
　　　　調べる。

　　　　①の n に k を代入すると，
　　　　$a_{k+1} = \sqrt{\underset{\oplus}{2a_k + 8}} > 0$ となって，$a_{k+1} > 0$ である。

> 数学的帰納法の手順
> (i) $n = 1$ のとき，
> 　$a_1 > 0$ を示す。
> (ii) $n = k$（$k = 1, 2, 3, \cdots$）のとき，
> 　$a_k > 0$ と仮定して，
> 　$a_{k+1} > 0$ を示す。

　　以上 (i)(ii) より，数学的帰納法により，
　　$a_n > 0$ ……(*)　（$n = 1, 2, 3, \cdots$）は成り立つ。……………………………(終)

(2) $\displaystyle\lim_{n \to \infty} a_n = \alpha$ （収束）であると仮定すると，$\displaystyle\lim_{n \to \infty} a_{n+1} = \alpha$ となる。
　　よって，$n \to \infty$ のとき，①は，
　　$\alpha = \sqrt{2\alpha + 8}$ となるので，この両辺を 2 乗して α を求めると，
　　$\alpha^2 = 2\alpha + 8$　　$\alpha^2 - 2\alpha - 8 = 0$　　$(\alpha - 4)(\alpha + 2) = 0$
　　ここで，$a_n > 0$ より，$\alpha \geqq 0$ である。よって，$\alpha = 4$　（$\alpha \neq -2$）

すなわち，$\lim\limits_{n\to\infty} a_n = 4$ であることが推定できる。

よって，これから，$\lim\limits_{n\to\infty} a_n = 4$ ……(**)

が成り立つことを示す。

①の両辺から 4 を引いて，

$a_{n+1} - 4 = \sqrt{2a_n + 8} - 4$

> 分子・分母に
> ($\sqrt{} + 4$) を
> かけた。

$\qquad = \dfrac{(\sqrt{2a_n + 8} - 4)(\sqrt{2a_n + 8} + 4)}{\sqrt{2a_n + 8} + 4}$

$\qquad = \dfrac{2a_n + 8 - 16}{\sqrt{2a_n + 8} + 4}$ より，

$a_{n+1} - 4 = \dfrac{2(a_n - 4)}{\sqrt{2a_n + 8} + 4}$ ……② となる。

> 証明の手順
>
> $0 < r < 1$ として，
>
> $|a_{n+1} - 4| \leqq r |a_n - 4|$ より，
>
> $[\, F(n+1) \leqq r \cdot F(n) \,]$
>
> $|a_n - 4| \leqq |a_1 - 4| \cdot r^{n-1}$
>
> $[\ F(n) \ \leqq \ F(1) \cdot r^{n-1} \,]$
>
> $0 \leqq |a_n - 4| \leqq |a_1 - 4| \cdot r^{n-1}$
>
> > 0
> > ($n \to \infty$ のとき)
>
> ハサミ打ちの原理より，
>
> $\lim\limits_{n\to\infty} a_n = 4$

②の両辺の絶対値をとって，

$$|a_{n+1} - 4| = \left| \dfrac{2(a_n - 4)}{\sqrt{2a_n + 8} + 4} \right| = \dfrac{2}{\underbrace{\sqrt{2a_n + 8}} + 4} |a_n - 4| \leqq \dfrac{2}{4} |a_n - 4|$$

> この ⊕ の数はない方が
> 分数は大きくなる。

$\therefore |a_{n+1} - 4| \leqq \dfrac{1}{2} |a_n - 4|$ $\left[\ F(n+1) \leqq \dfrac{1}{2} \cdot F(n) \right]$ より，

$\underbrace{|a_n - 4|}_{\text{これは } 0 \text{ 以上}} \leqq \underbrace{|a_1 - 4|}_{5} \left(\dfrac{1}{2}\right)^{n-1}$ $\left[F(n) \leqq F(1) \cdot \left(\dfrac{1}{2}\right)^{n-1} \right]$

よって，$0 \leqq |a_n - 4| \leqq \left(\dfrac{1}{2}\right)^{n-1}$ であり，各項の $n \to \infty$ の極限をとると，

$0 \leqq \lim\limits_{n\to\infty} |a_n - 4| \leqq \underbrace{\lim\limits_{n\to\infty} \left(\dfrac{1}{2}\right)^{n-1}}_{0} = 0$ となる。よって，ハサミ打ちの原理より，

$\lim\limits_{n\to\infty} |a_n - 4| = 0$，すなわち，$\lim\limits_{n\to\infty} a_n = 4$ ……(**) が成り立つ。………(終)

数列 $\{a_n\}$ が，$a_1 = 7$，$a_{n+1} = \dfrac{3(a_n+2)}{a_n+4}$ ……① $(n = 1, 2, 3, \cdots)$ で

定義されるとき，次の問いに答えよ。

(1) $a_n > 0$ $(n = 1, 2, 3, \cdots)$ であることを示せ。

(2) $\lim\limits_{n \to \infty} a_n = 2$ であることを示せ。

ヒント! これも前問と同じ，一般項を求めずに数列の極限を求める問題なんだね。今回は $|a_{n+1}-2| \leqq r|a_n-2|$ $(0 < r < 1)$ の形にもち込んで $\lim\limits_{n \to \infty} a_n = 2$ となることを証明すればいいんだね。頑張ろう!

解答&解説

$a_1 = 7$，$a_{n+1} = \dfrac{3(a_n+2)}{a_n+4}$ ……① $(n = 1, 2, 3, \cdots)$ について，

(1) $n = 1, 2, 3, \cdots$ のとき，$a_n > 0$ ……(*) が成り立つことを，数学的帰納法により示す。

　(i) $n = 1$ のとき，$a_1 = 7 > 0$ である。

　(ii) $n = k$ $(k = 1, 2, 3, \cdots)$ のとき，

　　　$a_k > 0$ と仮定して，$n = k+1$ のときについて調べる。

　　　①の n に k を代入すると，$a_k > 0$ より，

　　　$a_{k+1} = \dfrac{3(\overset{\oplus}{(a_k)}+2)}{\underset{\oplus}{(a_k)}+4} > 0$，すなわち $a_{k+1} > 0$ である。

　以上 (i)(ii) より，数学的帰納法により，

　$a_n > 0$ ……(*) $(n = 1, 2, 3, \cdots)$ は成り立つ。……………………(終)

(2) $\lim\limits_{n \to \infty} a_n = \alpha$ (収束) と仮定すると，$\lim\limits_{n \to \infty} a_{n+1} = \alpha$ となる。

　よって，$n \to \infty$ のとき，①は，

　$\alpha = \dfrac{3(\alpha+2)}{\alpha+4}$ となるので，これを変形して，$\alpha(\alpha+4) = 3\alpha+6$

　$\alpha^2 + \alpha - 6 = 0$　　$(\alpha-2)(\alpha+3) = 0$

ここで，$a_n > 0$ より，$\alpha \geqq 0$ である。よって，$\alpha = 2$ $(\alpha \neq -3)$

すなわち，$\displaystyle\lim_{n \to \infty} a_n = 2$ であることが推定できる。

よって，これから，$\displaystyle\lim_{n \to \infty} a_n = 2$ ……(**) であることを示す。

①の両辺から 2 を引いて，

$$a_{n+1} - 2 = \frac{3a_n + 6}{a_n + 4} - 2 = \frac{3a_n + 6 - 2(a_n + 4)}{a_n + 4} \quad \text{より，}$$

$$a_{n+1} - 2 = \frac{a_n - 2}{a_n + 4} \quad \text{……②} \quad \text{となる。}$$

②の両辺の絶対値をとって，

$$\left| a_{n+1} - 2 \right| = \left| \frac{a_n - 2}{a_n + 4} \right| = \frac{1}{a_n + 4} \left| a_n - 2 \right| \quad \text{となるので，よって，}$$

$\underset{\oplus \,(\because a_n > 0)}{}$ この $\oplus$ の数がない方が分数は大きくなる。

$$\left| a_{n+1} - 2 \right| \leqq \frac{1}{4} \left| a_n - 2 \right| \quad \left[F(n+1) \leqq \frac{1}{4} \cdot F(n) \right] \quad \text{より，}$$

$$\left| a_n - 2 \right| \leqq \left| a_1 - 2 \right| \left(\frac{1}{4} \right)^{n-1} \quad \left[F(n) \leqq F(1) \cdot \left(\frac{1}{4} \right)^{n-1} \right]$$

これは 0 以上 ⑦

よって，$0 \leqq \left| a_n - 2 \right| \leqq 5 \cdot \left(\frac{1}{4} \right)^{n-1}$ である。

この各項の $n \to \infty$ の極限をとると，

$$0 \leqq \lim_{n \to \infty} \left| a_n - 2 \right| \leqq \lim_{n \to \infty} 5 \cdot \left(\frac{1}{4} \right)^{n-1} = 0 \quad \text{となる。}$$

よって，ハサミ打ちの原理より，

$\displaystyle\lim_{n \to \infty} \left| a_n - 2 \right| = 0$，すなわち，$\displaystyle\lim_{n \to \infty} a_n = 2$ ……(**) が成り立つ。………(終)

無理関数の逆関数

関数 $y = f_0(x) = \sqrt{x}$ について，次の問いに答えよ。

(1) $y = f_0(x)$ を y 軸に関して対称移動した関数 $y = f_1(x)$ を求めよ。

(2) $y = f_1(x)$ を x 軸に関して対称移動した関数 $y = f_2(x)$ を求めよ。

(3) $y = f_2(x)$ を $(4, -2)$ だけ平行移動した関数 $y = g(x)$ を求めよ。

(4) $g(x)$ の逆関数 $g^{-1}(x)$ を求め，$y = g(x)$ と $y = g^{-1}(x)$ の交点の座標を求めよ。

ヒント！ (1), (2) は線対称移動，(3) は平行移動の問題なので，公式通りに求めていこう。(4) $y = g(x)$ は，1 対 1 対応の関数なので，x と y を入れ替えて，$x = g(y)$ とし，これを変形して $y = g^{-1}(x)$ の形にもち込めばいいんだね。

解答 & 解説

(1) $y = f_0(x) = \sqrt{x}$ を y 軸に関して対称移動した関数 $y = f_1(x)$ は，

$$y = f_0(x) = \sqrt{x} \xrightarrow[\text{x の代わりに$-x$}]{\text{y 軸に対称移動}} y = f_1(x) = \sqrt{-x}$$

$\therefore y = f_1(x) = \sqrt{-x}$

$\quad (x \leqq 0,\ y \geqq 0)$ となる。……………………(答)

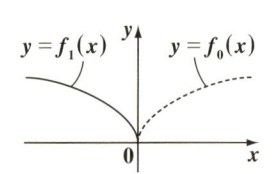

(2) $y = f_1(x) = \sqrt{-x}$ を x 軸に関して対称移動した関数 $y = f_2(x)$ は，

$$y = f_1(x) = \sqrt{-x} \xrightarrow[\text{y の代わりに$-y$}]{\text{x 軸に対称移動}} -y = \sqrt{-x}$$

$\therefore y = f_2(x) = -\sqrt{-x}$

$\quad (x \leqq 0,\ y \leqq 0)$ となる。……………………(答)

(3) $y = f_2(x) = -\sqrt{-x}$ を $(4, -2)$ だけ平行移動した関数 $y = g(x)$ は，

$$y = f_2(x) = -\sqrt{-x} \xrightarrow[\substack{\text{x の代わりに$x-4$}\\\text{y の代わりに$y+2$}}]{\text{$(4, -2)$ だけ平行移動}} y + 2 = -\sqrt{-(x-4)}$$

$\therefore y = g(x) = -\sqrt{-x+4} - 2$

$\quad (x \leqq 4,\ y \leqq -2)$ となる。…………(答)

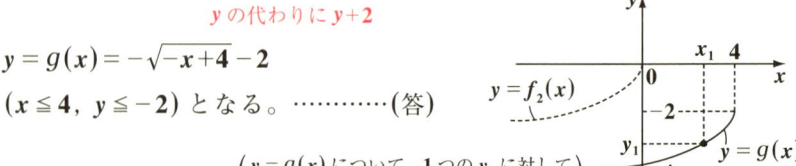

$\begin{pmatrix} y = g(x) \text{ について，1 つの } y_1 \text{ に対して} \\ 1 \text{ つの } x_1 \text{ が対応する。} \end{pmatrix}$

(4) $y = g(x) = -\sqrt{-x+4} - 2$ ……① $(x \leqq 4,\ y \leqq -2)$ は，**1 対 1 対応の関数**

なので，$g(x)$ の逆関数 $g^{-1}(x)$ が存在する。

$g^{-1}(x)$ を求めるために，①の x と y を入れ替えて，

$x = -\sqrt{-y+4} - 2$ ……② $(x \leqq -2,\ y \leqq 4)$

この②を $y = (x$ の式$)$ の形にすると，この $(x$ の式$)$ が $g^{-1}(x)$ になる。

②を変形して，$\sqrt{-y+4} = -x - 2$

この両辺を **2** 乗して，

$-y + \cancel{4} = (-x-2)^2 = x^2 + 4x + \cancel{4}$ より，$y = \underline{-x^2 - 4x}$ $(x \leqq -2,\ y \leqq 4)$

これが，$g^{-1}(x)$ になる。

よって，求める $g(x)$ の逆関数 $g^{-1}(x)$ は，

$y = g^{-1}(x) = -x^2 - 4x$

$\qquad\qquad = -(x+2)^2 + 4$ ………(答)

$\qquad (x \leqq -2)$

$y \leqq 4$ は示さなくていい。右図のグラフ から明らかだからね。

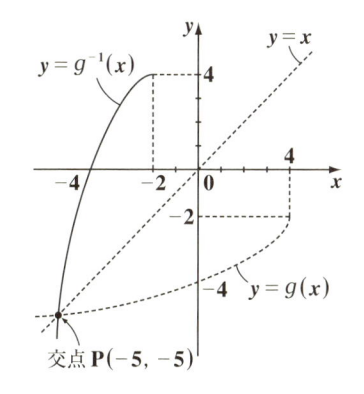

交点 P$(-5, -5)$

$y = g(x)$ と $y = g^{-1}(x)$ は直線 $y = x$ に

関して対称なグラフとなる。

よって，$y = g(x)$ と $y = g^{-1}(x)$ のグラフ

の交点 P は，

$\begin{cases} 曲線\ y = g^{-1}(x) = -x^2 - 4x & ……③ \quad (x \leqq -2)\ と \\ 直線\ y = x & ……………④ \quad との交点と一致する。 \end{cases}$

ここで，③，④より y を消去して，$-x^2 - 4x = x$

$x^2 + 5x = 0$ $\quad x(x+5) = 0$ $\quad \therefore x \leqq -2$ より，$x = -5$ となる。

④より，$y = -5$

以上より，$y = g(x)$ と $y = g^{-1}(x)$ との交点 P の座標は，

P$(-5,\ -5)$ である。………………………………………………(答)

合成関数の逆関数

2つの関数 $y = f(x) = \dfrac{x+6}{2-x}$ $(x \neq 2)$ と $y = g(x) = 4x - 2$ がある。このとき，合成関数 $f \circ g(x)$ $(x \neq -1)$ を求め，この逆関数 $\{f \circ g(x)\}^{-1}$ を求めよ。

ヒント！ 合成関数 $f \circ g(x) = f(g(x)) = \dfrac{g(x)+6}{2-g(x)}$ となる。$f \circ g(x) = h(x)$ とおくと，$h(x)$ は 1 対 1 対応の関数なので，x と y を入れ替えて，逆関数 $h^{-1}(x)$ を求めよう。

解答＆解説

$f(x) = \dfrac{x+6}{2-x}$ $(x \neq 2)$ と $g(x) = 4x - 2$ から，合成関数 $f \circ g(x)$ を求めると，

$$f \circ g(x) = f(g(x)) = \frac{g(x)+6}{2-g(x)} = \frac{4x-2+6}{2-(4x-2)} = \frac{4x+4}{-4x+4} = \frac{\cancel{4}(x+1)}{\cancel{4}(-x+1)}$$

$$\therefore f \circ g(x) = -\frac{x+1}{x-1} \quad \cdots\cdots ① \quad (x \neq 1) \ \text{となる。} \quad \cdots\cdots\cdots\cdots\cdots\cdots(答)$$

ここで，$y = h(x) = f \circ g(x)$ とおくと，①より，

$$y = h(x) = -\frac{x-1+2}{x-1} = -\frac{2}{x-1} - 1 \quad \cdots\cdots ②$$

よって，$y = h(x)$ は右のグラフより 1 対 1 対応の関数だから，②の x と y を入れ替えて，

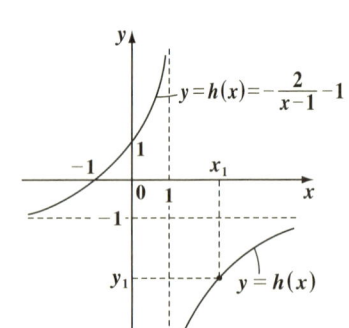

$$x = -\frac{2}{y-1} - 1 \qquad x+1 = -\frac{2}{y-1}$$

$$y - 1 = -\frac{2}{x+1} \ \text{より，} \ y = -\frac{2}{x+1} + 1 \quad (x \neq -1)$$

これが，逆関数 $h^{-1}(x)$ のことだ。

以上より，$h(x) = f \circ g(x)$ の逆関数 $h^{-1}(x) = \{f \circ g(x)\}^{-1}$ は，

$$h^{-1}(x) = \{f \circ g(x)\}^{-1} = -\frac{2}{x+1} + 1 \quad (x \neq -1) \ \text{である。} \cdots\cdots\cdots\cdots\cdots(答)$$

逆三角関数（Ⅰ）

次の問いに答えよ。

(1) $y = \cos x$　$(0 \leqq x \leqq \pi)$ の逆三角関数 $y = \cos^{-1} x$ のグラフを描け。

(2) $y = \tan x$　$\left(-\dfrac{\pi}{2} < x < \dfrac{\pi}{2}\right)$ の逆三角関数 $y = \tan^{-1} x$ のグラフを描け。

ヒント！ (1)の $y = \cos x$ $(0 \leqq x \leqq \pi)$ も，(2)の $y = \tan x$ $\left(-\dfrac{\pi}{2} < x < \dfrac{\pi}{2}\right)$ も，共に 1 対 1 対応のグラフより，それぞれ逆関数 $y = \cos^{-1} x$ と $y = \tan^{-1} x$ が存在する。これらのグラフは元の関数のグラフと直線 $y = x$ に関して対称なグラフになるんだね。

解答&解説

(1) $y = \cos x$　$(0 \leqq x \leqq \pi,\ -1 \leqq y \leqq 1)$

は，1 対 1 対応の関数より，この x と

y を入れ替えて，

$x = \cos y$ となり，これを書き変えて，

$y = \cos^{-1} x$　$(-1 \leqq x \leqq 1)$ とおくと，

$0 \leqq y \leqq \pi$ は示さなくてもよい。

このグラフは右図のようになる。

　　　　　　　　………(答)

$y = \cos^{-1} x$ のグラフ

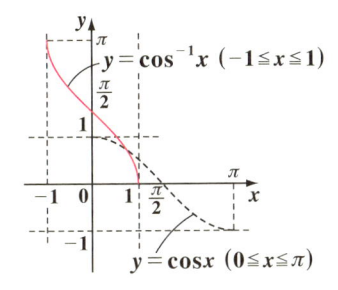

(2) $y = \tan x$　$\left(-\dfrac{\pi}{2} < x < \dfrac{\pi}{2},\ -\infty < y < \infty\right)$

は，1 対 1 対応の関数より，この x と

y を入れ替えて，

$x = \tan y$ となり，これを書き変えて，

$y = \tan^{-1} x$　$(-\infty < x < \infty)$ とおくと，

$-\dfrac{\pi}{2} < y < \dfrac{\pi}{2}$ は示さなくてもよい。

このグラフは右図のようになる。

　　　　　　　　………(答)

$y = \tan^{-1} x$ のグラフ

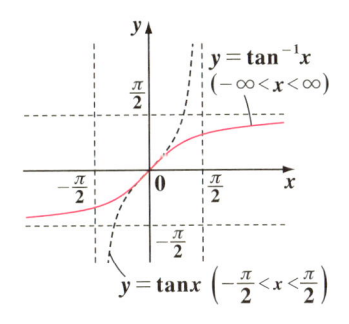

逆三角関数（Ⅱ）

次の逆三角関数の値を求めよ。

(1) $\sin^{-1}\dfrac{\sqrt{3}}{2}$　　　　(2) $\sin^{-1}\left(-\dfrac{1}{2}\right)$　　　　(3) $\cos^{-1}\dfrac{1}{\sqrt{2}}$

(4) $\cos^{-1}(-1)$　　　　(5) $\tan^{-1}\dfrac{1}{\sqrt{3}}$　　　　(6) $\tan^{-1}(-\sqrt{3})$

ヒント! (1) $\sin^{-1}\dfrac{\sqrt{3}}{2}=\alpha$ とおいて, $\sin\alpha=\dfrac{\sqrt{3}}{2}$ $\left(-\dfrac{\pi}{2}\leqq\alpha\leqq\dfrac{\pi}{2}\right)$ より α の値を求め, (3)では $\cos^{-1}\dfrac{1}{\sqrt{2}}=\gamma$ とおいて, $\cos\gamma=\dfrac{1}{\sqrt{2}}$ $(0\leqq\gamma\leqq\pi)$ より γ を求め, (5) では $\tan^{-1}\dfrac{1}{\sqrt{3}}=\beta$ とおいて, $\tan\beta=\dfrac{1}{\sqrt{3}}$ $\left(-\dfrac{\pi}{2}<\beta<\dfrac{\pi}{2}\right)$ より β を求める。この要領を覚えよう。

解答 & 解説

(1) $\sin^{-1}\dfrac{\sqrt{3}}{2}=\alpha$ とおくと, $\sin\alpha=\dfrac{\sqrt{3}}{2}$ $\left(-\dfrac{\pi}{2}\leqq\alpha\leqq\dfrac{\pi}{2}\right)$ より, $\alpha=\dfrac{\pi}{3}$ ……(答)

(2) $\sin^{-1}\left(-\dfrac{1}{2}\right)=\beta$ とおくと, $\sin\beta=-\dfrac{1}{2}$ $\left(-\dfrac{\pi}{2}\leqq\beta\leqq\dfrac{\pi}{2}\right)$ より,

$\qquad \beta=-\dfrac{\pi}{6}$ ……………………………………………(答)

(3) $\cos^{-1}\dfrac{1}{\sqrt{2}}=\gamma$ とおくと, $\cos\gamma=\dfrac{1}{\sqrt{2}}$ $(0\leqq\gamma\leqq\pi)$ より, $\gamma=\dfrac{\pi}{4}$ …………(答)

(4) $\cos^{-1}(-1)=\alpha$ とおくと, $\cos\alpha=-1$ $(0\leqq\alpha\leqq\pi)$ より,

$\qquad \alpha=\pi$ ……………………………………………………(答)

(5) $\tan^{-1}\dfrac{1}{\sqrt{3}}=\beta$ とおくと, $\tan\beta=\dfrac{1}{\sqrt{3}}$ $\left(-\dfrac{\pi}{2}<\beta<\dfrac{\pi}{2}\right)$ より, $\beta=\dfrac{\pi}{6}$ ……(答)

(6) $\tan^{-1}(-\sqrt{3})=\gamma$ とおくと, $\tan\gamma=-\sqrt{3}$ $\left(-\dfrac{\pi}{2}<\gamma<\dfrac{\pi}{2}\right)$ より,

$\qquad \gamma=-\dfrac{\pi}{3}$ …………………………………………(答)

逆三角関数 (Ⅲ)

$\tan^{-1}\dfrac{\sqrt{3}}{2}+\tan^{-1}\dfrac{\sqrt{3}}{5}$ の値を求めよ。

ヒント！ $\tan^{-1}\dfrac{\sqrt{3}}{2}=\alpha$, $\tan^{-1}\dfrac{\sqrt{3}}{5}=\beta$ とおくと, $\tan\alpha=\dfrac{\sqrt{3}}{2}$, $\tan\beta=\dfrac{\sqrt{3}}{5}$ となる。ここで, $\alpha+\beta$ の値を求めるために, $\tan(\alpha+\beta)$ の値を求めるといいんだね。頑張ろう！

解答＆解説

$\tan^{-1}\dfrac{\sqrt{3}}{2}+\tan^{-1}\dfrac{\sqrt{3}}{5}$ ……① について, ← これから, $\alpha+\beta$ の値を求める。

$\underset{(\alpha)}{}$ $\underset{(\beta)}{}$

$\tan^{-1}\dfrac{\sqrt{3}}{2}=\alpha$ ……② $\left(-\dfrac{\pi}{2}<\alpha<\dfrac{\pi}{2}\right)$, $\tan^{-1}\dfrac{\sqrt{3}}{5}=\beta$ ……③ $\left(-\dfrac{\pi}{2}<\beta<\dfrac{\pi}{2}\right)$

とおくと, ②, ③より,

$\begin{cases}\tan\alpha=\dfrac{\sqrt{3}}{2} & ……②' \quad \left(\tan\alpha>0 \text{ より, } 0<\alpha<\dfrac{\pi}{2}\right)\\ \tan\beta=\dfrac{\sqrt{3}}{5} & ……③' \quad \left(\tan\beta>0 \text{ より, } 0<\beta<\dfrac{\pi}{2}\right)\end{cases}$ となる。

ここで, $\tan(\alpha+\beta)$ の値を求めると,

加法定理 $\tan(\alpha+\beta)=\dfrac{\tan\alpha+\tan\beta}{1-\tan\alpha\tan\beta}$

$\tan(\alpha+\beta)=\dfrac{\tan\alpha+\tan\beta}{1-\tan\alpha\tan\beta}=\dfrac{\dfrac{\sqrt{3}}{2}+\dfrac{\sqrt{3}}{5}}{1-\dfrac{\sqrt{3}}{2}\times\dfrac{\sqrt{3}}{5}}$ 分子・分母に 10をかける。

$=\dfrac{5\sqrt{3}+2\sqrt{3}}{10-3}=\dfrac{7\sqrt{3}}{7}=\sqrt{3}$

$\begin{cases}0<\alpha<\dfrac{\pi}{2} & ……㋐\\ 0<\beta<\dfrac{\pi}{2} & ……㋑\end{cases}$ ㋐＋㋑より, $0<\alpha+\beta<\pi$

以上より, $\tan(\alpha+\beta)=\sqrt{3}$ $(0<\alpha+\beta<\pi)$ より,

$\alpha+\beta$, すなわち $\tan^{-1}\dfrac{\sqrt{3}}{2}+\tan^{-1}\dfrac{\sqrt{3}}{5}=\dfrac{\pi}{3}$ である。……………………(答)

逆三角関数 (Ⅳ)

$\sin^{-1}\dfrac{2}{3} + \sin^{-1}\dfrac{\sqrt{5}}{3}$ の値を求めよ。

ヒント！ $\sin^{-1}\dfrac{2}{3} = \alpha$, $\sin^{-1}\dfrac{\sqrt{5}}{3} = \beta$ とおくと，$\sin\alpha = \dfrac{2}{3}$, $\sin\beta = \dfrac{\sqrt{5}}{3}$ となる。これから，$\cos\alpha$, $\cos\beta$ の値も分かるので，$\sin(\alpha+\beta)$ の値を求めればいいんだね。

解答 & 解説

$\sin^{-1}\dfrac{2}{3} + \sin^{-1}\dfrac{\sqrt{5}}{3}$ ……① について，　← これから，$\alpha+\beta$ の値を求める。

　　　$\underbrace{\qquad}_{\alpha}$　$\underbrace{\qquad}_{\beta}$

$\sin^{-1}\dfrac{2}{3} = \alpha$ ……② $\left(-\dfrac{\pi}{2} \leqq \alpha \leqq \dfrac{\pi}{2}\right)$, $\sin^{-1}\dfrac{\sqrt{5}}{3} = \beta$ ……③ $\left(-\dfrac{\pi}{2} \leqq \beta \leqq \dfrac{\pi}{2}\right)$

とおくと，②, ③ より，

$\begin{cases} \sin\alpha = \dfrac{2}{3} & \cdots\cdots② \quad \left(\sin\alpha > 0,\ 0 < \alpha < \dfrac{\pi}{2}\right) \\[3mm] \sin\beta = \dfrac{\sqrt{5}}{3} & \cdots\cdots③ \quad \left(\sin\beta > 0,\ 0 < \beta < \dfrac{\pi}{2}\right) \end{cases}$

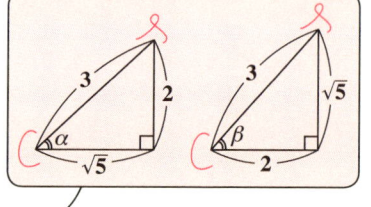

となる。よって，$\cos\alpha = \dfrac{\sqrt{5}}{3}$ ……④, $\cos\beta = \dfrac{2}{3}$ ……⑤ $\left(0 < \alpha < \dfrac{\pi}{2},\ 0 < \beta < \dfrac{\pi}{2}\right)$

これから，$\sin(\alpha+\beta)$ の値を求めると，

$\sin(\alpha+\beta) = \underline{\sin\alpha} \cdot \underline{\cos\beta} + \underline{\cos\alpha} \cdot \underline{\sin\beta}$

$\quad\quad\quad\quad\quad \overset{\frac{2}{3}(②'より)}{}\ \overset{\frac{2}{3}(⑤より)}{}\ \overset{\frac{\sqrt{5}}{3}(④より)}{}\ \overset{\frac{\sqrt{5}}{3}(③'より)}{}$

$\quad\quad\quad = \dfrac{2}{3} \times \dfrac{2}{3} + \dfrac{\sqrt{5}}{3} \times \dfrac{\sqrt{5}}{3} = \dfrac{4+5}{9} = 1$ ……⑥

ここで，$0 < \alpha < \dfrac{\pi}{2}$, $0 < \beta < \dfrac{\pi}{2}$ より，$0 < \alpha+\beta < \pi$　よって，⑥から，

$\alpha+\beta = \dfrac{\pi}{2}$, すなわち，$\sin^{-1}\dfrac{2}{3} + \sin^{-1}\dfrac{\sqrt{5}}{3} = \dfrac{\pi}{2}$ である。………………(答)

関数の極限（Ⅰ）

次の関数の極限を求めよ。

(1) $\displaystyle\lim_{x \to 3} \frac{\sqrt{x+6}-x}{3-x}$　　　　(2) $\displaystyle\lim_{x \to \infty} \left(\sqrt{x+\sqrt{x}} - \sqrt{x-\sqrt{x}} \right)$

> ヒント！ **(1)**は $\dfrac{0}{0}$ の不定形なので，分子・分母に $\left(\sqrt{x+6}+x\right)$ をかけて調べよう。
> **(2)**は $\infty-\infty$ の不定形なので，これも $\left(\sqrt{x+\sqrt{x}}+\sqrt{x-\sqrt{x}}\right)$ を分子・分母にかけて調べるといい。

解答＆解説

(1) $\displaystyle\lim_{x \to 3} \frac{\sqrt{x+6}-x}{3-x}$ について，　← これは，$\dfrac{0}{0}$ の不定形

$x+6-x^2=-(x^2-x-6)$

分子・分母に $(\sqrt{\ }+x)$ をかけた。

$$\lim_{x \to 3} \frac{\sqrt{x+6}-x}{3-x} = \lim_{x \to 3} \frac{\left(\sqrt{x+6}-x\right)\left(\sqrt{x+6}+x\right)}{(3-x)\left(\sqrt{x+6}+x\right)} = \lim_{x \to 3} \frac{-(x-3)(x+2)}{-(x-3)\left(\sqrt{x+6}+x\right)}$$

$$= \lim_{x \to 3} \frac{x+2}{\sqrt{x+6}+x} = \frac{3+2}{\sqrt{9}+3} = \frac{5}{6} \quad\cdots\cdots\cdots\cdots\cdots\text{(答)}$$

(2) $\displaystyle\lim_{x \to \infty} \left(\sqrt{x+\sqrt{x}} - \sqrt{x-\sqrt{x}} \right)$ について，　← これは，$(\infty-\infty)$ の不定形

分子・分母に $(\sqrt{\ }+\sqrt{\ })$ をかけた。

$$\lim_{x \to \infty} \left(\sqrt{x+\sqrt{x}} - \sqrt{x-\sqrt{x}} \right) = \lim_{x \to \infty} \frac{\left(\sqrt{x+\sqrt{x}}-\sqrt{x-\sqrt{x}}\right)\left(\sqrt{x+\sqrt{x}}+\sqrt{x-\sqrt{x}}\right)}{\sqrt{x+\sqrt{x}}+\sqrt{x-\sqrt{x}}}$$

$$= \lim_{x \to \infty} \frac{x+\sqrt{x}-(x-\sqrt{x})}{\sqrt{x+\sqrt{x}}+\sqrt{x-\sqrt{x}}} = \lim_{x \to \infty} \frac{2\sqrt{x}}{\sqrt{x+\sqrt{x}}+\sqrt{x-\sqrt{x}}}$$

これは $\dfrac{\left(\frac{1}{2}次の\infty\right)}{\left(\frac{1}{2}次の\infty\right)}$ より，分子・分母を $\sqrt{x}$ で割る。

$$= \lim_{x \to \infty} \frac{2}{\sqrt{\dfrac{x+\sqrt{x}}{x}}+\sqrt{\dfrac{x-\sqrt{x}}{x}}} = \lim_{x \to \infty} \frac{2}{\sqrt{1+\dfrac{1}{\sqrt{x}}}+\sqrt{1-\dfrac{1}{\sqrt{x}}}}$$

（$\dfrac{1}{\sqrt{x}} \to 0$）

$$= \frac{2}{1+1} = 1 \quad\cdots\cdots\cdots\cdots\cdots\cdots\cdots\cdots\cdots\cdots\cdots\cdots\cdots\text{(答)}$$

関数の極限 (Ⅱ)

$$\lim_{x \to 2} \frac{2x - \sqrt{x+a}}{x^2 - x - 2} = b \cdots\cdots ①$$ が成り立つとき，定数 a と b の値を求めよ。

ヒント！ $x \to 2$ のとき，①の分母 $\to 0$ より，これがある極限値 b に収束するためには，①の分子 $\to 0$ でなければならない。これから，定数 a の値を求めて，極限値 b の値を計算しよう。

解答＆解説

①の左辺の分子・分母の極限について，

$$\begin{cases} \cdot 分母：\lim_{x \to 2}(x^2 - x - 2) = 4 - 2 - 2 = 0 \text{ より，} \\ \cdot 分子：\lim_{x \to 2}(2x - \sqrt{x+a}) = 4 - \sqrt{a+2} = 0 \text{ となる。} \end{cases}$$

> $\begin{cases} 分母 \to 0 \text{ ならば，} \\ 分子 \to 0 \text{ となって，} \end{cases}$
> $\dfrac{0.000b}{0.0001} \to b$ のイメージで，b に収束するんだね。

よって，$\sqrt{a+2} = 4$　　$a + 2 = 16$

∴ $a = 14 \cdots\cdots ②$ となる。②を①に代入して，

$\dfrac{0}{0}$ の不定形

$4x^2 - (x+14) = 4x^2 - x - 14$

$$\lim_{x \to 2} \frac{2x - \sqrt{x+14}}{x^2 - x - 2} = \lim_{x \to 2} \frac{(2x - \sqrt{x+14})(2x + \sqrt{x+14})}{(x-2)(x+1)(2x + \sqrt{x+14})}$$

分子・分母に $(2x + \sqrt{\ })$ をかけた。

$$= \lim_{x \to 2} \frac{(x-2)(4x+7)}{(x-2)(x+1)(2x + \sqrt{x+14})}$$

$\dfrac{0}{0}$ の要素が消えた！

$4x^2 - x - 14$

$$= \lim_{x \to 2} \frac{4x+7}{(x+1)(2x + \sqrt{x+14})} = \frac{8+7}{(2+1)(4 + \sqrt{16})}$$

$$= \frac{15}{3 \times 8} = \frac{5}{8} = b \quad (= (①の右辺))$$

以上より，求める a，b の値は，$a = 14$，$b = \dfrac{5}{8}$ である。$\cdots\cdots\cdots\cdots$(答)

関数の極限 (Ⅲ)

演習問題 25	CHECK 1	CHECK 2	CHECK 3

次の関数の極限を求めよ。

(1) $\displaystyle\lim_{x\to 0}\frac{\sin 3x}{2x}$　　　　(2) $\displaystyle\lim_{x\to 0}\frac{\sin 5x}{\tan 2x}$

(3) $\displaystyle\lim_{x\to 0}\frac{1-\cos 3x}{x^2}$　　　(4) $\displaystyle\lim_{x\to 0}\frac{x\cdot\sin x}{1-\cos 2x}$

ヒント！ 三角関数の極限公式 (i) $\displaystyle\lim_{x\to 0}\frac{\sin x}{x}=1$, (ⅱ) $\displaystyle\lim_{x\to 0}\frac{\tan x}{x}=1$, (ⅲ) $\displaystyle\lim_{x\to 0}\frac{1-\cos x}{x^2}=\frac{1}{2}$

を利用して解いていけばいいんだね。

解答＆解説

$\displaystyle\lim_{t\to 0}\frac{\sin t}{t}=1$

(1) $\displaystyle\lim_{x\to 0}\frac{\sin 3x}{2x}=\lim_{\substack{x\to 0\\(t\to 0)}}\boxed{\frac{\sin 3x}{3x}}\times\frac{3}{2}=1\times\frac{3}{2}=\frac{3}{2}$ ……………………(答)

$\displaystyle\lim_{t\to 0}\frac{\sin t}{t}=1$
$\displaystyle\lim_{u\to 0}\frac{u}{\tan u}=1$

(2) $\displaystyle\lim_{x\to 0}\frac{\sin 5x}{\tan 2x}=\lim_{\substack{x\to 0\\(t\to 0)\\(u\to 0)}}\boxed{\frac{\sin 5x}{5x}}\times\boxed{\frac{2x}{\tan 2x}}\times\frac{5}{2}$

$\qquad\qquad =1\times 1\times\frac{5}{2}=\frac{5}{2}$ ………………………………(答)

$\displaystyle\lim_{t\to 0}\frac{1-\cos t}{t^2}=\frac{1}{2}$

(3) $\displaystyle\lim_{x\to 0}\frac{1-\cos 3x}{x^2}=\lim_{\substack{x\to 0\\(t\to 0)}}\boxed{\frac{1-\cos 3x}{(3x)^2}}\times 9=\frac{1}{2}\times 9=\frac{9}{2}$ ………(答)

$\displaystyle\lim_{t\to 0}\frac{t^2}{1-\cos t}=2$
$\displaystyle\lim_{x\to 0}\frac{\sin x}{x}=1$

(4) $\displaystyle\lim_{x\to 0}\frac{x\cdot\sin x}{1-\cos 2x}=\lim_{\substack{x\to 0\\(t\to 0)}}\boxed{\frac{(2x)^2}{1-\cos 2x}}\times\boxed{\frac{\sin x}{x}}\times\frac{1}{4}$

$\qquad\qquad =2\times 1\times\frac{1}{4}=\frac{1}{2}$ ……………………………………(答)

関数の極限 (IV)

次の関数の極限を求めよ。

(1) $\displaystyle\lim_{x \to 0} (1+3x)^{\frac{1}{2x}}$

(2) $\displaystyle\lim_{x \to 0} (1-2x)^{\frac{1}{3x}}$

(3) $\displaystyle\lim_{x \to \infty} \left(1+\frac{2}{x}\right)^{-2x}$

ヒント！ ネイピア数 $e(=2.718\cdots)$ に収束する極限の公式 (i) $\displaystyle\lim_{x \to 0}(1+x)^{\frac{1}{x}}=e$ と
(ii) $\displaystyle\lim_{x \to \pm\infty}\left(1+\frac{1}{x}\right)^{x}=e$ を利用して，解いていく問題だね。変数をうまく置き換えよう！

解答＆解説

(1) $\displaystyle\lim_{x \to 0} (1+3x)^{\frac{1}{2x}} = \lim_{\substack{x \to 0 \\ (t=0)}} \left\{ (1+\underline{3x})^{\frac{1}{3x}} \right\}^{\frac{3}{2}}$

> $3x=t$ とおくと，
> $x \to 0$ のとき，$t \to 0$ より，
> $\displaystyle\lim_{t \to 0}(1+t)^{\frac{1}{t}}=e$ となる。

$$= e^{\frac{3}{2}} = \sqrt{e^3} \quad\cdots\cdots\cdots\cdots\cdots（答）$$

(2) $\displaystyle\lim_{x \to 0} (1-2x)^{\frac{1}{3x}} = \lim_{\substack{x \to 0 \\ (t \to 0)}} \left[\left\{1+(-2x)\right\}^{\frac{1}{-2x}} \right]^{-\frac{2}{3}}$

> $-2x=t$ とおくと，
> $x \to 0$ のとき，$t \to 0$ より，
> $\displaystyle\lim_{t \to 0}(1+t)^{\frac{1}{t}}=e$ となる。

$$= e^{-\frac{2}{3}} = \frac{1}{e^{\frac{2}{3}}} = \frac{1}{\sqrt[3]{e^2}} \quad\cdots\cdots\cdots\cdots\cdots（答）$$

(3) $\displaystyle\lim_{x \to \infty} \left(1+\frac{2}{x}\right)^{-2x} = \lim_{\substack{x \to \infty \\ (t \to \infty)}} \left\{ \left(1+\frac{1}{\frac{x}{2}}\right)^{\frac{x}{2}} \right\}^{-4}$

> $\dfrac{x}{2}=t$ とおくと，
> $x \to \infty$ のとき，$t \to \infty$ より，
> $\displaystyle\lim_{t \to \infty}\left(1+\frac{1}{t}\right)^{t}=e$ となる。

$$= e^{-4} = \frac{1}{e^4} \quad\cdots\cdots\cdots\cdots\cdots（答）$$

関数の極限 (V)

次の関数の極限を求めよ。

(1) $\displaystyle\lim_{x \to 0} \frac{3x}{1 - e^{2x}}$

(2) $\displaystyle\lim_{x \to \infty} x\left(e^{\frac{2}{x}} - 1\right)$

(3) $\displaystyle\lim_{x \to 0} \frac{\log(1 + 3x)}{2x}$

(4) $\displaystyle\lim_{x \to \infty} x\log\left(1 + \frac{3}{x}\right)$

ヒント! いずれも，極限の公式 (i) $\displaystyle\lim_{x \to 0} \frac{e^x - 1}{x} = \lim_{x \to 0} \frac{x}{e^x - 1} = 1$, (ii) $\displaystyle\lim_{x \to 0} \frac{\log(1+x)}{x} = \lim_{x \to 0} \frac{x}{\log(1+x)} = 1$ を利用する問題だ。(2), (4) では，変数を置き換えて解くといいよ。

解答 & 解説

$$\lim_{t \to 0} \frac{t}{e^t - 1} = 1$$

(1) $\displaystyle\lim_{x \to 0} \frac{3x}{1 - e^{2x}} = \lim_{\substack{x \to 0 \\ (t \to 0)}}\left(-\frac{2x}{e^{2x} - 1} \cdot \frac{3}{2}\right) = -1 \times \frac{3}{2} = -\frac{3}{2}$ ……………(答)

(2) $\displaystyle\lim_{x \to \infty} x\left(e^{\frac{2}{x}} - 1\right)$ について，$\dfrac{2}{x} = t$ とおくと，$x \to \infty$ のとき，$t \to 0$ より，

$\displaystyle\lim_{x \to \infty} x\left(e^{\frac{2}{x}} - 1\right) = \lim_{t \to 0} \frac{2}{t}\left(e^t - 1\right) = \lim_{t \to 0} 2 \cdot \frac{e^t - 1}{t} = 2 \times 1 = 2$ ……………(答)

$$\lim_{t \to 0} \frac{\log(1+t)}{t} = 1$$

(3) $\displaystyle\lim_{x \to 0} \frac{\log(1 + 3x)}{2x} = \lim_{x \to 0} \frac{\log(1 + 3x)}{3x} \times \frac{3}{2} = 1 \times \frac{3}{2} = \frac{3}{2}$ ……………(答)

(4) $\displaystyle\lim_{x \to \infty} x\log\left(1 + \frac{3}{x}\right)$ について，$\dfrac{3}{x} = t$ とおくと，$x \to \infty$ のとき，$t \to 0$ より，

$\displaystyle\lim_{x \to \infty} x\log\left(1 + \frac{3}{x}\right) = \lim_{t \to 0} \frac{3}{t}\log(1 + t) = \lim_{t \to 0} 3 \cdot \frac{\log(1 + t)}{t} = 3 \times 1 = 3$ …(答)

関数の極限 (Ⅵ)

次の関数の極限を求めよ。

(1) $\displaystyle\lim_{x \to 0} \frac{x(e^{2x}-1)}{1-\cos 2x}$

(2) $\displaystyle\lim_{x \to 0} \frac{\log(1+\sin 2x)}{\tan x}$

(3) $\displaystyle\lim_{x \to 0} \frac{\sin^{-1}x}{3x}$

(4) $\displaystyle\lim_{x \to 0} \frac{x}{\tan^{-1}2x}$

ヒント！　関数の極限の応用問題だ。これまでの公式をフルに使って解いていこう！

解答&解説

(1) $\displaystyle\lim_{x \to 0} \frac{x(e^{2x}-1)}{1-\cos 2x} = \lim_{\substack{x \to 0 \\ (t \to 0) \\ (u \to 0)}} \frac{(2x)^2}{1-\cos 2x} \times \frac{e^{2x}-1}{2x} \times \frac{2}{4}$

$$\lim_{t \to 0} \frac{t^2}{1-\cos t} = 2$$
$$\lim_{u \to 0} \frac{e^u-1}{u} = 1$$

$$= 2 \times 1 \times \frac{2}{4} = 1 \quad\cdots\cdots\cdots\text{(答)}$$

(2) $\displaystyle\lim_{x \to 0} \frac{\log(1+\sin 2x)}{\tan x} = \lim_{\substack{x \to 0 \\ (t \to 0) \\ (u \to 0)}} \frac{\log(1+\sin 2x)}{\sin 2x} \times \frac{\sin 2x}{2x} \times \frac{x}{\tan x} \times 2$

$$= 1 \times 1 \times 1 \times 2 = 2 \quad\cdots\cdots\cdots\text{(答)}$$

$$\lim_{t \to 0} \frac{\log(1+t)}{t} = 1$$
$$\lim_{u \to 0} \frac{\sin u}{u} = 1$$

(3) $\displaystyle\lim_{x \to 0} \frac{\sin^{-1}x}{3x}$ について，$\underline{\sin^{-1}x = t}$ とおくと，

$x = \sin t$

$x \to 0$ のとき，$t \to 0$ より，

$t = \sin^{-1}x$

$$\lim_{x \to 0} \frac{\sin^{-1}x}{3x} = \lim_{t \to 0} \frac{t}{3\sin t} = \lim_{t \to 0} \frac{1}{3} \times \frac{t}{\sin t} = \frac{1}{3} \times 1 = \frac{1}{3} \quad\cdots\cdots\cdots\text{(答)}$$

(4) $\displaystyle\lim_{x \to 0} \frac{x}{\tan^{-1}2x}$ について，$\underline{\tan^{-1}2x = t}$ とおくと，

$2x = \tan t,\ x = \dfrac{1}{2}\tan t$

$x \to 0$ のとき，$t \to 0$ より，

$t = \tan^{-1}x$

$$\lim_{x \to 0} \frac{x}{\tan^{-1}2x} = \lim_{t \to 0} \frac{\frac{1}{2}\tan t}{t} = \lim_{t \to 0} \frac{1}{2} \cdot \frac{\tan t}{t} = \frac{1}{2} \times 1 = \frac{1}{2} \quad\cdots\cdots\cdots\text{(答)}$$

ダランベールの判定法と関数の極限

次の正項級数の収束・発散を調べよ。

$$\sum_{k=1}^{\infty} \frac{k!}{k^k} = \frac{1!}{1^1} + \frac{2!}{2^2} + \frac{3!}{3^3} + \cdots + \frac{n!}{n^n} + \cdots \quad \cdots\cdots ①$$

次に，極限 $\lim_{n \to \infty} \dfrac{n!}{n^n}$ を調べよ。

ヒント！ 正項級数 $\sum_{k=1}^{\infty} a_k$ は，$\lim_{n \to \infty} \dfrac{a_{n+1}}{a_n} = r$ を求めて，(ⅰ) $0 \leqq r < 1$ のとき収束し，(ⅱ) $1 < r$ のときは発散するんだね。今回は，この r を求めるときに関数の極限の公式を利用する。

解答＆解説

①の正項級数 $\sum_{k=1}^{\infty} \dfrac{k!}{k^k} = \underbrace{\frac{1!}{1^1}}_{a_1} + \underbrace{\frac{2!}{2^2}}_{a_2} + \underbrace{\frac{3!}{3^3}}_{a_3} + \cdots + \underbrace{\frac{n!}{n^n}}_{a_n} + \cdots$ の一般項 a_n は，

$a_n = \dfrac{n!}{n^n} \cdots\cdots②$ ($n = 1, 2, 3, \cdots$) より，ダランベールの収束判定法を用いると，

$$\lim_{n \to \infty} \frac{a_{n+1}}{a_n} = \lim_{n \to \infty} \left(\frac{\dfrac{(n+1)!}{(n+1)^{n+1}}}{\dfrac{n!}{n^n}} \right) = \lim_{n \to \infty} \underbrace{\frac{(n+1)!}{n!}}_{\frac{1 \cdot 2 \cdots n \cdot (n+1)}{1 \cdot 2 \cdots n} = n+1} \times \frac{n^n}{\underbrace{(n+1)^{n+1}}_{(n+1) \cdot (n+1)^n}} = \lim_{n \to \infty} (n+1) \times \frac{n^n}{(n+1)(n+1)^n}$$

$$= \lim_{n \to \infty} \frac{1}{\dfrac{(n+1)^n}{n^n}} = \lim_{n \to \infty} \frac{1}{\left(\dfrac{n+1}{n}\right)^n} = \lim_{n \to \infty} \frac{1}{\underbrace{\left(1 + \dfrac{1}{n}\right)^n}_{e}}$$

関数の極限公式
$\lim_{x \to \infty} \left(1 + \dfrac{1}{x}\right)^x = e$

$$= \frac{1}{e} \ (= r) \ \text{となる。よって，これは} \ 0 \leqq r < 1 \ \text{をみたすので，}$$

$\boxed{\dfrac{1}{2.718\cdots}}$

この正項級数 $\sum_{k=1}^{\infty} \dfrac{k!}{k^k} \cdots\cdots①$ は収束する。$\cdots\cdots\cdots\cdots\cdots\cdots\cdots\cdots\cdots$(答)

よって，この一般項の極限は，$\lim_{n \to \infty} a_n = \lim_{n \to \infty} \dfrac{n!}{n^n} = 0$ となる。$\cdots\cdots\cdots\cdots$(答)

§1. 微分係数と導関数

微分係数 $f'(a)$ と導関数 $f'(x)$ の定義式を下に示す。

■ 微分係数 $f'(a)$ の定義式

$$f'(a) = \lim_{h \to 0} \frac{f(a+h) - f(a)}{h} \qquad (\text{i}) \text{ の定義式}$$

$$= \lim_{h \to 0} \frac{f(a) - f(a-h)}{h} \qquad (\text{ii}) \text{ の定義式}$$

$$= \lim_{b \to a} \frac{f(b) - f(a)}{b - a} \qquad (\text{iii}) \text{ の定義式}$$

右辺の定義式の極限は，すべて $\frac{0}{0}$ の不定形なので，これがある値に収束するとき，これを微分係数 $f'(a)$ とする。

■ 導関数 $f'(x)$ の定義式

$$f'(x) = \lim_{h \to 0} \frac{f(x+h) - f(x)}{h}$$

$$= \lim_{h \to 0} \frac{f(x) - f(x-h)}{h}$$

右辺の極限はいずれも $\frac{0}{0}$ の不定形だ。よって，この右辺の極限が存在するとき，これを導関数 $f'(x)$ というんだ。

(ex) $f(x) = e^{2x}$ の導関数を定義式から求めよう。

$$f'(x) = \lim_{h \to 0} \frac{f(x+h) - f(x)}{h} = \lim_{h \to 0} \frac{e^{2(x+h)} - e^{2x}}{h} = \lim_{h \to 0} \frac{e^{2x}(e^{2h} - 1)}{h}$$

$$= \lim_{\substack{h \to 0 \\ (t \to 0)}} e^{2x} \times \underbrace{\frac{\overbrace{e^{2h} - 1}^{t}}{\underbrace{2h}_{t}}}_{1} \times 2 = e^{2x} \times 1 \times 2 = 2e^{2x} \quad \text{となる。}$$

§2. 微分計算

　一般に，$f(x)$ の導関数 $f'(x)$ を求めるためには，定義式ではなく微分公式を用いて求める。微分計算の基礎となる **8** つの公式と，導関数の性質および微分計算の **3** つの重要公式を次に示す。

微分計算の 8 つの基本公式

(1) $(x^\alpha)' = \alpha x^{\alpha-1}$

(2) $(\sin x)' = \cos x$

(3) $(\cos x)' = -\sin x$

(4) $(\tan x)' = \dfrac{1}{\cos^2 x}$

> $\sec^2 x$ とも書く。
>
> $\sec x = \dfrac{1}{\cos x}$
> "セカントx" と読む。

(5) $(e^x)' = e^x$ $(e \fallingdotseq 2.7)$

(6) $(a^x)' = a^x \cdot \log a$

(7) $(\log x)' = \dfrac{1}{x}$ $(x > 0)$

(8) $\{\log f(x)\}' = \dfrac{f'(x)}{f(x)}$ $(f(x) > 0)$

(ただし，α は実数，$a > 0$ かつ $a \neq 1$)

導関数の性質

$f(x)$，$g(x)$ が微分可能なとき，以下の式が成り立つ。

(1) $\{k f(x)\}' = k \cdot f'(x)$ （k：実数定数）

(2) $\{f(x) \pm g(x)\}' = f'(x) \pm g'(x)$ （複号同順）

微分計算の 3 つの重要公式

$f(x) = f$，$g(x) = g$ と略記して表すと，次の公式が成り立つ。

(1) $(f \cdot g)' = f' \cdot g + f \cdot g'$

(2) $\left(\dfrac{f}{g}\right)' = \dfrac{f' \cdot g - f \cdot g'}{g^2}$

> $\left(\dfrac{\text{分子}}{\text{分母}}\right)' = \dfrac{(\text{分子})' \cdot \text{分母} - \text{分子} \cdot (\text{分母})'}{(\text{分母})^2}$
> と口ずさみながら覚えるといいよ！

(3) 合成関数の微分

$y' = \dfrac{dy}{dx} = \dfrac{dy}{dt} \cdot \dfrac{dt}{dx}$

> 複雑な関数の微分で
> 威力を発揮する公式だ。

その他の微分法として，たとえば，

(i) $f(x) = x^{2\sin x}$ については，対数をとって微分する。(対数微分法)

(ii) $x^2 + 3y^2 = 1$ について，そのまま両辺を x で微分する。(陰関数の微分)

(iii) $x = 2\cos\theta$，$y = \sin\theta$ $(\theta：媒介変数)$ については，公式 $\dfrac{dy}{dx} = \dfrac{\dfrac{dy}{d\theta}}{\dfrac{dx}{d\theta}}$ を用いる。
   （媒介変数表示の関数の微分）

(iv) $y = f^{-1}(x)$ については, $x = f(y)$ として, 公式 $\dfrac{dy}{dx} = \dfrac{1}{\dfrac{dx}{dy}}$ を用いる。

　（逆関数の微分）

§3. 微分法と関数のグラフ

平均値の定理と，接線と法線の公式を下に示す。

■ 平均値の定理

関数 $f(x)$ が, 連続かつ微分可能な関数のとき, ← ただ "微分可能" と言ってもいい。
$$\frac{f(b) - f(a)}{b - a} = f'(c)$$
をみたす c が, $a < x < b$ の範囲に少なくとも **1** つ存在する。

■ 接線と法線の公式

曲線 $y = f(x)$ 上の点 $(t, f(t))$ における

（ i ）接線の方程式は,

傾き　点 $(t, f(t))$ を通る
$$y = f'(t)(x - t) + f(t)$$

（ ii ）法線の方程式は,

傾き　点 $(t, f(t))$ を通る
$$y = -\frac{1}{f'(t)}(x - t) + f(t) \quad （ただし, f'(t) \neq 0）$$

曲線 $y = f(x)$

法線　$(t, f(t))$　接線

傾き $f'(t)$

傾き $-\dfrac{1}{f'(t)}$

(ex) 曲線 $y = f(x) = e^{2x}$ 上の点 $(1, e^2)$ における接線の方程式を求めよう。

$$f'(x) = (e^{2x})' = 2e^{2x} \text{ より,}$$

$$\boxed{\frac{dy}{dx} = \frac{d(e^t)}{dt} \cdot \frac{d(2x)}{dx} = e^t \cdot 2 = 2e^{2x} \quad （合成関数の微分）}$$

$$y = 2e^2 \cdot (x - 1) + e^2 \qquad [\, y = f'(1) \cdot (x - 1) + f(1) \,]$$

$$\therefore y = 2e^2 x - e^2 \quad \text{となる。}$$

$\dfrac{0}{0}$ や $\dfrac{\infty}{\infty}$ の不定形となる極限の問題では，次のロピタルの定理が有効である。

■ ロピタルの定理

（ I ） $\dfrac{0}{0}$ の不定形について，

$f(x)$，$g(x)$ が $x = a$ 付近で微分可能で，かつ $f(a) = g(a) = 0$ のとき，

$\dfrac{0}{0}$ の不定形

$$\lim_{x \to a} \dfrac{f(x)}{g(x)} = \lim_{x \to a} \dfrac{f'(x)}{g'(x)} \ \cdots (*1) \quad \text{が成り立つ。}$$

（ II ） $\dfrac{\infty}{\infty}$ の不定形について，

$f(x)$，$g(x)$ が $x = a$ を除く $x = a$ 付近で微分可能で，かつ

$$\lim_{x \to a} f(x) = \pm\infty, \ \lim_{x \to a} g(x) = \pm\infty \quad \text{のとき，}$$

$\dfrac{\infty}{\infty}$ の不定形

$$\lim_{x \to a} \dfrac{f(x)}{g(x)} = \lim_{x \to a} \dfrac{f'(x)}{g'(x)} \ \cdots (*2) \quad \text{が成り立つ。}$$

$$(a \ \text{は，} \pm\infty \text{でもかまわない。})$$

また，$\dfrac{\infty}{\infty}$ の知識として，次のものも頭に入れておこう。

■ 極限の知識

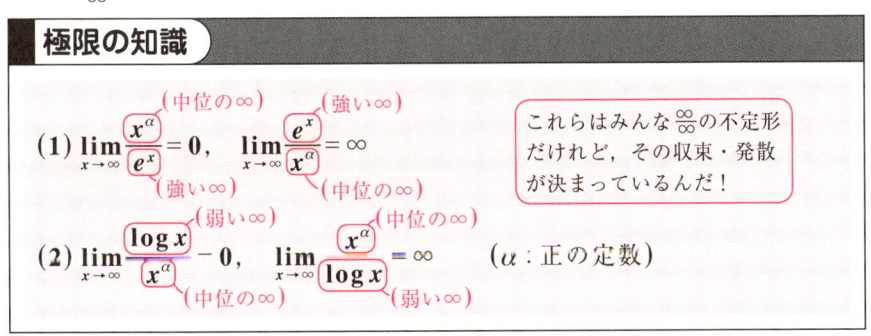

（1）$\lim\limits_{x \to \infty} \dfrac{x^{\alpha}}{e^x} = 0$ ， $\lim\limits_{x \to \infty} \dfrac{e^x}{x^{\alpha}} = \infty$

（中位の∞）（強い∞）／（強い∞）（中位の∞）

これらはみんな $\dfrac{\infty}{\infty}$ の不定形だけれど，その収束・発散が決まっているんだ！

（2）$\lim\limits_{x \to \infty} \dfrac{\log x}{x^{\alpha}} = 0$ ， $\lim\limits_{x \to \infty} \dfrac{x^{\alpha}}{\log x} = \infty$ （α：正の定数）

（弱い∞）（中位の∞）／（中位の∞）（弱い∞）

ただし，"強い∞" や "中位の∞" や "弱い∞" という表現は，あくまでも便宜上のものなので，答案には書いてはいけない。頭の中の操作として利用しよう。

(ex) (ⅰ) $\displaystyle\lim_{x\to 1}\frac{e^x-e}{x^2-1}$ ← 【$\frac{0}{0}$の不定形】 $=\displaystyle\lim_{x\to 1}\frac{(e^x-e)'}{(x^2-1)'}=\lim_{x\to 1}\frac{e^x}{2x}=\frac{e^1}{2\cdot 1}=\frac{e}{2}$

(ⅱ) $\displaystyle\lim_{x\to 2}\frac{\log(x-1)}{x^2-4}$ ← 【$\frac{0}{0}$の不定形】 $=\displaystyle\lim_{x\to 2}\frac{\{\log(x-1)\}'}{(x^2-4)'}=\lim_{x\to 2}\frac{\dfrac{1}{x-1}}{2x}$

$=\displaystyle\lim_{x\to 2}\frac{1}{2x(x-1)}=\frac{1}{2\cdot 2\cdot(2-1)}=\frac{1}{4}$

(ⅲ) $\displaystyle\lim_{x\to\infty}\frac{e^x}{\sqrt{x}}$ ← 【$\frac{\infty}{\infty}$の不定形】 $=\displaystyle\lim_{x\to\infty}\frac{(e^x)'}{(x^{\frac{1}{2}})'}=\lim_{x\to\infty}\frac{e^x}{\frac{1}{2}x^{-\frac{1}{2}}}=\lim_{x\to\infty}\frac{e^x}{\dfrac{1}{2\sqrt{x}}}$

$=\displaystyle\lim_{x\to\infty}2\sqrt{x}\cdot e^x=2\times\infty\times\infty=\infty$

> (ⅲ)は，極限の知識から，
> $\displaystyle\lim_{x\to\infty}\frac{e^x}{\sqrt{x}}$ ← 【$\dfrac{(強い\infty)}{(中位の\infty)}$】 $=\infty$ と求めることもできる。

一般に，関数 $y=f(x)$ のグラフは，次の手順によって描かれる。

(ⅰ) x の定義域を調べる。

(ⅱ) 導関数 $f'(x)$ の符号 ($\oplus$, $\ominus$) から，$y=f(x)$ の増減と極値を求める。

(ⅲ) 2階導関数 $f''(x)$ の符号から，$y=f(x)$ の凹凸と変曲点を求める。

(ⅳ) $\displaystyle\lim_{x\to\infty}f(x)$ や $\displaystyle\lim_{x\to-\infty}f(x)$ などの極限を調べる。

> しかし，これらの手順を経なくても，$y=f(x)$ を単純な 2 つの関数の積や和に分解し，その存在範囲や x 軸との共有点および関数の極限の知識などから，$y=f(x)$ の曲線の概形を直感的に描ける場合もある。
> 問題文を読むのと同時にすぐに，関数 $y=f(x)$ のグラフの大体の概形がつかめれば有利になるので，是非この考え方も，問題を解きながらマスターしよう。

56

§4. マクローリン展開

関数 $y = f(x)$ は，<u>ある x の値の範囲</u>で，次のように x の無限ベキ級数で表

これを "ダランベールの収束半径" という。

すことができる。これを "**マクローリン展開**" という。

$$f(x) = f(0) + \frac{f^{(1)}(0)}{1!}x + \frac{f^{(2)}(0)}{2!}x^2 + \frac{f^{(3)}(0)}{3!}x^3 + \frac{f^{(4)}(0)}{4!}x^4 + \cdots + \frac{f^{(n)}(0)}{n!}x^n + \cdots$$

e^x, $\sin x$, $\cos x$ は，次のようにマクローリン展開できる。

(ⅰ) $e^x = 1 + \dfrac{x}{1!} + \dfrac{x^2}{2!} + \dfrac{x^3}{3!} + \dfrac{x^4}{4!} + \dfrac{x^5}{5!} + \cdots$ ……① $\quad (-\infty < x < \infty)$

(ⅱ) $\sin x = \dfrac{x}{1!} - \dfrac{x^3}{3!} + \dfrac{x^5}{5!} - \dfrac{x^7}{7!} + \cdots$ …………② $\quad (-\infty < x < \infty)$

(ⅲ) $\cos x = 1 - \dfrac{x^2}{2!} + \dfrac{x^4}{4!} - \dfrac{x^6}{6!} + \cdots$ ………………③ $\quad (-\infty < x < \infty)$

①の x に $i\theta$ を代入することにより，形式的に次のオイラーの公式：

$e^{i\theta} = \cos\theta + i\sin\theta$ ……(*1) が導ける。また，

$e^{-i\theta} = \cos\theta - i\sin\theta$ ……(*2) となる。

$\begin{aligned} e^{-i\theta} = e^{i(-\theta)} &= \cos(-\theta) + i\sin(-\theta) \\ &= \cos\theta - i\sin\theta \text{ となる。} \end{aligned}$

$\dfrac{(*1) + (*2)}{2}$ より，$\cos\theta = \dfrac{e^{i\theta} + e^{-i\theta}}{2}$ ……④ が導かれ，また，

$\dfrac{(*1) - (*2)}{2i}$ より，$\sin\theta = \dfrac{e^{i\theta} - e^{-i\theta}}{2i}$ ……⑤ も導かれる。

さらに，④，⑤と関連して，次のような双曲線関数も定義される。

$\underline{\cosh x} = \dfrac{e^x + e^{-x}}{2}$, $\qquad \underline{\sinh x} = \dfrac{e^x - e^{-x}}{2}$

"ハイパボリック・コサイン・x"　"ハイパボリック・サイン・x" と読む。

(**ex**) $\sin 2x$ のマクローリン展開は，②の x に $2x$ を代入して，

$$\sin 2x = \frac{2x}{1!} - \frac{(2x)^3}{3!} + \frac{(2x)^5}{5!} - \frac{(2x)^7}{7!} + \cdots$$

$$= \frac{2x}{1!} - \frac{2^3 \cdot x^3}{3!} + \frac{2^5 \cdot x^5}{5!} - \frac{2^7 \cdot x^7}{7!} + \cdots \text{ となる。}$$

微分係数の定義式

関数 $f(x)$ の $x = a$ における微分係数が $f'(a) = -1$ のとき，次の極限の値を求めよ。

$$(1)\ \lim_{h \to 0} \frac{f(a+3h)-f(a-2h)}{2h} \qquad (2)\ \lim_{h \to 0} \frac{f(a-3h)-f(a-h)}{h}$$

ヒント！ 微分係数 $f'(a)$ の定義式：$f'(a) = \lim_{h \to 0} \dfrac{f(a+h)-f(a)}{h} = \lim_{h \to 0} \dfrac{f(a)-f(a-h)}{h}$

を利用して解いていくことがポイントになるんだね。

解答 & 解説

微分係数 $f'(a) = -1$ ……①

$$(1)\ \lim_{h \to 0} \frac{f(a+3h)-f(a-2h)}{2h}$$

$f(a)$ を引いた分，たした！

$$= \lim_{h \to 0} \frac{\{f(a+3h)-f(a)\}+\{f(a)-f(a-2h)\}}{2h}$$

$$= \lim_{\substack{h \to 0 \\ (k \to 0) \\ (l \to 0)}} \left\{ \frac{f(a+\boxed{3h})-f(a)}{\boxed{3h}} \times \frac{3}{2} + \frac{f(a)-f(a-\boxed{2h})}{\boxed{2h}} \right\}$$

$$= \frac{3}{2} \times f'(a) + f'(a) = \frac{5}{2} \times f'(a) = \frac{5}{2} \times (-1) = -\frac{5}{2} \quad \cdots\cdots\cdots\cdots (答)$$

$$(2)\ \lim_{h \to 0} \frac{f(a-3h)-f(a-h)}{h}$$

$f(a)$ を引いた分，たした！

$$= \lim_{h \to 0} \frac{-\{f(a)-f(a-3h)\}+\{f(a)-f(a-h)\}}{h}$$

$$= \lim_{\substack{h \to 0 \\ (k \to 0)}} \left\{ -\frac{f(a)-f(a-\boxed{3h})}{\boxed{3h}} \times 3 + \frac{f(a)-f(a-h)}{h} \right\}$$

$$= -3f'(a) + f'(a) = -2 \times f'(a) = -2 \times (-1) = 2 \quad \cdots\cdots\cdots\cdots (答)$$

導関数の定義式

演習問題 31 CHECK *1*   CHECK *2*   CHECK *3*

導関数の定義式を用いて，次の関数の導関数を求めよ。

(1) $f(x) = 2\sqrt{x}$ (2) $g(x) = \tan x$

ヒント! 導関数の定義式：$f'(x) = \lim_{h \to 0} \dfrac{f(x+h) - f(x)}{h}$ を用いて，解いてみよう!

解答&解説

(1) $f(x) = 2\sqrt{x}$ の導関数 $f'(x)$ を定義式から求めると，

$$f'(x) = \lim_{h \to 0} \frac{f(x+h) - f(x)}{h} = \lim_{h \to 0} \frac{2\sqrt{x+h} - 2\sqrt{x}}{h}$$

$\dfrac{0}{0}$ の不定形より，分子・分母に $\sqrt{} + \sqrt{}$ をかける!

$x+h-x=h$

$$= \lim_{h \to 0} \frac{2(\sqrt{x+h} - \sqrt{x})(\sqrt{x+h} + \sqrt{x})}{h(\sqrt{x+h} + \sqrt{x})} = \lim_{h \to 0} \frac{2h}{h(\sqrt{x+h} + \sqrt{x})}$$

$\dfrac{0}{0}$ の要素が消えた!

$$= \lim_{h \to 0} \frac{2}{\sqrt{x+h} + \sqrt{x}} = \frac{2}{2\sqrt{x}} = \frac{1}{\sqrt{x}} \quad となる。 \cdots\cdots(答)$$

(2) $g(x) = \tan x$ の導関数 $g'(x)$ を定義式から求めると，

$$g'(x) = \lim_{h \to 0} \frac{g(x+h) - g(x)}{h}$$

$$= \lim_{h \to 0} \frac{\{1 + \tan(x+h)\tan x\} \cdot \tan h}{h} = \lim_{h \to 0} \frac{\tan(x+h) - \tan x}{h}$$

公式：$\tan(\alpha - \beta) = \dfrac{\tan\alpha - \tan\beta}{1 + \tan\alpha\tan\beta}$ より，

$\tan\alpha - \tan\beta = (1 + \tan\alpha\tan\beta)\tan(\alpha - \beta)$

$(x+h)$ x $(x+h)$ x h

$$= \lim_{h \to 0} \{1 + \tan(x+h) \cdot \tan x\} \times \frac{\tan h}{h}$$

$\lim_{\theta \to 0} \dfrac{\tan\theta}{\theta} = 1$

$$= 1 + \tan^2 x = \frac{1}{\cos^2 x} \quad \cdots\cdots(答)$$

これも公式：$\cos^2 x + \sin^2 x = 1$ の両辺を $\cos^2 x$ で割ったもの。

微分計算（Ⅰ）

次の関数を微分せよ。

(1) $y = \dfrac{3}{2}\sqrt[3]{x^4} - 6\sqrt[3]{x}$　　　　(2) $y = 2\tan x - 3\sin x$

(3) $y = e^{x-2} - 3^{x+1}$　　　　(4) $y = \log(2x-1) - \log(2x+1)$　$\left(x > \dfrac{1}{2}\right)$

ヒント！　微分計算の基本公式：(ⅰ)$(x^\alpha)' = \alpha x^{\alpha-1}$, (ⅱ)$(\sin x)' = \cos x$ … など
を利用して解いていこう！

解答＆解説

(1) $y' = \left(\dfrac{3}{2}x^{\frac{4}{3}} - 6x^{\frac{1}{3}}\right)' = \dfrac{3}{2}\underbrace{\left(x^{\frac{4}{3}}\right)'}_{\frac{4}{3}x^{\frac{1}{3}}} - 6\underbrace{\left(x^{\frac{1}{3}}\right)'}_{\frac{1}{3}x^{-\frac{2}{3}}}$　　公式：$(x^\alpha)' = \alpha x^{\alpha-1}$

$= 2x^{\frac{1}{3}} - 2x^{-\frac{2}{3}} = 2\left(x^{\frac{1}{3}} - x^{-\frac{2}{3}}\right) = \dfrac{2(x-1)}{x^{\frac{2}{3}}} = \dfrac{2(x-1)}{\sqrt[3]{x^2}}$ ……………………(答)

(2) $y' = (2\tan x - 3\sin x)' = 2\underbrace{(\tan x)'}_{\frac{1}{\cos^2 x}} - 3\underbrace{(\sin x)'}_{\cos x}$　　公式：$(\tan x)' = \dfrac{1}{\cos^2 x}$
　$(\sin x)' = \cos x$

$= \dfrac{2}{\cos^2 x} - 3\cos x = \dfrac{2 - 3\cos^3 x}{\cos^2 x}$ ……………………………………(答)

(3) $y' = (e^{x-2} - 3^{x+1})' = e^{-2} \cdot \underbrace{(e^x)'}_{e^x} - 3 \cdot \underbrace{(3^x)'}_{3^x \log 3}$　　公式：$(e^x)' = e^x$
　$(a^x)' = a^x \log a$

$= e^{-2} \cdot e^x - 3 \cdot 3^x \log 3 = e^{x-2} - 3^{x+1}\log 3$ ………………………(答)

(4) $y' = \{\log(2x-1) - \log(2x+1)\}' = \underbrace{\{\log(2x-1)\}'}_{\frac{2}{2x-1}} - \underbrace{\{\log(2x+1)\}'}_{\frac{2}{2x+1}}$　公式：
　$(\log f)' = \dfrac{f'}{f}$

$= \dfrac{2}{2x-1} - \dfrac{2}{2x+1} = \dfrac{2(2x+1) - 2(2x-1)}{(2x-1)(2x+1)} = \dfrac{4}{4x^2-1}$ ………………(答)

微分計算（Ⅱ）

次の関数を微分せよ。

(1) $y = x^2 \sin x$

(2) $y = -x^2 \cdot e^x$

(3) $y = \dfrac{\log x}{x+1}$

(4) $y = \dfrac{\cos x}{e^x}$

ヒント！ (1), (2)は関数の積の微分公式：$(f \cdot g)' = f' \cdot g + f \cdot g'$ を使い，(3), (4)は関数の商の微分公式：$\left(\dfrac{f}{g}\right)' = \dfrac{f' \cdot g - f \cdot g'}{g^2}$ を利用して解いていけばいいんだね。

解答＆解説

(1) $y' = (x^2 \cdot \sin x)' = \underbrace{(x^2)'}_{2x} \cdot \sin x + x^2 \cdot \underbrace{(\sin x)'}_{\cos x}$

公式：
$(f \cdot g)' = f' \cdot g + f \cdot g'$

$\qquad = 2x \cdot \sin x + x^2 \cdot \cos x = x(2\sin x + x\cos x)$ ……………（答）

(2) $y' = (-x^2 \cdot e^x)' = \underbrace{(-x^2)'}_{-2x} \cdot e^x - x^2 \cdot \underbrace{(e^x)'}_{e^x}$

$\qquad = -2xe^x - x^2 e^x = -x(x+2)e^x$ ……………………………（答）

(3) $y' = \left(\dfrac{\log x}{x+1}\right)' = \dfrac{\overbrace{(\log x)'}^{\frac{1}{x}} \cdot (x+1) - \log x \cdot \overbrace{(x+1)'}^{1}}{(x+1)^2}$

公式：
$\left(\dfrac{f}{g}\right)' = \dfrac{f' \cdot g - f \cdot g'}{g^2}$

$\qquad = \dfrac{x+1 - x\log x}{x(x+1)^2}$ （分子・分母に x をかけた。）$= \dfrac{x - x\log x + 1}{x(x+1)^2}$ ………………（答）

(4) $y' = \left(\dfrac{\cos x}{e^x}\right)' = \dfrac{\overbrace{(\cos x)'}^{-\sin x} \cdot e^x - \cos x \cdot \overbrace{(e^x)'}^{e^x}}{e^{2x}}$

$\qquad = \dfrac{e^x(-\sin x - \cos x)}{e^{2x}} = -\dfrac{\sin x + \cos x}{e^x}$ ……………………………（答）

微分計算 (Ⅲ)

次の関数を微分せよ。

(1) $y = \sqrt{x^3 + 2x^2}$

(2) $y = \tan^3 x$

(3) $y = \sin^4 2x$

ヒント! いずれも合成関数の微分公式：$y' = \dfrac{dy}{dx} = \dfrac{dy}{dt} \times \dfrac{dt}{dx}$ を使って解いていこう。

解答 & 解説

(1) $y = (x^3 + 2x^2)^{\frac{1}{2}}$ について，$t = x^3 + 2x^2$ とおくと，

　　　t とおく　　　　　　　　　　　　　$(x^3 + 2x^2)^{-\frac{1}{2}}$ にもどす。

$$y' = \frac{dy}{dx} = \frac{dy}{dt} \cdot \frac{dt}{dx} = \frac{d\left(t^{\frac{1}{2}}\right)}{dt} \times \frac{d(x^3 + 2x^2)}{dx} = \frac{1}{2} \cdot t^{-\frac{1}{2}} \cdot (3x^2 + 4x)$$

$$= \frac{1}{2}(x^3 + 2x^2)^{-\frac{1}{2}} \cdot (3x^2 + 4x) = \frac{3x^2 + 4x}{2\sqrt{x^3 + 2x^2}} \quad \cdots\cdots\cdots\cdots\cdots\cdots (答)$$

(2) $y = \tan^3 x$ について，$t = \tan x$ とおくと，

　　　t とおく　　　　　　　　　　　$\tan^2 x$ にもどす。

$$y' = \frac{dy}{dx} = \frac{dy}{dt} \cdot \frac{dt}{dx} = \frac{d(t^3)}{dt} \cdot \frac{d(\tan x)}{dx} = 3t^2 \cdot \frac{1}{\cos^2 x}$$

$$= 3\tan^2 x \cdot \frac{1}{\cos^2 x} = \frac{3\tan^2 x}{\cos^2 x} \quad \cdots\cdots\cdots\cdots\cdots\cdots\cdots\cdots (答)$$

(3) $y = \sin^4 2x$ について，$t = \sin 2x$ とおくと，

　　　t とおく　　　　　　　　さらに，これを u とおく。

$$y' = \frac{dy}{dx} = \frac{dy}{dt} \cdot \frac{dt}{dx} = \frac{d(t^4)}{dt} \cdot \frac{d(\sin 2x)}{dx}$$

　$\sin^3 2x$ にもどす。　　　　　　　　　　$\cos 2x$ にもどす。

$$= 4t^3 \cdot \frac{d(\sin u)}{du} \cdot \frac{d(2x)}{dx} = 4\sin^3 2x \cdot \cos u \cdot 2$$

$$= 8\sin^3 2x \cos 2x \quad \cdots\cdots\cdots\cdots\cdots\cdots\cdots\cdots\cdots\cdots (答)$$

微分計算 (Ⅳ)

次の関数を微分せよ。

(1) $y = (x^2+1) \cdot e^{-2x}$　　　　(2) $y = \sin 2x \cdot e^{-x}$

(3) $y = \sqrt{\dfrac{x}{x^2+1}}$

ヒント！ 関数の積や商の微分公式と合成関数の微分公式を併用して解く問題だね。

解答＆解説

(1) $y' = \underbrace{(x^2+1)'}_{2x} \cdot e^{-2x} + (x^2+1) \cdot (e^{\boxed{-2x}})'$　　　$(f \cdot g)' = f' \cdot g + f \cdot g'$

合成関数の微分

$$\frac{dy}{dx} = \frac{d(e^t)}{dt} \cdot \frac{d(-2x)}{dx} = e^t \cdot (-2) = -2e^{-2x}$$

$$= 2xe^{-2x} - 2(x^2+1)e^{-2x} = -2(x^2-x+1)e^{-2x} \quad \cdots\cdots\cdots\cdots (答)$$

(2) $y' = (\sin \boxed{2x})' \cdot e^{-x} + \sin 2x \cdot (e^{\boxed{-x}})'$

$$\frac{dy}{dx} = \frac{d(\sin t)}{dt} \cdot \frac{d(2x)}{dx} = \cos t \cdot 2 = 2\cos 2x$$

$$\frac{dy}{dx} = \frac{d(e^u)}{du} \cdot \frac{d(-x)}{dx} = e^u \cdot (-1) = -e^{-x}$$

$$= 2\cos 2x \cdot e^{-x} - \sin 2x \cdot e^{-x} = (2\cos 2x - \sin 2x)e^{-x} \quad \cdots\cdots\cdots\cdots (答)$$

$$\frac{d(t^{\frac{1}{2}})}{dt} \cdot \frac{d(x^2+1)}{dx} = \frac{1}{2}t^{-\frac{1}{2}} \cdot 2x$$

(3) $y' = \left(\dfrac{\sqrt{x}}{\sqrt{x^2+1}}\right)' = \dfrac{\overbrace{(x^{\frac{1}{2}})'}^{\frac{1}{2}x^{-\frac{1}{2}}} \cdot \sqrt{x^2+1} - \sqrt{x} \cdot \left\{((x^2+1))^{\frac{1}{2}}\right\}'}{x^2+1}$　　　$\dfrac{f}{g} = \dfrac{f' \cdot g - f \cdot g'}{g^2}$

$$= \frac{\dfrac{\sqrt{x^2+1}}{2\sqrt{x}} - \dfrac{x\sqrt{x}}{\sqrt{x^2+1}}}{x^2+1}$$

分子・分母に $2\sqrt{x}\sqrt{x^2+1}$ をかける。

$$= \frac{x^2+1-2x^2}{(x^2+1) \cdot 2\sqrt{x}\sqrt{x^2+1}} = \frac{1-x^2}{2\sqrt{x}\sqrt{(x^2+1)^3}} \quad \cdots\cdots\cdots\cdots\cdots (答)$$

対数微分法

対数微分法を用いて，次の関数を微分せよ。

(1) $y = (x^2+4)^{-x}$　　　　　　**(2)** $y = (\cos x)^x$　$\left(0 < x < \dfrac{\pi}{2}\right)$

ヒント！ 関数 $y = (x\,の式)^{(x\,の式)}$ $(y>0)$ の導関数 y' は，まず，この両辺の自然対数をとって，その後で微分することにより求めることができるんだね。頑張ろう！

解答＆解説

(1) $y = (x^2+4)^{-x}$ の両辺は正より，この両辺の自然対数をとると，

真数条件

$$\log y = \log(x^2+4)^{-x} = -x \cdot \log(x^2+4) \cdots\cdots ① \quad となる。$$

①の両辺を x で微分して，

$$(\log y)' = \{-x \cdot \log(x^2+4)\}' = -1 \cdot \log(x^2+4) - x \cdot \frac{2x}{x^2+4}$$

$$(f \cdot g)' = f' \cdot g + f \cdot g'$$

$$\frac{d(\log y)}{dx} = \frac{d(\log y)}{dy} \cdot \frac{dy}{dx} = \frac{1}{y} \cdot y' \quad (合成関数の微分)$$

$$\frac{1}{y} \cdot y' = -\left\{\log(x^2+4) + \frac{2x^2}{x^2+4}\right\} より, \quad y' = -\underbrace{(x^2+4)^{-x}}_{(y)}\left\{\log(x^2+4) + \frac{2x^2}{x^2+4}\right\}$$

$$\cdots\cdots\cdots (答)$$

(2) $y = (\cos x)^x$ $\left(0 < x < \dfrac{\pi}{2}\right)$ の両辺は正より，この両辺の自然対数をとると，

$$\log y = x \cdot \log(\cos x) \cdots\cdots ② \quad となる。$$

②の両辺を x で微分して，

$$(f \cdot g)' = f' \cdot g + f \cdot g'$$

$$\frac{1}{y} \cdot y' = \{x \cdot \log(\cos x)\}' = 1 \cdot \log(\cos x) + x \cdot \underbrace{\frac{-\sin x}{\cos x}}_{(-\tan x)} \quad より,$$

$$y' = y \cdot \{\log(\cos x) - x\tan x\} = (\cos x)^x\{\log(\cos x) - x\tan x\} \quad \cdots\cdots\cdots (答)$$

陰関数の微分

演習問題 37　　　　　CHECK 1　　　CHECK 2　　　CHECK 3

次の陰関数の導関数 y' を x と y で表せ。

(1) $2x^2 + 4y^2 = 4$ 　　　　　(2) $x^4 + x^2y + y^2 = 7$

(3) $x\sin y + y\sin x = \pi$

ヒント！　$f(x, y) = ($定数$)$ の形で表される陰関数の導関数 y' は，このまま両辺を x で微分することによって，求められるんだね。合成関数の微分も利用して解こう！

解答＆解説

(1) $2x^2 + 4y^2 = 4$ ……① の両辺を x で微分すると，

$$2\underbrace{(x^2)'}_{2x} + 4\underbrace{(y^2)'}_{\dfrac{d(y^2)}{dx} = \dfrac{d(y^2)}{dy}\cdot\dfrac{dy}{dx} = 2y\cdot y' \text{（合成関数の微分）}} = 0$$

$4x + 8y\cdot y' = 0$

∴陰関数①の導関数は，$y' = -\dfrac{4x}{8y} = -\dfrac{x}{2y}$ ……………………(答)

(2) $x^4 + x^2y + y^2 = 7$ ……② の両辺を x で微分すると，

$$\underbrace{(x^4)'}_{4x^3} + \underbrace{(x^2y)'}_{2x\cdot y + x^2\cdot y'} + \underbrace{(y^2)'}_{\dfrac{d(y^2)}{dx} = \dfrac{d(y^2)}{dy}\cdot\dfrac{dy}{dx} = 2y\cdot y' \text{（合成関数の微分）}} = 0$$

$4x^3 + 2x\cdot y + x^2\cdot y' + 2y\cdot y' = 0$ 　　$(x^2 + 2y)y' = -2x(2x^2 + y)$

∴陰関数②の導関数は，$y' = -\dfrac{2x(2x^2 + y)}{x^2 + 2y}$ …………………(答)

(3) $x\sin y + y\sin x = \pi$ ……③ の両辺を x で微分すると，

$$\underbrace{(x\cdot\sin y)'}_{1\cdot\sin y + x\cdot\cos y\cdot y'} + \underbrace{(y\cdot\sin x)'}_{y'\cdot\sin x + y\cdot\cos x} = 0 \quad \sin y + x\cdot y'\cos y + y'\sin x + y\cos x = 0$$

（合成関数の微分）

$(x\cos y + \sin x)y' = -(\sin y + y\cos x)$

∴陰関数③の導関数は，$y' = -\dfrac{\sin y + y\cos x}{x\cos y + \sin x}$ …………………(答)

次の媒介変数表示された関数の導関数 y' を求めよ。

(1) $\begin{cases} x = \sqrt{t^2-1} \\ y = -\sqrt{2t} \end{cases}$ $(t > 1)$

(2) $\begin{cases} x = \cos^4\theta \\ y = \sin^4\theta \end{cases}$ $\left(-\dfrac{\pi}{2} < \theta < \dfrac{\pi}{2} \right)$

(3) $\begin{cases} x = \cos\theta \cdot e^{-\frac{\theta}{2}} \\ y = \sin\theta \cdot e^{-\frac{\theta}{2}} \end{cases}$ $(\theta \geqq 0)$

(4) $\begin{cases} x = \cos 2\theta \\ y = 2\sin\theta \end{cases}$ $(0 < \theta < \pi)$

> **ヒント！** 媒介変数 t で表された関数の導関数 $y' = \dfrac{dy}{dx}$ は，$\dfrac{dy}{dt}$ を $\dfrac{dx}{dt}$ で割って求めればいいんだね。

解答＆解説

(1) $\begin{cases} x = \sqrt{t^2-1} = (t^2-1)^{\frac{1}{2}} \\ y = -\sqrt{2t} = -(2t)^{\frac{1}{2}} \end{cases}$ $(t:$ 媒介変数，$t > 1)$ について，

$$\frac{dx}{dt} = \left\{ (t^2-1)^{\frac{1}{2}} \right\}' = \frac{1}{2}(t^2-1)^{-\frac{1}{2}} \cdot 2t = \frac{t}{\sqrt{t^2-1}}$$

（u とおいて，合成関数の微分）

$$\frac{dy}{dt} = \left\{ -(2t)^{\frac{1}{2}} \right\}' = -\frac{1}{2}(2t)^{-\frac{1}{2}} \cdot 2 = -\frac{1}{\sqrt{2t}}$$

（v とおいて，合成関数の微分）

$$\therefore y' = \frac{dy}{dx} = \frac{\dfrac{dy}{dt}}{\dfrac{dx}{dt}} = \frac{-\dfrac{1}{\sqrt{2t}}}{\dfrac{t}{\sqrt{t^2-1}}} = -\frac{\sqrt{t^2-1}}{\sqrt{2t} \cdot t} = -\frac{\sqrt{t^2-1}}{\sqrt{2t^3}} \quad \cdots\cdots\cdots\cdots (答)$$

(2) $\begin{cases} x = \cos^4\theta \\ y = \sin^4\theta \end{cases}$ $\left(\theta:$ 媒介変数，$-\dfrac{\pi}{2} < \theta < \dfrac{\pi}{2} \right)$ について，

（u とおいて，合成関数の微分）　　　（v とおいて，合成関数の微分）

$$\frac{dx}{d\theta} = (\cos^4\theta)' = 4\cos^3\theta \cdot (-\sin\theta), \quad \frac{dy}{d\theta} = (\sin^4\theta)' = 4\sin^3\theta \cdot \cos\theta$$

$$\therefore y' = \frac{dy}{dx} = \frac{\dfrac{dy}{d\theta}}{\dfrac{dx}{d\theta}} = \frac{4\sin^3\theta\cos\theta}{-4\sin\theta\cos^3\theta} = -\frac{\sin^2\theta}{\cos^2\theta} = -\tan^2\theta \quad \cdots\cdots\cdots\cdots (答)$$

(3) $\begin{cases} x = \cos\theta \cdot e^{-\frac{\theta}{2}} \\ y = \sin\theta \cdot e^{-\frac{\theta}{2}} \end{cases}$ （θ：媒介変数，$\theta \geqq 0$）について，

> $(e^{a\theta})' = ae^{a\theta}$
> （a：定数）は，
> 公式として覚えよう！

$$\frac{dx}{d\theta} = \left(\cos\theta \cdot e^{-\frac{\theta}{2}}\right)' = \underbrace{(\cos\theta)'}_{-\sin\theta} \cdot e^{-\frac{\theta}{2}} + \cos\theta \cdot \underbrace{\left(e^{-\frac{\theta}{2}}\right)'}_{-\frac{1}{2}e^{-\frac{\theta}{2}}\ \text{（合成関数の微分）}}$$

$$= -\left(\sin\theta + \frac{1}{2}\cos\theta\right)e^{-\frac{\theta}{2}}$$

$$\frac{dy}{d\theta} = \left(\sin\theta \cdot e^{-\frac{\theta}{2}}\right)' = \underbrace{(\sin\theta)'}_{\cos\theta} \cdot e^{-\frac{\theta}{2}} + \sin\theta \cdot \underbrace{\left(e^{-\frac{\theta}{2}}\right)'}_{-\frac{1}{2}e^{-\frac{\theta}{2}}}$$

$$= \left(\cos\theta - \frac{1}{2}\sin\theta\right)e^{-\frac{\theta}{2}}$$

$$\therefore y' = \frac{dy}{dx} = \frac{\dfrac{dy}{d\theta}}{\dfrac{dx}{d\theta}} = \frac{\left(\cos\theta - \dfrac{1}{2}\sin\theta\right)e^{-\frac{\theta}{2}}}{-\left(\sin\theta + \dfrac{1}{2}\cos\theta\right)e^{-\frac{\theta}{2}}}$$

> 分子・分母に
> 2 をかける。

$$= -\frac{2\cos\theta - \sin\theta}{2\sin\theta + \cos\theta} \quad \cdots\cdots\cdots\cdots\cdots\cdots\cdots\cdots\text{（答）}$$

(4) $\begin{cases} x = \cos 2\theta \\ y = 2\sin\theta \end{cases}$ （θ：媒介変数，$0 < \theta < \pi$）

> u とおいて，合成関数の微分

$$\frac{dx}{d\theta} = \left(\cos \boxed{2\theta}\right)' = -\sin 2\theta \times 2 = -2\sin 2\theta$$

> $\begin{cases} (\cos m\theta)' = -m\sin m\theta \\ (\sin m\theta)' = m\cos m\theta \end{cases}$
> （m：定数）は公式として
> 覚えよう！

$$\frac{dy}{d\theta} = (2\sin\theta)' = 2\cos\theta$$

$$\therefore y' = \frac{\dfrac{dy}{d\theta}}{\dfrac{dx}{d\theta}} = \frac{2\cos\theta}{-2\sin 2\theta} = -\frac{\cos\theta}{\sin 2\theta} = -\frac{\cos\theta}{2\sin\theta\cos\theta} = -\frac{1}{2\sin\theta} \quad \cdots\cdots\text{（答）}$$

> 2 倍角の公式

逆関数の微分

次の逆三角関数の導関数を求めよ。

(1) $\sin^{-1}x$　　$(-1 \leqq x \leqq 1)$　　　　　　**(2)** $\cos^{-1}x$　　$(-1 \leqq x \leqq 1)$

ヒント! 導関数 $y = f^{-1}(x)$ の導関数 $y' = \dfrac{dy}{dx} = \{f^{-1}(x)\}'$ は, $x = f(y)$ より, $\dfrac{dx}{dy}$ を求め, これを $(x \text{ の式})$ で表して, 公式 $\dfrac{dy}{dx} = \dfrac{1}{\dfrac{dx}{dy}} = \dfrac{1}{(x \text{ の式})}$ を使って求めればよい。

例題として, $y = \tan^{-1}x$ の導関数 $(\tan^{-1})'$ を求めると,

$x = \tan y$ より, $\dfrac{dx}{dy} = (\tan y)' = \dfrac{1}{\cos^2 y} = 1 + \tan^2 y = 1 + x^2$ 　（$\dfrac{dx}{dy}$ を $(x \text{ の式})$ で表した。）

公式 : $1 + \tan^2\theta = \dfrac{1}{\cos^2\theta}$

よって, 求める導関数 $(\tan^{-1}x)'$ は,

$(\tan^{-1}x)' = \dfrac{dy}{dx} = \dfrac{1}{\dfrac{dx}{dy}} = \dfrac{1}{1+x^2} =$ となる。

解答 & 解説

(1) $y = f^{-1}(x) = \sin^{-1}x$　$(-1 \leqq x \leqq 1)$ より, $x = f(y) = \sin y$　$\left(-\dfrac{\pi}{2} \leqq y \leqq \dfrac{\pi}{2}\right)$

となる。よって, x は y の関数より, x を y で微分して, $\dfrac{dx}{dy}$ を求めると,

$\dfrac{dx}{dy} = (\sin y)' = \cos y = \sqrt{1 - \sin^2 y}$

0 以上 $\left(\because -\dfrac{\pi}{2} \leqq y \leqq \dfrac{\pi}{2}\right)$

$\cos^2 y + \sin^2 y = 1$ より,
$\cos^2 y = 1 - \sin^2 y$
$\cos y = \pm\sqrt{1 - \sin^2 y}$
ここで, $\cos y \geqq 0$ より,
$\cos y = \sqrt{1 - \sin^2 y}$ となる。

$\therefore \dfrac{dx}{dy} = \sqrt{1 - x^2}$ ……① となる。

（$\dfrac{dx}{dy}$ を $(x \text{ の式})$ で表した。）

よって, 求める導関数 $(\sin^{-1}x)'$ は, ① より,

$(\sin^{-1}x)' = \dfrac{dy}{dx} = \dfrac{1}{\dfrac{dx}{dy}} = \dfrac{1}{\sqrt{1-x^2}}$ となる。……………………………(答)

(2) $y = g^{-1}(x) = \cos^{-1}x \quad (-1 \leqq x \leqq 1)$ より, $x = g(y) = \cos y \quad (0 \leqq y \leqq \pi)$

となる。よって, x は y の関数より, x を y で微分して, $\dfrac{dx}{dy}$ を求めると,

$$\frac{dx}{dy} = (\cos y)' = \underline{-\sin y} = -\sqrt{1 - \cos^2 y}$$

$$\boxed{0 \text{ 以上 } (\because 0 \leqq y \leqq \pi)}$$

$$\therefore \frac{dx}{dy} = \underline{-\sqrt{1 - x^2}} \quad \cdots\cdots ② \quad \text{となる。}$$

$$\boxed{\frac{dx}{dy} \text{ を } (x \text{ の式}) \text{ で表した。}}$$

よって, 求める導関数 $(\cos^{-1}x)'$ は, ②より,

$$(\cos^{-1}x)' = \frac{dy}{dx} = \frac{1}{\dfrac{dx}{dy}} = \frac{1}{-\sqrt{1-x^2}} = -\frac{1}{\sqrt{1-x^2}} \quad \text{となる。} \quad \cdots\cdots\cdots\cdots(答)$$

大学数学では, $\sin^{-1}x$, $\cos^{-1}x$, $\tan^{-1}x$ の微分結果も, **8** つの微分計算の基本公式 $((x^\alpha)' = \alpha x^{\alpha-1}$, $(e^x)' = e^x \cdots$ など$)$ に加えて, 公式として頭に入れておこう。

$$\cdot (\sin^{-1}x)' = \frac{1}{\sqrt{1-x^2}} \quad \cdots\cdots\cdots(*1)$$

$$\cdot (\cos^{-1}x)' = -\frac{1}{\sqrt{1-x^2}} \quad \cdots\cdots(*2)$$

$$\cdot (\tan^{-1}x)' = \frac{1}{1+x^2} \quad \cdots\cdots\cdots(*3)$$

これから, 次の積分公式が導かれるのも大丈夫だね。

$$\cdot (*1) \text{ より,} \quad \int \frac{1}{\sqrt{1-x^2}} \, dx = \sin^{-1}x + C \cdots\cdots\cdots(*1)'$$

$$\cdot (*2) \text{ より,} \quad -\int \frac{1}{\sqrt{1-x^2}} \, dx = \cos^{-1}x + C \cdots\cdots(*2)'$$

$$\cdot (*3) \text{ より,} \quad \int \frac{1}{1+x^2} \, dx = \tan^{-1}x + C \cdots\cdots\cdots(*3)' \quad (C : \text{積分定数})$$

演習問題 40	CHECK 1	CHECK 2	CHECK 3

次の関数の **n** 次導関数を求めよ。(ただし, $n = 1, 2, 3, \cdots$)

(1) $y = -2x^2 + 3x + 1$ **(2)** $y = e^{-x}$

(3) $y = e^{2x}$ **(4)** $y = \log x \quad (x > 0)$

ヒント! 一般に, 関数 $y = f(x)$ を x で n 回微分した関数を $f(x)$ の "n 次導関数" (または "n 階導関数") という。特に, $n \geq 2$ のとき, "高次導関数" と呼ぶ。一般に n 次導関数は次のように表す。

$$f^{(n)}(x) = y^{(n)} = \frac{d^n y}{dx^n} \quad (n = 1, 2, 3, \cdots)$$

これから, $f'(x) = f^{(1)}(x)$, $f''(x) = f^{(2)}(x)$, $f'''(x) = f^{(3)}(x)$, $\cdots$ などと表せる。

例題として, $y = f(x) = e^x$ の場合, $f^{(1)}(x) = (e^x)' = e^x$, $f^{(2)}(x) = (e^x)'' = e^x$, $\cdots$ となるので, e^x の n 次導関数は $(e^x)^{(n)} = e^x$ $(n = 1, 2, 3, \cdots)$ となる。つまり, 指数関数 e^x は x で何回微分しても, 変化しない関数なんだね。

解答 & 解説

(1) $y = -2x^2 + 3x + 1$ ……① について,

①を x で 1 回, 2 回, 3 回微分すると,

$y^{(1)} = (-2x^2 + 3x + 1)' = -4x + 3$

$y^{(2)} = (-2x^2 + 3x + 1)'' = (-4x + 3)' = -4$

$y^{(3)} = (-2x^2 + 3x + 1)''' = (-4)' = 0$ となる。

よって, これ以降, x で何回微分しても 0 となるので,

①の関数の n 次導関数は,

$n = 1$ のとき, $y^{(1)} = -4x + 3$, $n = 2$ のとき, $y^{(2)} = -4$,

$n \geq 3$ のとき, $y^{(n)} = 0$ である。 ……………………………(答)

(2) $y = e^{-x}$ ……② について,

②を x で 1 回, 2 回, 3 回, 4 回微分すると,

公式:
$(e^{ax})' = a e^{ax}$

$y^{(1)} = (e^{-x})' = -e^{-x}$, $y^{(2)} = (e^{-x})'' = (-e^{-x})' = e^{-x}$,

$y^{(3)} = (e^{-x})''' = (e^{-x})' = -e^{-x}$,

$$y^{(4)} = (e^{-x})^{(4)} = (-e^{-x})' = e^{-x}$$

以下同様に，x で微分する毎に，符号が正，負と変化するだけなので，

②の n 次導関数は，

$$\begin{cases} \cdot n \text{ が奇数のとき，すなわち，} n = 1, 3, 5, \cdots \text{ のとき，} y^{(n)} = -e^{-x} \\ \cdot n \text{ が偶数のとき，すなわち，} n = 2, 4, 6, \cdots \text{ のとき，} y^{(n)} = e^{-x} \text{ となる。} \end{cases}$$

$$\cdots\cdots\cdots (\text{答})$$

(3) $y = e^{2x}$ ……③ について，

③を x で 1 回，2 回，3 回微分すると，

$$y^{(1)} = (e^{2x})' = 2e^{2x}, \quad y^{(2)} = (e^{2x})'' = (2e^{2x})' = 2^2 e^{2x},$$

$$y^{(3)} = (e^{2x})''' = (2^2 e^{2x})' = 2^3 e^{2x} \text{ となる。}$$

以下同様に，x で微分する毎に，2 がかけられていくので，

③の n 次導関数は，

$$y^{(n)} = 2^n e^{2x} \quad (n = 1, 2, 3, \cdots) \text{ となる。} \cdots\cdots\cdots\cdots\cdots\cdots\cdots (\text{答})$$

(4) $y = \log x$ ……④　$(x > 0)$ について，

④を x で 1 回，2 回，3 回，4 回，5 回，6 回微分すると，

> 公式：
> $(x^\alpha)' = \alpha x^{\alpha - 1}$

$$y^{(1)} = (\log x)' = \frac{1}{x} = x^{-1}, \quad y^{(2)} = (\log x)'' = (x^{-1})' = -1 \cdot x^{-2},$$

$$y^{(3)} = (\log x)''' = (-1 \cdot x^{-2})' = \underset{\boxed{2 \cdot 1}}{2!} \cdot x^{-3}, \quad y^{(4)} = (\log x)^{(4)} = (2! \cdot x^{-3})' = \underset{\boxed{-3 \cdot 2!}}{-3!} \cdot x^{-4},$$

$$y^{(5)} = (\log x)^{(5)} = (-3! \cdot x^{-4})' = \underset{\boxed{4 \cdot 3!}}{4!} \cdot x^{-5}, \quad y^{(6)} = (\log x)^{(6)} = (4! \cdot x^{-5})' = \underset{\boxed{-5 \cdot 4!}}{-5!} \cdot x^{-6}$$

以降同様に，x で微分する毎に，符号が変化し，n 次導関数は係数

$(-1)^{n-1} \cdot (n-1)!$ が x^{-n} にかかる形となる。

> $n = 1$ のとき，$(-1)^0 \cdot 0! = 1$, $n = 2$ のとき，$(-1)^1 \cdot 1! = -1$, $n = 3$ のとき，$(-1)^2 \cdot 2! = 2!$, $\cdots$

よって，④の関数の n 次導関数は，

$$y^{(n)} = (-1)^{n-1} \cdot (n-1)! \, x^{-n} \quad (n = 1, 2, 3, \cdots) \text{ となる。} \cdots\cdots\cdots\cdots (\text{答})$$

> $n = 1$ のとき，$y^{(1)} = 1 \cdot x^{-1}$, $n = 2$ のとき，$-1 \cdot x^{-2}$, $n = 3$ のとき，$2! \cdot x^{-3}$, $\cdots$

平均値の定理（Ⅰ）

$0 < a < b$ のとき，次の不等式が成り立つことを示せ。

$$e^{-b} - e^{-a} < e^{-b}(a-b) \quad \cdots\cdots (*)$$

ヒント！ $(*)$ の両辺を $b-a\ (>0)$ で割ると，左辺に $f(x) = e^{-x}$（連続かつ微分可能な関数）の平均変化率の式 $\dfrac{f(b)-f(a)}{b-a}$ が現われる。よって，平均値の定理が使える。

解答 & 解説

$e^{-b} - e^{-a} < -e^{-b}(b-a) \quad \cdots\cdots (*)$ の両辺を $b-a\ (>0)$ で割ると，

$\dfrac{e^{-b} - e^{-a}}{b-a} < -e^{-b} \quad \cdots\cdots (*)'$ となる。ここで，

$f(x) = e^{-x}\ (x > 0)$ とおくと，$f(x)$ は連続かつ微分可能な関数であり，この導関数は，

> 平均値の定理：
> $\dfrac{f(b)-f(a)}{b-a} = f'(c)$ をみたす c が，a と b の間に存在する。

$f'(x) = (e^{-x})' = -e^{-x}$ となる。よって，平均値の定理より，

$\dfrac{f(b)-f(a)}{b-a} = f'(c)$，すなわち $\dfrac{e^{-b}-e^{-a}}{b-a} = -e^{-c} \quad \cdots\cdots ①\quad (a < c < b)$ が

成り立つ。

ここで，右図に示すように導関数 $f'(x) = -e^{-x}$ は単調増加関数より，

$a < c < b$ のとき，

$-e^{-a} < -e^{-c} < -e^{-b} \quad \cdots\cdots ②$ となる。

よって，①，②より，

$\dfrac{e^{-b}-e^{-a}}{b-a} = -e^{-c} < -e^{-b} \quad \cdots\cdots ③$ となる。

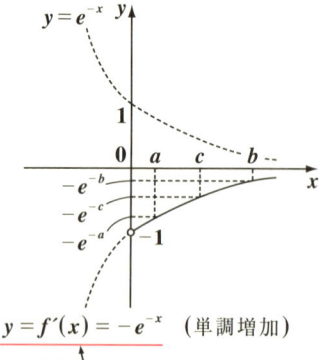

$y = f'(x) = -e^{-x}$ （単調増加）

> $y = e^{-x}$ を x 軸に関して対称移動した関数 $-y = e^{-x}$ のこと。

③の両辺に $b-a\ (>0)$ をかけると，

$$e^{-b} - e^{-a} < -e^{-b}(b-a) = e^{-b}(a-b)$$

すなわち，$e^{-b} - e^{-a} < e^{-b}(a-b) \quad \cdots\cdots (*)$ が成り立つ。 $\cdots\cdots\cdots\cdots\cdots$(終)

平均値の定理 (Ⅱ)

演習問題 42　　　　CHECK 1　　　CHECK2　　　CHECK3

$0 < a < b$ のとき，次の不等式が成り立つことを示せ。

$$\tan^{-1}b - \tan^{-1}a < \frac{b-a}{1+a^2} \quad \cdots\cdots(*)$$

ヒント! $(*)$の両辺を $b-a\,(>0)$ で割ると，左辺に $f(x) = \tan^{-1}x$ の平均変化率の式 $\dfrac{f(b)-f(a)}{b-a}$ が現われる。よって，今回も平均値の定理を使えばいいんだね。

解答&解説

$(*)$ の両辺を $b-a\,(>0)$ で割ると，

$$\frac{\tan^{-1}b - \tan^{-1}a}{b-a} < \frac{1}{1+a^2} \quad \cdots\cdots(*)'$$ となる。ここで，

> 平均値の定理：
> $$\frac{f(b)-f(a)}{b-a} = f'(c) をみたす$$
> c が，a と b の間に存在する。

$f(x) = \tan^{-1}x\,(x>0)$ とおくと，$f(x)$ は連続かつ微分

可能な関数であり，この導関数は，$f'(x) = (\tan^{-1}x)' = \dfrac{1}{1+x^2}$ となる。よって，

平均値の定理より，$\dfrac{f(b)-f(a)}{b-a} = f'(c)$，すなわち $\dfrac{\tan^{-1}b - \tan^{-1}a}{b-a} = \dfrac{1}{1+c^2}$ $\cdots\cdots$①

$(a < c < b)$ が成り立つ。

ここで，右図に示すように，$x > 0$ のとき，

導関数 $f'(x)$ は単調減少関数より，

$a < c < b$ のとき，

$$\frac{1}{1+b^2} < \frac{1}{1+c^2} < \frac{1}{1+a^2} \quad \cdots\cdots②$$ となる。

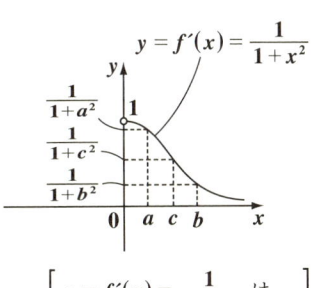

よって，①，②より，

$$\frac{\tan^{-1}b - \tan^{-1}a}{b-a} = \frac{1}{1+c^2} < \frac{1}{1+a^2} \quad \cdots\cdots③$$ となる。

> $\left[\begin{array}{l} y = f'(x) = \dfrac{1}{1+x^2} \text{ は，} \\ x > 0 \text{ のとき，} x \text{ が増加す} \\ \text{れば，減少する。つまり，} \\ \text{単調減少関数なんだね。} \end{array}\right]$

③の両辺に $b-a\,(>0)$ をかけると，

$$\tan^{-1}b - \tan^{-1}a < \frac{b-a}{1+a^2} \quad \cdots\cdots(*)$$ が成り立つことが示せた。$\cdots\cdots\cdots$(終)

接線と近似式

曲線 $y = f(x) = e^x$ について，次の問いに答えよ。

(1) 曲線 $y = f(x)$ 上の点 $(0, 1)$ における接線の方程式を求めよ。

(2) $x \fallingdotseq 0$ のとき，近似式 $e^x \fallingdotseq x + 1$ が成り立つことを示せ。

ヒント！ (1)は，接線の方程式の公式：$y = f'(t) \cdot (x - t) + f(t)$ を利用する。(2)
では，点 $(t, f(t))$ における接線の式は，$x \fallingdotseq t$ における $f(x)$ の第1次近似式になっ
ていることがポイントなんだね。これは関数の極限の公式からも同じ結果が導ける。

解答 & 解説

(1) 関数 $y = f(x) = e^x$ ……① の導関数 $f'(x)$ は，$f'(x) = (e^x)' = e^x$ より，

曲線 $y = f(x)$ 上の点 $(0, 1)$ における接線の方程式は，

$$\boxed{f(0) = e^0}$$

$$y = 1 \cdot (x - 0) + 1 \quad \left[y = \underset{\underline{e^0 = 1}}{f'(0)} \cdot (x - 0) + \underset{\underline{1}}{f(0)} \right] \text{ より，}$$

$$y = x + 1 \ \cdots\cdots ② \ \text{である。} \cdots\cdots\cdots (答)$$

(2) $y = f(x) = e^x$ ……① と，点 $(0, 1)$ におけ
るこの曲線の接線 $y = x + 1$ ……② とは，
右図に示すように，$x \fallingdotseq 0$ 付近においては，
近似的に一致する。よって，①，②より，
$x \fallingdotseq 0$ において，e^x は，$x + 1$ で近似でき

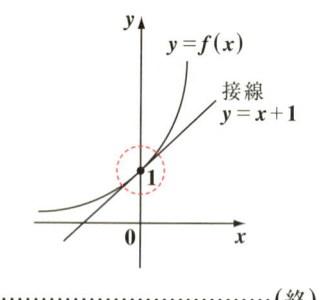

るので，$e^x \fallingdotseq x + 1$ ……③ となる。$\cdots\cdots\cdots\cdots\cdots\cdots\cdots\cdots$(終)

③の結果は，関数の極限の公式：$\displaystyle\lim_{x \to 0} \frac{e^x - 1}{x} = 1$ ……(*) からも導ける。

(*)の式のように，x を極限まで 0 に近づけるのではなく，条件をゆるめて
$x \fallingdotseq 0$ 付近とすると，(*) より，近似的に $\dfrac{e^x - 1}{x} \fallingdotseq 1$ が成り立つ。これから，
$x \fallingdotseq 0$ のとき，近似式 $e^x \fallingdotseq x + 1$ ……③が成り立つことが分かるんだね。

同様に，$\displaystyle\lim_{x \to 0} \frac{\sin x}{x} = 1$ から，$x \fallingdotseq 0$ のとき $\dfrac{\sin x}{x} \fallingdotseq 1$ より，$\sin x \fallingdotseq x$ となるし，

$\displaystyle\lim_{x \to 0} \frac{\log(1 + x)}{x} = 1$ から，$x \fallingdotseq 0$ のとき $\dfrac{\log(1 + x)}{x} \fallingdotseq 1$ より，$\log(1 + x) \fallingdotseq x$ となる。

接線と法線 (I)

演習問題 44 CHECK *1* CHECK *2* CHECK *3*

曲線 $y = f(x) = x^2 \cdot e^{-x}$ ……① 上の点 $(1, f(1))$ における

(ⅰ) 接線と (ⅱ) 法線の方程式を求めよ。

ヒント! 接線の方程式の公式 : $y = f'(t) \cdot (x-t) + f(t)$ と，法線の方程式の公式 :
$y = -\dfrac{1}{f'(t)}(x-t) + f(t)$ を使って解いていこう。

解答 & 解説

関数 $y = f(x) = x^2 \cdot e^{-x}$ ……① を x で微分して，

$f'(x) = \underbrace{(x^2)'}_{2x} \cdot e^{-x} + x^2 \cdot \underbrace{(e^{-x})'}_{-e^{-x}} = 2xe^{-x} - x^2 e^{-x} = -x(x-2)e^{-x}$ ……② となる。

$\boxed{公式 : (e^{ax})' = ae^{ax}}$

よって，①，② より，

$f(1) = 1^2 \cdot e^{-1} = e^{-1}$ ， $f'(1) = -1 \cdot (1-2) \cdot e^{-1} = e^{-1}$ となる。

以上より，

(ⅰ) 曲線 $y = f(x)$ 上の点 $\left(1, e^{-1}\right)$ における接線の方程式は，

$\quad \underset{f(1)}{}$

$\qquad y = \underset{f'(1)}{\underline{e^{-1}}}(x-1) + \underset{f(1)}{\underline{e^{-1}}} \qquad \left[y = f'(1) \cdot (x-1) + f(1) \right]$

$\qquad \therefore y = \dfrac{1}{e}x$ である。……………………………………………(答)

(ⅱ) 曲線 $y = f(x)$ 上の点 $\left(1, e^{-1}\right)$ における法線の方程式は，

$\boxed{\dfrac{1}{e^{-1}} = \dfrac{1}{\frac{1}{e}} = e}$

$\qquad y = -\dfrac{1}{e^{-1}}(x-1) + e^{-1} = -e(x-1) + \dfrac{1}{e}$

$\qquad \left[y = -\dfrac{1}{f'(1)}(x-1) + f(1) \right]$

$\qquad \therefore y = -ex + e + \dfrac{1}{e}$ である。……(答)

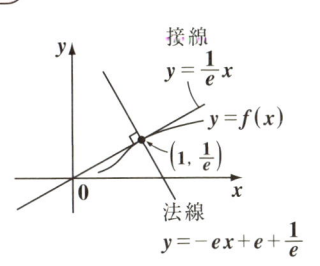

接線 $y = \dfrac{1}{e}x$

$y = f(x)$

$\left(1, \dfrac{1}{e}\right)$

法線 $y = -ex + e + \dfrac{1}{e}$

接線と法線 (Ⅱ)

曲線 $2x^2 + 4y^2 = 4$ ……① 上の点 $P\left(1, \dfrac{1}{\sqrt{2}}\right)$ における

(ⅰ) 接線と (ⅱ) 法線の方程式を求めよ。

ヒント! ①は $\dfrac{x^2}{(\sqrt{2})^2} + \dfrac{y^2}{1^2} = 1$ と変形できるので, だ円を表す。今回は, だ円周上の点 P における接線と法線の方程式を求めるので, 陰関数の微分を利用しよう。

解答&解説

曲線 $2x^2 + 4y^2 = 4$ ……① の左辺に, 点 P の座標 $x = 1$, $y = \dfrac{1}{\sqrt{2}}$ を代入すると, $2 \cdot 1^2 + 4 \cdot \left(\dfrac{1}{\sqrt{2}}\right)^2 = 2 + 2 = 4$ (= ①の右辺) となって, ①をみたす。

よって, 点 $P\left(1, \dfrac{1}{\sqrt{2}}\right)$ は曲線 (だ円) ①上の点である。

①の両辺を x で微分して, 導関数 y' を求めると,

$$\underbrace{(2x^2)'}_{4x} + \underbrace{(4y^2)'}_{8y \cdot y'} = 0 \quad 4x + 8y \cdot y' = 0 \text{ より, } y' = -\dfrac{x}{2y} \cdots\cdots ② \text{ となる。}$$

（$8y \cdot y'$ ← 合成関数の微分）

②に, $x = 1$, $y = \dfrac{1}{\sqrt{2}}$ を代入すると,

$$y' = -\dfrac{1}{2 \cdot \dfrac{1}{\sqrt{2}}} = -\dfrac{1}{\sqrt{2}} \text{ となる。}$$

以上より, 曲線①上の点 $P\left(1, \dfrac{1}{\sqrt{2}}\right)$ における

(ⅰ) 接線の方程式は,

$$\boxed{\dfrac{1}{\sqrt{2}} + \dfrac{1}{\sqrt{2}} = \dfrac{2}{\sqrt{2}}}$$

$$y = -\dfrac{1}{\sqrt{2}}(x - 1) + \dfrac{1}{\sqrt{2}} = -\dfrac{1}{\sqrt{2}}x + \sqrt{2} \text{ となる。} \cdots\cdots\text{(答)}$$

(ⅱ) 法線の方程式は,

$$y = -\dfrac{1}{-\dfrac{1}{\sqrt{2}}}(x - 1) + \dfrac{1}{\sqrt{2}} = \sqrt{2}(x - 1) + \dfrac{1}{\sqrt{2}}$$

$$= \sqrt{2}x - \dfrac{1}{\sqrt{2}} \text{ となる。} \cdots\cdots\text{(答)}$$

$$\boxed{-\sqrt{2} + \dfrac{1}{\sqrt{2}} = \dfrac{-2 + 1}{\sqrt{2}}}$$

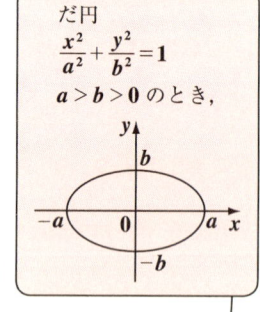

だ円
$$\dfrac{x^2}{a^2} + \dfrac{y^2}{b^2} = 1$$
$a > b > 0$ のとき,

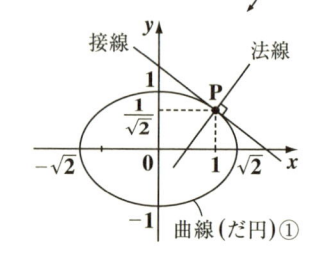

接線　法線　P　曲線 (だ円)①

接線と法線（Ⅲ）

曲線 $\begin{cases} x = \cos^4\theta \\ y = \sin^4\theta \end{cases}$ ……① 上の $\theta = \dfrac{\pi}{3}$ に対応する点 P における

（ⅰ）接線と（ⅱ）法線の方程式を求めよ。

ヒント！ 媒介変数表示された曲線①は，実は，斜めに傾けた放物線の一部を表すんだね。今回は，導関数 y' は θ の式で表される。（演習問題 **38(2)(P66)** 参照）

解答＆解説

曲線 $\begin{cases} x = \cos^4\theta \\ y = \sin^4\theta \end{cases}$ ……① に，$\theta = \dfrac{\pi}{3}$ を代入すると，

$x = \cos^4\dfrac{\pi}{3} = \left(\dfrac{1}{2}\right)^4 = \dfrac{1}{16}$, $y = \sin^4\dfrac{\pi}{3} = \left(\dfrac{\sqrt{3}}{2}\right)^4 = \dfrac{9}{16}$ より，点 $\mathrm{P}\left(\dfrac{1}{16},\ \dfrac{9}{16}\right)$ となる。

また，①の曲線の導関数 y' は，

$\dfrac{dx}{d\theta} = 4\cos^3\theta \cdot (-\sin\theta) = -4\sin\theta\cos^3\theta$, $\qquad \dfrac{dy}{d\theta} = 4\sin^3\theta \cdot \cos\theta$ より，

$y' = \dfrac{dy}{dx} = \dfrac{\dfrac{dy}{d\theta}}{\dfrac{dx}{d\theta}} = \dfrac{4\sin^3\theta\cos\theta}{-4\sin\theta\cos^3\theta} = -\dfrac{\sin^2\theta}{\cos^2\theta} = -\tan^2\theta$ ……②

②に，$\theta = \dfrac{\pi}{3}$ を代入して，$y' = -\tan^2\left(\dfrac{\pi}{3}\right) = -(\sqrt{3})^2 = -3$

以上より，曲線①上の点 $\mathrm{P}\left(\dfrac{1}{16},\ \dfrac{9}{16}\right)$ における

（ⅰ）接線の方程式は，

$\qquad y = -3\left(x - \dfrac{1}{16}\right) + \dfrac{9}{16} = -3x + \dfrac{3}{4}$ ………（答）

（ⅱ）法線の方程式は，

$\qquad y = -\dfrac{1}{-3}\left(x - \dfrac{1}{16}\right) + \dfrac{9}{16} = \dfrac{1}{3}x + \dfrac{13}{24}$ ……（答）

$\qquad\qquad\qquad\qquad\qquad\qquad \boxed{-\dfrac{1}{48} + \dfrac{9}{16} = \dfrac{27 - 1}{48}}$

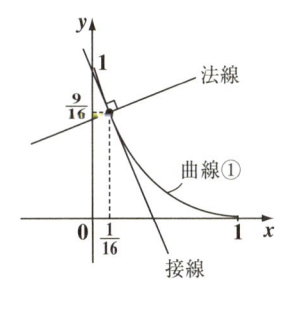

2曲線の共接条件（Ⅰ）

2つの曲線 $y=f(x)=ax^2$ と $y=g(x)=\log 3x$ がただ1つの共有点をもち，その点において共通の接線をもつとき，定数 a の値と，この共有点 P の座標を求めよ。

ヒント！　一般に2つの曲線 $y=f(x)$ と $y=g(x)$

が，$x=t$ で接するための条件は，

> "点 $(t,\ f(t))$ で共有点をもち，その点において共通の接線をもつ" ということ。

$$\begin{cases} f(t)=g(t) \text{ かつ} \\ f'(t)=g'(t) \end{cases} \quad \cdots\cdots(*) \text{ となる。}$$

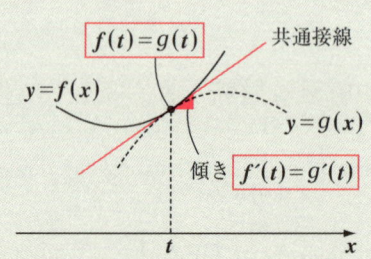

$f(t)=g(t)$　共通接線
$y=f(x)$　$y=g(x)$
傾き $f'(t)=g'(t)$

これを，2曲線の "**共接条件**_{きょうせつじょうけん}" と呼ぼう。

2曲線 $y=f(x)$ と $y=g(x)$ は，$x=t$ で接する，つまり共有点をもつので，当然その点の y 座標は等しい。よって，$f(t)=g(t)$ が成り立つ。

次に，この共有点（接点）における $y=f(x)$ と $y=g(x)$ の接線は共通（同じもの）なので，当然その傾きも等しい。よって，$f'(t)=g'(t)$ が成り立つんだね。

解答＆解説

2曲線 $y=f(x)=ax^2$ ……① と $y=g(x)=\log 3x$ ……② を，x で微分すると，

$$f'(x)=2ax \ \cdots\cdots①',\quad g'(x)=(\log 3x)'=\frac{(3x)'}{3x}=\frac{3}{3x}=\frac{1}{x} \ \cdots\cdots②' \text{ となる。}$$

ここで，2曲線 $y=f(x)$ と $y=g(x)$ が，$x=t$ で接するものとすると，

2曲線の共接条件より，

$$\begin{cases} at^2=\log 3t \ \cdots\cdots③ \quad [\,f(t)=g(t)\,] \\ 2at=\dfrac{1}{t} \ \cdots\cdots\cdots④ \quad [\,f'(t)=g'(t)\,] \end{cases} \text{ となる。}$$

> 未知数は，a と t の2つなので，2つの方程式③，④から求められるんだね。

④より，$at^2=\dfrac{1}{2}$ ……④′

④′を③の左辺に代入して，

$\dfrac{1}{2} = \log 3t$ より，$3t = e^{\frac{1}{2}} = \sqrt{e}$　←　$\boxed{\log_e a = b \rightleftarrows a = e^b}$

∴ $t = \dfrac{\sqrt{e}}{3}$ ……⑤ となる。

⑤を④´に代入して，

$a\left(\dfrac{\sqrt{e}}{3}\right)^2 = \dfrac{1}{2}$ より，$\dfrac{e}{9}a = \dfrac{1}{2}$　　$a = \dfrac{1}{2} \times \dfrac{9}{e} = \dfrac{9}{2e}$ ……⑥ となる。

よって，⑤，⑥より，共有点(接点)の y 座標 $f(t)$ は，

$f(t) = f\left(\dfrac{\sqrt{e}}{3}\right) = \dfrac{9}{2e} \cdot \left(\dfrac{\sqrt{e}}{3}\right)^2 = \dfrac{9}{2e} \times \dfrac{e}{9} = \dfrac{1}{2}$

以上より，

$a = \dfrac{9}{2e}$ であり，2曲線 $y = f(x) = \dfrac{9}{2e}x^2$ と $y = g(x) = \log 3x$ の共有点(接点)

P の座標は，$P\left(\dfrac{\sqrt{e}}{3},\ \dfrac{1}{2}\right)$ である。……………………………………(答)

$\left(\begin{matrix} y = f(x) \text{ と } y = g(x) \text{ のグラフ} \\ \text{の概形を右に示す。} \end{matrix}\right)$

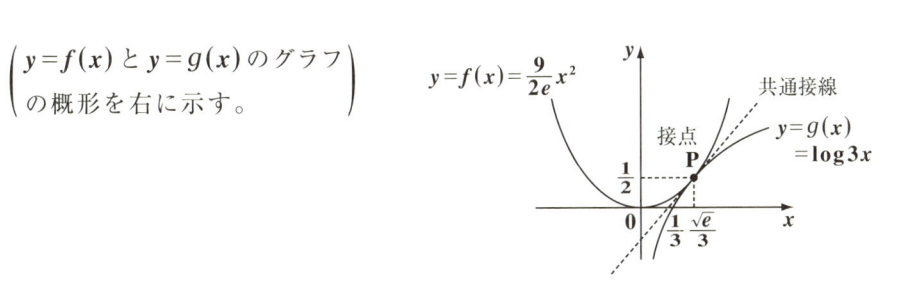

2曲線の共接条件 (Ⅱ)

2曲線 $y = f(x) = \sqrt{-ax}$ （a：正の定数）と $y = g(x) = e^{-x}$ が，ただ1つの共有点 P をもち，その点において共通の接線をもつとき，定数 a の値と共有点 P の座標を求めよ。

ヒント！ $y = f(x)$ と $y = g(x)$ が $x = t$ で接するものとして，2曲線の共接条件の公式：$f(t) = g(t)$ かつ $f'(t) = g'(t)$ から，a と t の値を求めればいいんだね。頑張ろう！

解答&解説

2曲線 $y = f(x) = (-ax)^{\frac{1}{2}}$ ……① $(a > 0)$ と $y = g(x) = e^{-x}$ ……② を x で微分すると，

$$f'(x) = \frac{1}{2}(-ax)^{-\frac{1}{2}} \cdot (-a) = -\frac{a}{2\sqrt{-ax}} \quad \cdots\cdots①', \quad g'(x) = -e^{-x} \quad \cdots\cdots②' \; となる。$$

ここで，$y = f(x)$ と $y = g(x)$ が，$x = t$ で接するものとすると，

2曲線の共接条件より，

$$\begin{cases} \sqrt{-at} = e^{-t} & \cdots\cdots③ \quad \left[f(t) = g(t) \right] \\ \dfrac{a}{2\sqrt{-at}} = e^{-t} & \cdots\cdots④ \quad \underline{\left[-f'(t) = -g'(t) \right]} \quad となる。 \end{cases}$$

両辺に -1 をかけた

③÷④ より，$\dfrac{\sqrt{-at}}{\dfrac{a}{2\sqrt{-at}}} = \dfrac{e^{-t}}{e^{t}}, \quad \dfrac{2(-at)}{a} = 1 \quad -2t = 1$

$\therefore t = -\dfrac{1}{2}$ ……⑤ となる。これを②に代入して，$g\left(-\dfrac{1}{2}\right) = e^{\frac{1}{2}} = \sqrt{e}$

また，⑤を③に代入して，

$\sqrt{\dfrac{a}{2}} = \sqrt{e}$ 　両辺を2乗して，

$\dfrac{a}{2} = e$ より，$\therefore a = 2e$

$\therefore a = 2e$，接点 $P\left(-\dfrac{1}{2}, \sqrt{e}\right)$

である。 ………………(答)

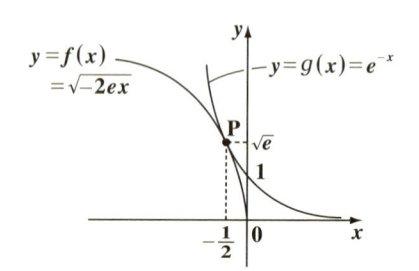

ロピタルの定理 (I)

演習問題 49　　　CHECK*1*　　　CHECK*2*　　　CHECK*3*

次の関数の極限をロピタルの定理を用いて求めよ。

(1) $\displaystyle\lim_{x \to 0} \frac{\sin 3x}{2x}$　　　(2) $\displaystyle\lim_{x \to 0} \frac{\sin 5x}{\tan 2x}$

(3) $\displaystyle\lim_{x \to 0} \frac{1 - \cos 3x}{x^2}$　　　(4) $\displaystyle\lim_{x \to 0} \frac{x \sin x}{1 - \cos 2x}$

ヒント! 演習問題25(P47)と同じ問題だね。いずれも，$\dfrac{0}{0}$ の不定形の極限の問題なので，今回は，ロピタルの定理を使って，分子・分母を微分したものの極限を求めよう。

解答＆解説

(1) $\displaystyle\lim_{x \to 0} \frac{\sin 3x}{2x}$ は，$\dfrac{0}{0}$ の不定形より，ロピタルの定理を用いると，

> ロピタルの定理
> $f(a) = g(a) = 0$ のとき，
> $\displaystyle\lim_{x \to a} \frac{f(x)}{g(x)} = \lim_{x \to a} \frac{f'(x)}{g'(x)}$

t とおく　　$\dfrac{d(\sin t)}{dt} \cdot \dfrac{d(3x)}{dx}$

$$\lim_{x \to 0} \frac{\sin 3x}{2x} = \lim_{x \to 0} \frac{(\sin 3x)'}{(2x)'} = \lim_{x \to 0} \frac{\cos 3x \times 3}{2}$$

$\cos 0 = 1$

$$= \lim_{x \to 0} \frac{3 \cdot \cos 3x}{2} = \frac{3}{2} \quad \text{となる。} \quad \text{………………(答)}$$

(2) $\displaystyle\lim_{x \to 0} \frac{\sin 5x}{\tan 2x}$ は，$\dfrac{0}{0}$ の不定形より，ロピタルの定理を用いると，

t とおく　$\dfrac{d(\sin t)}{dt} \cdot \dfrac{d(5x)}{dx} = \cos t \times 5$

$$\lim_{x \to 0} \frac{\sin 5x}{\tan 2x} = \lim_{x \to 0} \frac{(\sin 5x)'}{(\tan 2x)'} = \lim_{x \to 0} \frac{\cos 5x \times 5}{\dfrac{1}{\cos^2 2x} \times 2}$$

u とおく　　$\dfrac{d(\tan u)}{du} \cdot \dfrac{d(2x)}{dx} = \dfrac{1}{\cos^2 u} \times 2$

$$= \lim_{x \to 0} \frac{5}{2} \cdot \cos 5x \cdot \cos^2 2x = \frac{5}{2} \times 1 \times 1^2 = \frac{5}{2} \quad \text{となる。} \quad \text{……(答)}$$

$\cos 0 = 1$　$\cos^2 0 = 1^2$

(3) $\displaystyle\lim_{x \to 0}\frac{1-\cos 3x}{x^2}$ は，$\dfrac{0}{0}$ の不定形より，ロピタルの定理を用いると，

$$\lim_{x \to 0}\frac{1-\cos 3x}{x^2} = \lim_{x \to 0}\frac{(1-\cos 3x)'}{(x^2)'} = \lim_{x \to 0}\frac{0+\sin 3x \times 3}{2x}$$

> まだ $\dfrac{0}{0}$ の不定形

$$= \lim_{x \to 0}\frac{(3\sin 3x)'}{(2x)'} = \lim_{x \to 0}\frac{3\cdot 3\cdot \boxed{\cos 3x}}{2}$$

> $\cos 0 = 1$

> 2回目のロピタルの定理より

$$= \frac{3^2 \times 1}{2} = \frac{9}{2} \quad \text{となる。} \quad \dots\dots\dots\dots\dots\text{(答)}$$

(4) $\displaystyle\lim_{x \to 0}\frac{x\cdot \sin x}{1-\cos 2x}$ は，$\dfrac{0}{0}$ の不定形より，ロピタルの定理を用いると，

> $1\cdot \sin x + x\cdot \cos x$

> $(f\cdot g)' = f'\cdot g + f\cdot g'$

$$\lim_{x \to 0}\frac{x\cdot \sin x}{1-\cos 2x} = \lim_{x \to 0}\frac{\boxed{(x\cdot \sin x)'}}{(1-\cos 2x)'}$$

$$= \lim_{x \to 0}\frac{\sin x + x\cdot \cos x}{0+2\cdot \sin 2x}$$

> まだ，$\dfrac{\sin 0+0\cdot \cos 0}{2\cdot \sin 0} = \dfrac{0}{0}$ の不定形

$$= \lim_{x \to 0}\frac{(\sin x + x\cos x)'}{(2\cdot \sin 2x)'} = \lim_{x \to 0}\frac{\boxed{\cos x}+1\cdot \boxed{\cos x}-\boxed{x\cdot \sin x}}{4\cdot \boxed{\cos 2x}}$$

> 2回目のロピタル

$$= \frac{1+1\times 1-0}{4\times 1} = \frac{2}{4} = \frac{1}{2} \quad \text{となる。} \quad \dots\dots\dots\dots\text{(答)}$$

ロピタルの定理 (Ⅱ)

次の関数の極限をロピタルの定理を用いて求めよ。

(1) $\displaystyle\lim_{x \to \infty} \frac{e^x + 1}{x^2}$　　　　(2) $\displaystyle\lim_{x \to +0} x \cdot \log 2x$

ヒント！ (1)は $\frac{\infty}{\infty}$，(2)は，$0 \times (-\infty)$ であるが，これも $\frac{-\infty}{\infty}$ の不定形にして，ロピタルの定理を使おう。これらも，分子・分母を x で微分して，極限を求めればいいんだね。

解答&解説

(1) $\displaystyle\lim_{x \to \infty} \frac{e^x + 1}{x^2}$ は，$\frac{\infty}{\infty}$ の不定形より，ロピタルの定理を用いると，

> ロピタルの定理
> $\displaystyle\lim_{x \to a} f(x) = \pm\infty$,
> $\displaystyle\lim_{x \to a} g(x) = \pm\infty$ のとき,
> $\displaystyle\lim_{x \to a} \frac{f(x)}{g(x)} = \lim_{x \to a} \frac{f'(x)}{g'(x)}$

まだ，$\frac{\infty}{\infty}$ の不定形

$$\lim_{x \to \infty} \frac{e^x + 1}{x^2} = \lim_{x \to \infty} \frac{(e^x + 1)'}{(x^2)'} = \lim_{x \to \infty} \frac{e^x}{2x}$$

$$= \lim_{x \to \infty} \frac{(e^x)'}{(2x)'} = \lim_{x \to \infty} \frac{e^x}{2} = \frac{\infty}{2} = \infty \quad \text{となる。} \quad \cdots\cdots\cdots\cdots\text{(答)}$$

(2) $\displaystyle\lim_{x \to +0} x \cdot \log 2x$ は，$\underset{+0}{x} \times \underset{-\infty}{(-\infty)}$ の不定形であるが，これを次のように $\frac{-\infty}{\infty}$ の形に置き換えて，ロピタルの定理を用いると，

$\frac{-\infty}{\infty}$ の不定形

$\frac{(2x)'}{2x} = \frac{2}{2x}$

$$\lim_{x \to +0} x \cdot \log 2x = \lim_{x \to +0} \frac{\log 2x}{\dfrac{1}{x}} = \lim_{x \to +0} \frac{(\log 2x)'}{(x^{-1})'}$$

$$= \lim_{x \to +0} \frac{\dfrac{2}{2x}}{-1 \cdot x^{-2}} = \lim_{x \to +0} \left(-\frac{\dfrac{1}{x}}{\dfrac{1}{x^2}}\right) = \lim_{x \to +0} (-x) = 0 \quad \text{となる。} \quad \cdots\cdots\text{(答)}$$

+0

これは，⊖側から 0 に近づくので，-0 と書いてもよい。

ロピタルの定理（Ⅲ）

次の関数の極限をロピタルの定理を用いて求めよ。

(1) $\displaystyle\lim_{x \to 0}(1+3x)^{\frac{1}{2x}}$ (2) $\displaystyle\lim_{x \to 0}(1-2x)^{\frac{1}{3x}}$

(3) $\displaystyle\lim_{x \to \infty}\left(1+\frac{2}{x}\right)^{-2x}$

ヒント！ 演習問題 **26**（**P48**）と同じ問題だけれど，今回はロピタルの定理を利用して解こう。たとえば，(1) では，$P(x)=(1+3x)^{\frac{1}{2x}}$ とおいて，この自然対数 $\log P(x)$ をとり，$x \to \infty$ のときのこの $\log P(x)$ の極限を求めればうまくいくんだね。(2), (3) も同様にして解くことができる。頑張ろう！

解答＆解説

(1) $\displaystyle\lim_{x \to 0}\underset{\boxed{P(x)}}{\underline{(1+3x)^{\frac{1}{2x}}}}$ について，   ←   これは，$x \to +0$ とすると，$(1.000\cdots01)^{\infty}$ の不定形になっている。

ここで，$P(x)=(1+3x)^{\frac{1}{2x}}$ とおき，この自然対数をとって，$x \to 0$ の極限を求めると，

$$\lim_{x \to 0}\log P(x)=\lim_{x \to 0}\log(1+3x)^{\frac{1}{2x}}=\lim_{x \to 0}\frac{\log(1+3x)}{2x}$$

これは，$\dfrac{\log 1}{2 \times 0}$，つまり，$\dfrac{0}{0}$ の不定形なので，ロピタルの定理を利用する。

$$=\lim_{x \to 0}\frac{\{\log(1+3x)\}'}{(2x)'}=\lim_{x \to 0}\frac{\dfrac{3}{1+3x}}{2}$$

$$=\lim_{x \to 0}\frac{3}{2\underset{0}{(1+3x)}}=\frac{3}{2\cdot(1+0)}=\frac{3}{2}\quad\left[=\frac{3}{2}\cdot\underset{1}{\log e}=\log e^{\frac{3}{2}}\right]\text{ となる。}$$

$$\therefore \lim_{x \to 0}\log P(x)=\log e^{\frac{3}{2}}\text{ より，}\quad ← \boxed{\text{真数同士を比較すればいい}}$$

$$\lim_{x \to 0}P(x)=\lim_{x \to 0}(1+3x)^{\frac{1}{2x}}=e^{\frac{3}{2}}=\sqrt{e^3}\text{ である。}\cdots\cdots\cdots\cdots\cdots\cdots\text{（答）}$$

(2) $\displaystyle\lim_{x \to 0}\underline{(1-2x)^{\frac{1}{3x}}}$ について，   ←   これは，$x \to +0$ とすると，$(0.999\cdots)^{\infty}$ の不定形になっている。

$Q(x)$ とおいて，$\log Q(x)$ の極限を求める。

ここで，$Q(x) = (1-2x)^{\frac{1}{3x}}$ とおき，この自然対数をとって，$x \to 0$ の極限を求めると，

$$\lim_{x \to 0} \log Q(x) = \lim_{x \to 0} \log(1-2x)^{\frac{1}{3x}} = \lim_{x \to 0} \frac{\log(1-2x)}{3x}$$

> これは，$\dfrac{0}{0}$ の不定形より，ロピタルの定理を用いる。

$$= \lim_{x \to 0} \frac{\{\log(1-2x)\}'}{(3x)'} = \lim_{x \to 0} \frac{\dfrac{-2}{1-2x}}{3}$$

$$= \lim_{x \to 0} \frac{-2}{3(1-2x)} = -\frac{2}{3} \quad \left[= -\frac{2}{3} \cdot \log e^{\circ} = \log e^{-\frac{2}{3}} \right] \quad \text{となる。}$$

> 1のこと

$\therefore \displaystyle\lim_{x \to 0} \log Q(x) = \log e^{-\frac{2}{3}}$ より，

$$\lim_{x \to 0} Q(x) = \lim_{x \to 0} (1-2x)^{\frac{1}{3x}} = e^{-\frac{2}{3}} = \frac{1}{\sqrt[3]{e^2}} \quad \text{である。} \quad \cdots\cdots\cdots\cdots\cdots\text{(答)}$$

(3) $\displaystyle\lim_{x \to \infty} \left(1 + \frac{2}{x}\right)^{-2x}$ について，

> これは，$(1.000\cdots01)^{-\infty}$ の不定形！

$R(x)$ とおく

ここで，$R(x) = \left(1 + \dfrac{2}{x}\right)^{-2x}$ とおき，この自然対数をとって，$x \to \infty$ の極限を求めると，

t とおく

$$\lim_{x \to \infty} \log R(x) = \lim_{x \to \infty} \log\left(1 + \frac{2}{x}\right)^{-2x} = \lim_{x \to \infty} \left\{ -2x \cdot \log\left(1 + \frac{2}{x}\right) \right\}$$

> これは，$-\infty \times 0$ の不定形

ここで，$\dfrac{2}{x} = t$ とおくと，$x \to \infty$ のとき $t \to 0$ より，

$$\lim_{x \to \infty} \log R(x) = \lim_{t \to 0} \left\{ -2 \times \frac{2}{t} \log(1+t) \right\} = \lim_{t \to 0} \frac{-4 \cdot \log(1+t)}{t}$$

> これは，$\dfrac{0}{0}$ の不定形より，ロピタルの定理を用いる！

$$= \lim_{t \to 0} (-4) \cdot \frac{\{\log(1+t)\}'}{t'} = \lim_{t \to 0} (-4) \cdot \frac{\dfrac{1}{1+t}}{1} = \lim_{t \to 0} \frac{-4}{1+t}$$

$$= -4 \quad \left[= -4 \times \log e^{\circ} = \log e^{-4} \right]$$

$\therefore \displaystyle\lim_{x \to \infty} \log R(x) = \log e^{-4}$ より，

$$\lim_{x \to \infty} R(x) = \lim_{x \to \infty} \left(1 + \frac{2}{x}\right)^{-2x} = e^{-4} = \frac{1}{e^4} \quad \text{である。} \cdots\cdots\cdots\cdots\cdots\cdots\text{(答)}$$

ロピタルの定理 (Ⅳ)

次の関数の極限をロピタルの定理を用いて求めよ。

(1) $\displaystyle\lim_{x \to 0} \frac{x(e^{2x}-1)}{1-\cos 2x}$

(2) $\displaystyle\lim_{x \to 0} \frac{\log(1+\sin 2x)}{\tan x}$

(3) $\displaystyle\lim_{x \to 0} \frac{\sin^{-1}x}{3x}$

(4) $\displaystyle\lim_{x \to 0} \frac{x}{\tan^{-1}2x}$

> **ヒント!** これは，演習問題 **28(P50)** と同じ極限の問題だ。すべて，$\dfrac{0}{0}$ の不定形なので，今回は，ロピタルの定理を用いて，同じ結果を導いてみよう!

解答&解説

(1) $\displaystyle\lim_{x \to 0} \frac{x(e^{2x}-1)}{1-\cos 2x}$ は，$\dfrac{0}{0}$ の不定形より，ロピタルの定理を用いると，

$$\lim_{x \to 0} \frac{x(e^{2x}-1)}{1-\cos 2x} = \lim_{x \to 0} \frac{\{x(e^{2x}-1)\}'}{(1-\cos 2x)'} = \lim_{x \to 0} \frac{\overbrace{1\cdot(e^{2x}-1)+x\cdot 2e^{2x}}^{x'(e^{2x}-1)+x\cdot(e^{2x}-1)'}}{2\cdot\sin 2x}$$

$$= \lim_{x \to 0} \frac{e^{2x}-1+2x\cdot e^{2x}}{2\cdot\sin 2x}$$

> まだ，$\dfrac{e^0-1+2\cdot 0e^0}{2\cdot\sin 0} = \dfrac{0}{0}$ の不定形なので，もう **1** 回ロピタルの定理を使う。

$$= \lim_{x \to 0} \frac{(e^{2x}-1+2xe^{2x})'}{(2\cdot\sin 2x)'} = \lim_{x \to 0} \frac{2e^{2x}+2(1\cdot e^{2x}+x\cdot 2e^{2x})}{4\cdot\cos 2x}$$

$$= \lim_{x \to 0} \frac{4\overset{1}{\boxed{e^{2x}}}+4\overset{0\cdot 1}{\boxed{xe^{2x}}}}{4\underset{1}{\cos 2x}} = \frac{4\cdot 1+0}{4\cdot 1} = 1 \quad \text{となる。} \quad \cdots\cdots\cdots\cdots\cdots \text{(答)}$$

(2) $\displaystyle\lim_{x \to 0} \frac{\log(1+\sin 2x)}{\tan x}$ は，$\dfrac{0}{0}$ の不定形より，ロピタルの定理を用いると，

> $(\log f)' = \dfrac{f'}{f}$

$$\lim_{x \to 0} \frac{\log(1+\sin 2x)}{\tan x} = \lim_{x \to 0} \frac{\{\log(1+\sin 2x)\}'}{(\tan x)'} = \lim_{x \to 0} \frac{\dfrac{2\cos 2x}{1+\sin 2x}}{\dfrac{1}{\cos^2 x}}$$

$$\therefore \lim_{x \to 0} \frac{\log(1+\sin 2x)}{\tan x} = \lim_{x \to 0} \frac{2 \cdot \boxed{\cos 2x} \cdot \boxed{\cos^2 x}}{1 + \boxed{\sin 2x}} = \frac{2 \times 1 \times 1^2}{1+0} = 2 \quad \text{となる。}$$

$$\cdots\cdots\cdots\cdots\text{(答)}$$

(3) $\lim_{x \to 0} \dfrac{\sin^{-1} x}{3x}$ は，$\dfrac{0}{0}$ の不定形より，ロピタルの定理を用いると，

$$\lim_{x \to 0} \frac{\sin^{-1} x}{3x} = \lim_{x \to 0} \frac{(\sin^{-1} x)'}{(3x)'} = \lim_{x \to 0} \frac{\frac{1}{\sqrt{1-x^2}}}{3}$$

公式：
$$(\sin^{-1} x)' = \frac{1}{\sqrt{1-x^2}}$$

$$= \lim_{x \to 0} \frac{1}{3\sqrt{1-x^2}} = \frac{1}{3} \quad \text{となる。} \cdots\cdots\cdots\cdots\cdots\cdots\text{(答)}$$

(4) $\lim_{x \to 0} \dfrac{x}{\tan^{-1} 2x}$ は，$\dfrac{0}{0}$ の不定形より，ロピタルの定理を用いると，

$$\lim_{x \to 0} \frac{x}{\tan^{-1} 2x} = \lim_{x \to 0} \frac{x'}{(\tan^{-1} \boxed{2x})'} = \lim_{x \to 0} \frac{1}{\frac{2}{1+(2x)^2}}$$

公式：
$$(\tan^{-1} x)' = \frac{1}{1+x^2}$$

θ とおくと

$$\frac{d(\tan^{-1}\theta)}{d\theta} \times \frac{d(2x)}{dx} = \frac{1}{1+\theta^2} \times 2 = \frac{2}{1+(2x)^2}$$

$$= \lim_{x \to 0} \frac{1+4\boxed{x^2}}{2} = \frac{1+4\times 0}{2} = \frac{1}{2} \quad \text{となる。} \cdots\cdots\cdots\text{(答)}$$

ロピタルの定理 (V)

次の関数の極限をロピタルの定理を用いて求めよ。

(1) $\displaystyle\lim_{x \to \infty}(1+x)^{\frac{1}{x}}$　　　(2) $\displaystyle\lim_{x \to \frac{\pi}{2}-0}\left(x-\frac{\pi}{2}\right)\tan x$

(3) $\displaystyle\lim_{x \to \infty}e^x \cdot \left(\tan^{-1}x - \frac{\pi}{2}\right)$

ヒント!　いずれも，工夫して，$\frac{\infty}{\infty}$ または $\frac{0}{0}$ の不定形の形にもち込んで，ロピタルの定理を使って，極限値を求める問題なんだね。応用問題だけれど，頑張ろう！

解答 & 解説

(1) $\displaystyle\lim_{x \to \infty}(1+x)^{\frac{1}{x}}$ について，

　　　　$\underbrace{}_{P(x)\text{とおく}}$

ここで，$P(x) = (1+x)^{\frac{1}{x}}$ とおき，この自然対数をとって，$x \to \infty$ の極限を求めると，

> いつもの公式：$\displaystyle\lim_{x \to 0}(1+x)^{\frac{1}{x}}$ ではなくて，$\displaystyle\lim_{x \to \infty}(1+x)^{\frac{1}{x}}$ より，これは ∞^0 の不定形なので，$P(x)=(1+x)^{\frac{1}{x}}$ とおいて，$\displaystyle\lim_{x \to \infty}\log P(x)$ を求めてみよう！

$$\lim_{x \to \infty}\log P(x) = \lim_{x \to \infty}\log(1+x)^{\boxed{\frac{1}{x}}} = \lim_{x \to \infty}\frac{\log(1+x)}{x}$$

> これは，$\frac{\infty}{\infty}$ の不定形より，ロピタルの定理が利用できる！

$$= \lim_{x \to \infty}\frac{\{\log(1+x)\}'}{x'} = \frac{\dfrac{1}{1+x}}{1}$$

$$= \lim_{x \to \infty}\frac{1}{1+x} = \frac{1}{\infty} = 0 \quad [= \log 1]$$

$\therefore \displaystyle\lim_{x \to \infty}\log P(x) = \log 1$ より，

　　$\displaystyle\lim_{x \to \infty}P(x) = \lim_{x \to \infty}(1+x)^{\frac{1}{x}} = 1$ である。……………………………(答)

(2) $\displaystyle\lim_{x \to \frac{\pi}{2}-0}\underbrace{\left(x-\frac{\pi}{2}\right)}_{0} \cdot \underbrace{\tan x}_{+\infty}$ について，$x-\frac{\pi}{2} = \theta$ とおくと，

$x \to \frac{\pi}{2}-0$ のとき，$\theta \to -0$ となる。

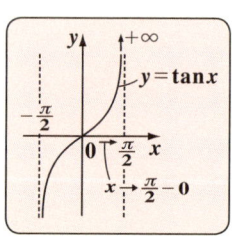

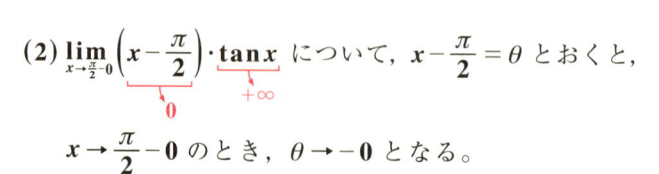

88

よって，

$$\lim_{x \to \frac{\pi}{2}-0}\left(x - \frac{\pi}{2}\right)\tan x = \lim_{\theta \to -0}\theta \cdot \tan\left(\theta + \frac{\pi}{2}\right) = \lim_{\theta \to -0}\left(-\frac{\theta}{\tan\theta}\right)$$

$$\boxed{-\frac{1}{\tan\theta}}$$

これは，$\dfrac{0}{0}$ の不定形より，ロピタルの定理が使える！

$$= \lim_{\theta \to -0}\left\{-\frac{\theta'}{(\tan\theta)'}\right\} = \lim_{\theta \to -0}\left(-\frac{1}{\dfrac{1}{\cos^2\theta}}\right)$$

$$= \lim_{\theta \to -0}(-\cos^2\theta) = -1^2 = -1 \quad \text{となる。} \quad \cdots\cdots\cdots\cdots\cdots\cdots\text{(答)}$$

$$\boxed{\cos^2 0 = 1^2}$$

(3) $\displaystyle\lim_{x \to \infty}e^x \cdot \left(\tan^{-1}x - \frac{\pi}{2}\right) = \lim_{x \to \infty}\dfrac{\tan^{-1}x - \dfrac{\pi}{2}}{\dfrac{1}{e^x}}$

$\boxed{\infty}$ $\boxed{\dfrac{\pi}{2} - \dfrac{\pi}{2} = 0}$

これは，$\dfrac{0}{0}$ の不定形より，ロピタルの定理が使える！

$y = \tan^{-1}x$

$$= \lim_{x \to \infty}\frac{\left(\tan^{-1}x - \dfrac{\pi}{2}\right)'}{(e^{-x})'} = \lim_{x \to \infty}\frac{\dfrac{1}{1+x^2}}{-e^{-x}} = \lim_{x \to \infty}\left(-\frac{\dfrac{1}{1+x^2}}{\dfrac{1}{e^x}}\right)$$

$$= \lim_{x \to \infty}\left(-\frac{e^x}{1+x^2}\right)$$

これは，$-\dfrac{\infty}{\infty}$ の不定形より，さらに，ロピタルの定理を使う！

$$= \lim_{x \to \infty}\left\{-\frac{(e^x)'}{(1+x^2)'}\right\} = \lim_{x \to \infty}\left(-\frac{e^x}{2x}\right)$$

$$= \lim_{x \to \infty}\left\{-\frac{(e^x)'}{(2x)'}\right\} = \lim_{x \to \infty}\left(-\frac{e^x}{2}\right)^{\infty}$$

$$= -\frac{\infty}{2} = -\infty \quad \text{となる。} \quad \cdots\cdots\cdots\cdots\cdots\cdots\cdots\cdots\cdots\cdots\cdots\cdots\text{(答)}$$

関数のグラフ（Ⅰ）

関数 $y = f(x) = \dfrac{2\log(x+1)}{x+1}$　$(x > -1)$ の増減と極値を調べて，

この関数のグラフの概形を描け。

ヒント！　$y = f(x)$ を，2つの関数 $y = 2\log(x+1)$ と $y = \dfrac{1}{x+1}$　$(x > -1)$ の積と

考えると，$y = f(x)$ のグラフの形の概略は次のように直ぐに分かるんだね。

(ⅰ) $f(0) = \dfrac{2\log 1}{1} = 0$ より，$\mathrm{O}(0, 0)$ を通る。

(ⅱ) $-1 < x < 0$ のとき，

$f(x) = \underset{\ominus}{\underline{2\log(x+1)}} \cdot \underset{\oplus}{\underline{\dfrac{1}{x+1}}} < 0$

(ⅲ) $0 < x$ のとき，

$f(x) = \underset{\oplus}{\underline{2\log(x+1)}} \cdot \underset{\oplus}{\underline{\dfrac{1}{x+1}}} > 0$

(ⅳ) $\displaystyle\lim_{x \to -1+0} f(x) = \lim_{x \to -1+0} \underset{-\infty}{\underline{2\log(x+1)}} \cdot \underset{+\infty}{\underline{\dfrac{1}{x+1}}} = -\infty$

(ⅴ) $\displaystyle\lim_{x \to \infty} f(x) = \dfrac{2\log(x+1)}{x+1} = \dfrac{(弱い\infty)}{(中位の\infty)} = 0$

(ⅵ) $y = f(x)$ は，ニョロニョロする程複雑な関数ではないので，$\mathrm{O}(0, 0)$ から $x > 0$ の範囲にかけて，一山できる。

解答＆解説

$y = f(x) = \dfrac{2\log(x+1)}{x+1}$ ……① について，$f(0) = \dfrac{2\log 1}{1} = 0$ より，この

グラフは，原点 $\mathrm{O}(0, 0)$ を通る。

①を x で微分して，

$$f'(x) = 2 \cdot \frac{\frac{1}{x+1} \cdot (x+1) - \log(x+1) \cdot 1}{(x+1)^2}$$

$$\left(\frac{f}{g}\right)' = \frac{f' \cdot g - f \cdot g'}{g^2}$$

$$= \frac{2}{(x+1)^2} \underbrace{\{1 - \log(x+1)\}}_{\oplus}$$

$\widetilde{f'(x)}$ の符号 ($\oplus$, $\ominus$) に関する本質的な部分

$$\widetilde{f'(x)} = \begin{cases} \oplus \\ \textcircled{0} \\ \ominus \end{cases}$$

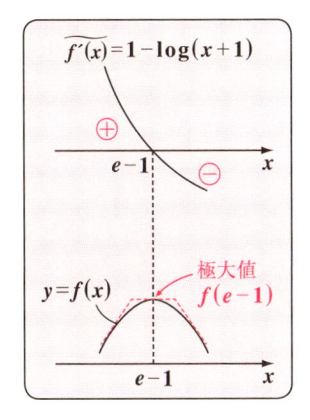

$\widetilde{f'(x)} = 1 - \log(x+1)$

$\oplus$ $e-1$ $\ominus$ x

$y = f(x)$ 極大値 $f(e-1)$

$e-1$ x

$f'(x) = 0$ のとき, $1 - \log(x+1) = 0$

$\log(x+1) = 1$ より, $x + 1 = e^1$

$\therefore \ x = e - 1$

$y = f(x)$ は, $x = e-1$ の前後で, 増加から減少に転ずるので, 右のような増減表になる。また, $x = e-1$ で, $y = f(x)$ は,

極大値 $f(e-1) = \dfrac{2 \cdot \log e}{e} = \dfrac{2}{e}$ をとる。

$f(x)$ の増減表 $(x > -1)$

x	(-1)		$e-1$	
$f'(x)$		$+$	0	$-$
$f(x)$		↗	$\dfrac{2}{e}$	↘

極大値

次に, $x \to -1+0$ と $x \to \infty$ の極限を調べると,

$$\lim_{x \to -1+0} f(x) = \lim_{x \to -1+0} \underbrace{2\log(x+1)}_{-\infty} \cdot \underbrace{\frac{1}{x+1}}_{+\infty} = -\infty$$

$$\lim_{x \to \infty} f(x) = \lim_{x \to \infty} \frac{2 \cdot \log(x+1)}{x+1} = \lim_{x \to \infty} \frac{\{2\log(x+1)\}'}{(x+1)'}$$

$\frac{\infty}{\infty}$ の不定形   ロピタルの定理

$$= \lim_{x \to \infty} \frac{2 \cdot \frac{1}{x+1}}{1} = \lim_{x \to \infty} \frac{2}{x+1} = 0$$

以上より, 関数 $y = f(x) = \dfrac{2\log(x+1)}{x+1}$

のグラフの概形は右図のようになる。

………(答)

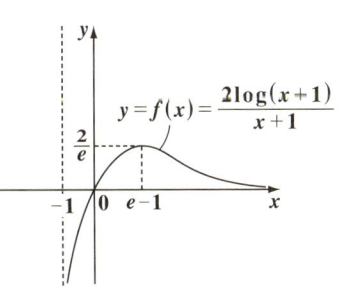

$y = f(x) = \dfrac{2\log(x+1)}{x+1}$

$\dfrac{2}{e}$

-1 0 $e-1$ x

関数のグラフ（Ⅱ）

関数 $y = f(x) = 2x^2 e^{-x}$ の増減・凹凸を調べて，この関数の
グラフの概形を描け。

ヒント！ $y = f(x)$ を，2つの関数 $y = 2x^2$ と $y = e^{-x}$ の積と考えて，グラフを調べる。

(ⅰ) $f(0) = 0$ より，$O(0, 0)$ を通る。

(ⅱ) $x \neq 0$ のとき，

$$f(x) = \underset{\oplus}{2x^2} \cdot \underset{\oplus}{e^{-x}} > 0$$

(ⅲ) $\lim_{x \to -\infty} f(x) = \lim_{x \to -\infty} \underset{+\infty}{2x^2} \cdot \underset{+\infty}{e^{-x}} = +\infty$

(ⅳ) $\lim_{x \to \infty} f(x) = \lim_{x \to \infty} \frac{2x^2}{e^x} = \frac{（中位の\infty）}{（強い\infty）} = 0$

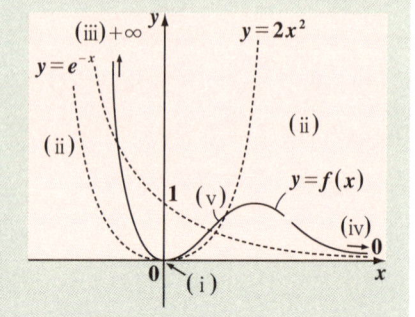

(ⅴ) $y = f(x)$ は，ニョロニョロする程複雑ではないので，$O(0, 0)$ から，$x > 0$ の
範囲にかけて，一山できる。

これで，$y = f(x)$ の大体のグラフの概形が，つかめたんだね。

解答＆解説

$y = f(x) = 2x^2 \cdot e^{-x}$ ……① のグラフについて，

$f(0) = 2 \cdot 0^2 \cdot e^0 = 0$ より，原点 $O(0, 0)$ を通る。

①を x で微分して，

$$f'(x) = 2\{2x \cdot e^{-x} + x^2 \cdot (-e^{-x})\}$$

$$= \underset{\oplus}{2e^{-x}} \cdot \underset{}{x(2-x)}$$

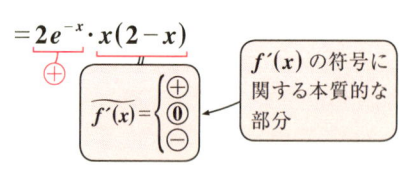

$f'(x)$ の符号に関する本質的な部分

$$\widehat{f'(x)} = \begin{cases} \oplus \\ \textcircled{0} \\ \ominus \end{cases}$$

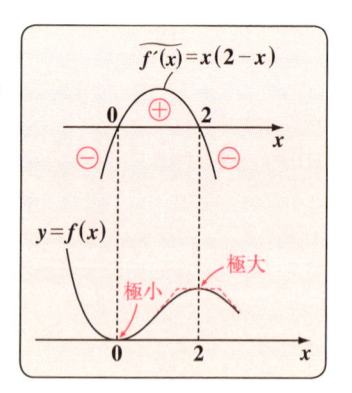

$f'(x) = 0$ のとき，$x(2-x) = 0$ より，$x = 0, 2$

よって，$y = f(x)$ は，$x = 0$ で極小値 $f(0) = 0$ をとり，

$$x = 2 \text{ で極大値 } f(2) = 2 \cdot 2^2 \cdot e^{-2} = \frac{8}{e^2} \text{ をとる。}$$

さらに，$f'(x) = 2e^{-x}(2x - x^2)$ を x で微分すると，

$$f''(x) = 2\{-e^{-x}(2x - x^2) + e^{-x}(2 - 2x)\}$$

$$= 2e^{-x}(-2x + x^2 + 2 - 2x)$$

$$= 2e^{-x}(x^2 - 4x + 2)$$

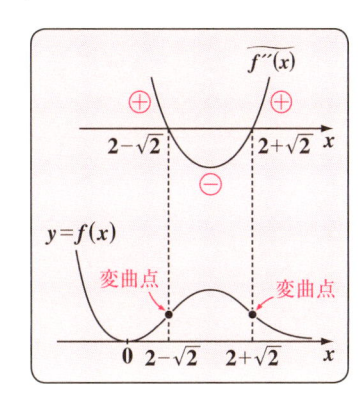

$f''(x) = 0$ のとき，$x^2 - 4x + 2 = 0$ より，

$x = 2 \pm \sqrt{4 - 2} = 2 \pm \sqrt{2}$ となる。よって，

$\boxed{2 \pm 1.4 = 3.4 \text{ または } 0.6}$

$$f(2 \pm \sqrt{2}) = 2(2 \pm \sqrt{2})^2 e^{-(2 \pm \sqrt{2})}$$

$$= 2(4 \pm 4\sqrt{2} + 2)e^{-2 \mp \sqrt{2}}$$

$$= 2(6 \pm 4\sqrt{2})e^{-2 \mp \sqrt{2}}$$

より，変曲点の座標は，

$\left(2 \pm \sqrt{2},\ 2(6 \pm 4\sqrt{2})e^{-2 \mp \sqrt{2}}\right)$

(複号同順) となる。

$f(x)$ の増減・凹凸表

x		0		$2-\sqrt{2}$		2		$2+\sqrt{2}$	
$f'(x)$	$-$	0	$+$	$+$	$+$	0	$-$	$-$	$-$
$f''(x)$	$+$	$+$	$+$	0	$-$	$-$	$-$	0	$+$
$f(x)$	↘	0	↗		↗	$\dfrac{8}{e^2}$	↘		↘

極小値　　　　　極大値

次に，$x \to -\infty$ と $x \to \infty$ の極限は，

$$\lim_{x \to -\infty} f(x) = \lim_{x \to -\infty} 2x^2 \cdot e^{-x} = \infty$$

ロピタル 2連発！

$$\lim_{x \to \infty} f(x) = \lim_{x \to \infty} \frac{2x^2}{e^x} = \lim_{x \to \infty} \frac{(2x^2)''}{(e^x)''}$$

$$= \lim_{x \to \infty} \frac{4}{e^x} = 0$$

以上より，$y = f(x) = 2x^2 \cdot e^{-x}$ のグラフの概形は右図のようになる。……………(答)

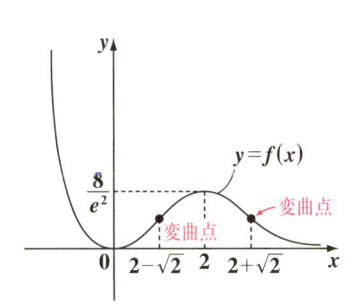

関数のグラフ（Ⅲ）

関数 $y = f(x) = 4\sqrt{x} + \dfrac{2}{x}$　$(x > 0)$ の増減・凹凸を調べて，この関数のグラフの概形を描け。

ヒント！　今回は，$y = f(x)$ を，2つの関数 $y = 4\sqrt{x}$ と $y = \dfrac{2}{x}$　$(x > 0)$ の和と考えると，$y = f(x)$ のグラフの概形をつかむことができる。

右図に示すように，$y = 4\sqrt{x}$ と $y = \dfrac{2}{x}$ の 2つの y 座標をたしたものが $y = f(x)$ の y 座標となるため，$x > 0$ の範囲に 1つの極小値をもち $\displaystyle \lim_{x \to +0} f(x) = \infty$, $\displaystyle \lim_{x \to \infty} f(x) = \infty$ となるグラフを描くことになるんだね。

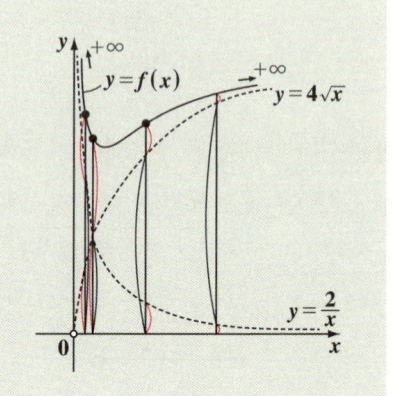

解答＆解説

$y = f(x) = 4\sqrt{x} + \dfrac{2}{x}$ ……① $(x > 0)$

のグラフを調べる。

①を x で微分して，

$f'(x) = \left(4x^{\frac{1}{2}} + 2 \cdot x^{-1}\right)' = 2x^{-\frac{1}{2}} - 2x^{-2}$

$= \dfrac{2}{\sqrt{x}} - \dfrac{2}{x^2} = \underset{\oplus}{\dfrac{2}{x^2}}\left(x^{\frac{3}{2}} - 1\right)$

$\overline{f'(x)} = \begin{cases} \oplus \\ \textcircled{0} \\ \ominus \end{cases}$ ← $f'(x)$ の符号に関する本質的な部分

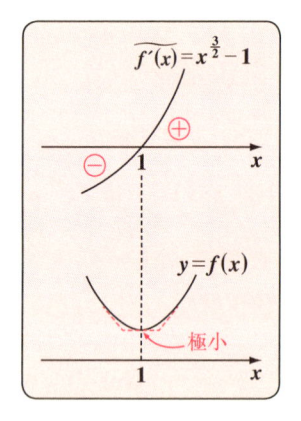

$f'(x) = 0$ のとき，$x^{\frac{3}{2}} - 1 = 0$ より，$x^{\frac{3}{2}} = 1$，$x = 1^{\frac{2}{3}} = 1$

よって，$y = f(x)$ は，$x = 1$ で極小値 $f(1) = 4 \cdot \sqrt{1} + \dfrac{2}{1} = 6$ をとる。

さらに，$f'(x) = 2x^{-\frac{1}{2}} - 2x^{-2}$ を x で微分すると，

$$f''(x) = \left(2 \cdot x^{-\frac{1}{2}} - 2 \cdot x^{-2}\right)' = -x^{-\frac{3}{2}} + 4x^{-3}$$

$$= \frac{\boxed{-x^{\frac{3}{2}} + 4}}{\boxed{x^3}_{\oplus}} \quad \widehat{f''(x)} = \begin{cases} \oplus \\ \textcircled{0} \\ \ominus \end{cases} \longleftarrow \begin{array}{l} f''(x) \text{の符号に} \\ \text{関する本質的な} \\ \text{部分} \end{array}$$

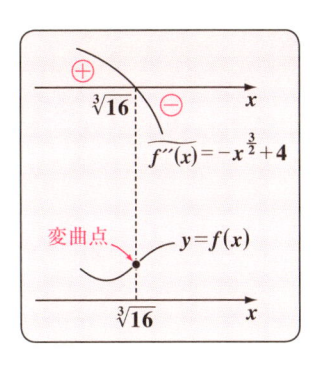

$f''(x) = 0$ のとき，$-x^{\frac{3}{2}} + 4 = 0$ より，$x^{\frac{3}{2}} = 4$

$x = (2^2)^{\frac{2}{3}} = 2^{\frac{4}{3}} = \sqrt[3]{2^4} = \sqrt[3]{16}$ より，

$$f\left(2^{\frac{4}{3}}\right) = 4\sqrt{2^{\frac{4}{3}}} + \frac{2}{2^{\frac{4}{3}}} = 2^2 \cdot 2^{\frac{2}{3}} + 2^{1-\frac{4}{3}}$$

$$= 2^{\frac{8}{3}} + 2^{-\frac{1}{3}} = \frac{2^3 + 1}{2^{\frac{1}{3}}} = \frac{9}{\sqrt[3]{2}}$$

よって，変曲点 $\left(\sqrt[3]{16}, \dfrac{9}{\sqrt[3]{2}}\right)$ となる。

次に，$x \to +0$ と $x \to \infty$ の極限を調べると，

$$\lim_{x \to +0} f(x) = \lim_{x \to +0} \left(4\underbrace{\sqrt{x}}_{0} + \underbrace{\frac{2}{x}}_{+\infty}\right) = \infty$$

$$\lim_{x \to \infty} f(x) = \lim_{x \to \infty} \left(4\underbrace{\sqrt{x}}_{+\infty} + \underbrace{\frac{2}{x}}_{0}\right) = \infty$$

以上より，$y = f(x) = 4\sqrt{x} + \dfrac{2}{x}$ のグラフの概形は右図のようになる。………(答)

$f(x)$ の増減・凹凸表 $(x > 0)$

x	(0)		1		$\sqrt[3]{16}$	
$f'(x)$		$-$	0	$+$	$+$	$+$
$f''(x)$		$+$	$+$	$+$	0	$-$
$f(x)$		$\searrow$	6	$\nearrow$	$\dfrac{9}{\sqrt[3]{2}}$	$\nearrow$

極小値

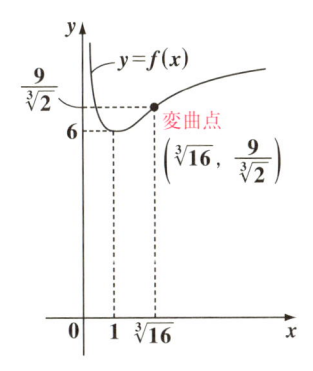

関数のグラフ (IV)

関数 $y = f(x) = \dfrac{4}{x} - 2x^2 \quad (x \neq 0)$ の増減・凹凸を調べて，この関数の
グラフの概形を描け。

ヒント！　　$y = f(x)$ を，**2** つの関数 $y = \dfrac{4}{x}$
と $y = -2x^2 \quad (x \neq 0)$ の和と考えよう。
$y = \dfrac{4}{x}$ と $y = -2x^2$ の **2** つの y 座標をたし
たものが，$y = f(x)$ の y 座標となるため，
この $y = f(x)$ のグラフの概形は，右図に
示すように，$x = 0$ で不連続で，$x < 0$ の
範囲に極大値をもつことが分かるんだね。

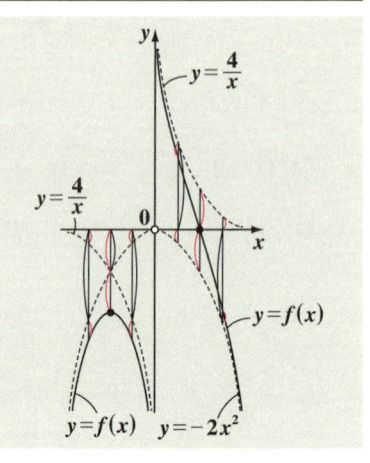

解答 & 解説

$y = f(x) = \dfrac{4}{x} - 2x^2 \quad\cdots\cdots① \quad (x \neq 0)$
のグラフを調べる。

① を x で微分して，

$f'(x) = (4 \cdot x^{-1} - 2 \cdot x^2)' = -4 \cdot x^{-2} - 4x$

$\qquad = -4\left(\dfrac{1}{x^2} + x\right) = \dfrac{4}{x^2}\underbrace{(-x^3 - 1)}$

$f'(x)$ の符号に関する本質的な部分 → $\widetilde{f'(x)} = \begin{cases} \oplus \\ \textcircled{0} \\ \ominus \end{cases}$

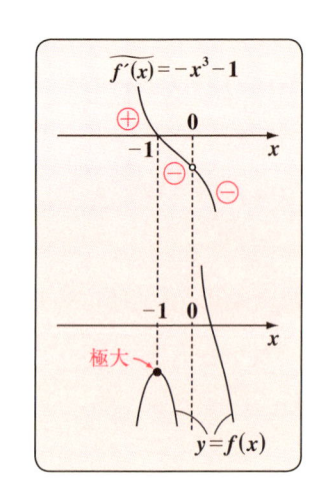

$f'(x) = 0$ のとき，$-x^3 - 1 = 0$ より，$x^3 = -1$

$\therefore x = -1$

よって，$y = f(x)$ は，$x = -1$ で極大値 $f(-1) = \dfrac{4}{-1} - 2 \cdot (-1)^2 = -4 - 2 = -6$
をとる。

さらに，$f'(x)$ を x で微分すると，

$$f''(x) = (-4 \cdot x^{-2} - 4x)' = 8x^{-3} - 4 = 4\left(\frac{2}{x^3} - 1\right) = \frac{4}{x^3}(2 - x^3)$$

$\therefore f''(x) = 0$ のとき，$2 - x^3 = 0$　$x^3 = 2$ より，$x = 2^{\frac{1}{3}} = \sqrt[3]{2}$　となる。

ここで，（ⅰ）$x < 0$ のとき，$f''(x) < 0$

　　　　（ⅱ）$0 < x < \sqrt[3]{2}$ のとき，$f''(x) > 0$

　　　　（ⅲ）$\sqrt[3]{2} < x$ のとき，$f''(x) < 0$　となる。

また，$f(\sqrt[3]{2}) = f(2^{\frac{1}{3}}) = \dfrac{4}{2^{\frac{1}{3}}} - 2 \cdot (2^{\frac{1}{3}})^2 = 2^{2 - \frac{1}{3}} - 2^{1 + \frac{2}{3}} = 2^{\frac{5}{3}} - 2^{\frac{5}{3}} = 0$

これから，変曲点の座標は $(\sqrt[3]{2},\ 0)$
となる。

次に，$x \to -\infty$，$x \to -0$，$x \to +0$，
$x \to \infty$ の極限を調べると，

$f(x)$ の増減・凹凸表 $(x \neq 0)$

x		-1		0		$\sqrt[3]{2}$	
$f'(x)$	$+$	0	$-$		$-$	$-$	$-$
$f''(x)$	$-$	$-$	$-$		$+$	0	$-$
$f(x)$	↗	-6	↘		↘	0	↘

極大値

$$\lim_{x \to -\infty} f(x) = \lim_{x \to -\infty}\left(\frac{4}{x} - 2x^2\right) = -\infty$$

$$\lim_{x \to -0} f(x) = \lim_{x \to -0}\left(\frac{4}{x} - 2x^2\right) = -\infty, \quad \lim_{x \to +0} f(x) = \lim_{x \to +0}\left(\frac{4}{x} - 2x^2\right) = \infty$$

$$\lim_{x \to \infty} f(x) = \lim_{x \to \infty}\left(\frac{4}{x} - 2x^2\right) = -\infty$$

以上より，$y = f(x) = \dfrac{4}{x} - 2x^2 \ (x \neq 0)$

のグラフの概形は右図のようになる。

　　　　　　　　　　‥‥‥‥(答)

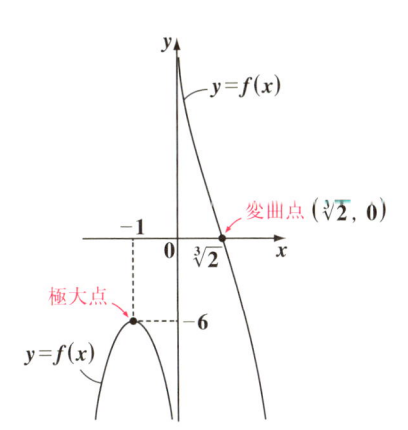

変曲点 $(\sqrt[3]{2},\ 0)$

極大点

$y = f(x)$

演習問題 58　　CHECK1　　CHECK2　　CHECK3

関数 $y = f(x) = 4\sin x(1-\cos x)$　$(-\pi \le x \le \pi)$ の増減と
極値を調べて，この関数のグラフの概形を描け。

ヒント！　一般に，三角関数の積の形の関数のグラフは，これまでのような直感的なとらえ方は難しいので，初めから微分して，増減表を作って調べた方が早いと思う。ただし，今回の関数 $y = f(x)$ は，$f(-x) = -f(x)$ をみたすので，奇関数であることが分かる。よって，奇関数 $y = f(x)$ は，原点に関して対称なグラフになるので，$0 \le x \le \pi$ の範囲の $y = f(x)$ のグラフが分かれば，$-\pi \le x \le 0$ の範囲のグラフは自動的に描けるんだね。

解答 & 解説

$y = f(x) = 4\sin x(1-\cos x)$ ……① $(-\pi \le x \le \pi)$ について，

$$f(-x) = 4 \cdot \underbrace{\sin(-x)}_{-\sin x}\{1 - \underbrace{\cos(-x)}_{\cos x}\} = -4\sin x(1-\cos x) = -f(x)$$

となるので，$y = f(x)$ は奇関数であり，この関数のグラフは原点 O に関して対称なグラフとなる。

よって，まず，$0 \le x \le \pi$ について，$y = f(x)$ のグラフを調べる。

①を x で微分して，

$$f'(x) = 4\{\underbrace{(\sin x)'}_{\cos x} \cdot (1-\cos x) + \sin x \cdot \underbrace{(1-\cos x)'}_{0+\sin x = \sin x}\}$$

$$\boxed{\begin{array}{l}(f \cdot g)' \\ = f' \cdot g + f \cdot g'\end{array}}$$

$$= 4\{\underbrace{\cos x(1-\cos x)}_{\cos x - \cos^2 x} + \underbrace{\sin^2 x}_{1-\cos^2 x}\}$$

$$\boxed{\begin{array}{l}公式： \\ \cos^2 x + \sin^2 x = 1\end{array}}$$

$$= 4(-2\cos^2 x + \cos x + 1)$$

$$= -4(2\cos^2 x - \cos x - 1)$$

$$\therefore f'(x) = -4(2\cos x + 1)(\cos x - 1)$$ ……②

これから，$f'(x) = 0$ のとき，$\cos x = -\dfrac{1}{2}$ または 1
となる。よって，$0 \le x \le \pi$ より，

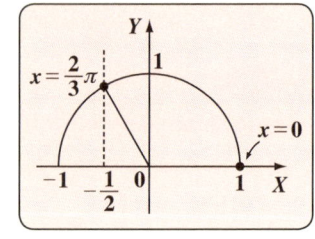

（ⅰ）$\cos x = 1$ のとき，$x = 0$　　（ⅱ）$\cos x = -\dfrac{1}{2}$ のとき，$x = \dfrac{2}{3}\pi$

よって，$y = f(x)$ $(0 \leqq x \leqq \pi)$ の
増減表は右のようになる。
ここで，①より，

・$f(0) = f(\pi) = 0$

・極大値 $f\left(\dfrac{2}{3}\pi\right)$ は，

$$f\left(\dfrac{2}{3}\pi\right) = 4 \cdot \dfrac{\sqrt{3}}{2}\left\{1 - \left(-\dfrac{1}{2}\right)\right\}$$
$$= 2\sqrt{3} \times \dfrac{3}{2} = 3\sqrt{3}$$

となる。

　また，$y = f(x)$ は奇関数
なので，$y = f(x)$ のグラフ
は原点 O に関して点対称と
なることも考慮に入れると，
$y = f(x) = 4\sin x(1 - \cos x)$

$(-\pi \leqq x \leqq \pi)$ のグラフの
概形は右図のようになる。
　　　　　　　……（答）

$f(x)$ の増減表 $(0 \leqq x \leqq \pi)$

x	0		$\dfrac{2}{3}\pi$		π
$f'(x)$	0	$+$	0	$-$	
$f(x)$	0	↗	$3\sqrt{3}$	↘	0

・$0 \leqq x \leqq \dfrac{2}{3}\pi$ の範囲の x として，

$x = \dfrac{\pi}{3}$ のとき，②より，

$f'\left(\dfrac{\pi}{3}\right) = \underset{\ominus}{-4} \cdot \underset{\oplus}{\left(2 \cdot \dfrac{1}{2} + 1\right)}\underset{\ominus}{\left(\dfrac{1}{2} - 1\right)} > 0$

・$\dfrac{2}{3}\pi \leqq x \leqq \pi$ の範囲の x として，

$x = \dfrac{3}{4}\pi$ のとき，②より，

$f'\left(\dfrac{3}{4}\pi\right) = \underset{\ominus}{-4}\underset{\ominus}{\left\{2 \cdot \left(-\dfrac{1}{\sqrt{2}}\right) + 1\right\}}\underset{\ominus}{\left(-\dfrac{1}{\sqrt{2}} - 1\right)} < 0$

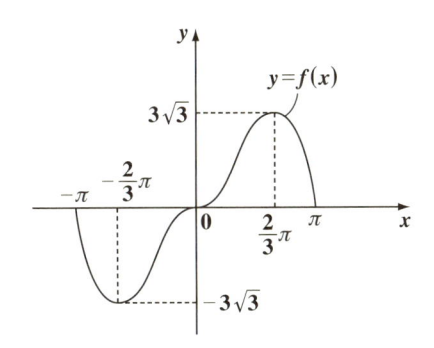

99

関数のグラフ (Ⅵ)

関数 $y = f(x) = \dfrac{2x^2}{x^2+1}$ ……① の増減・凹凸を調べて，この関数の
グラフの概形を描け。

ヒント! ①の関数 $y = f(x)$ について，考えてみよう。

(ⅰ) $f(-x) = f(x)$ をみたすので，偶関数。
　　よって，$y = f(x)$ は y 軸に対称なグラフ
　　なので，$x \geqq 0$ について調べればいい。

(ⅱ) $f(0) = 0$ より，原点 O を通る。

(ⅲ) $x \geqq 0$ のとき，$y = f(x) \geqq 0$

(ⅳ) $\displaystyle \lim_{x \to \infty} f(x) = \lim_{x \to \infty} \dfrac{(2x^2)'}{(x^2+1)'} = \lim_{x \to \infty} \dfrac{4x}{2x} = 2$

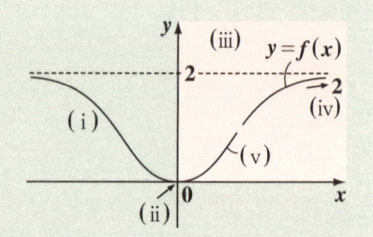

(ⅴ) 原点 O から，$x > 0$ にかけて，$y = f(x)$ は，ニョロニョロする程複雑では
　　ないので，単調に増加する。

$y = f(x)$ は偶関数より，$x \geqq 0$ のときの $y = f(x)$ のグラフを y 軸に関して対称移動
すればよい。これで，$y = f(x)$ のグラフがほぼ分かるんだね。

解答 & 解説

$y = f(x) = \dfrac{2x^2}{x^2+1}$ ……① について，

$f(-x) = \dfrac{2(-x)^2}{(-x)^2+1} = \dfrac{2x^2}{x^2+1} = f(x)$ が成り立つので，$y = f(x)$ は偶関数である。

よって，$y = f(x)$ のグラフは y 軸に関して対称なので，まず，$x \geqq 0$ の範囲に
ついて調べる。

①を x で微分して，

$$\left(\dfrac{f}{g}\right)' = \dfrac{f' \cdot g - f \cdot g'}{g^2}$$

$f'(x) = 2 \cdot \dfrac{2x \cdot (x^2+1) - x^2 \cdot 2x}{(x^2+1)^2} = \dfrac{4}{\underbrace{(x^2+1)^2}_{\oplus}} \cdot \underset{\boxed{0 \text{以上}}}{x} \geqq 0 \quad (\because x \geqq 0)$

よって，$x = 0$ のとき，$f'(x) = 0$ で，$x > 0$ のとき，$f'(x) > 0$ より，関数 $y = f(x)$
は $x \geqq 0$ で単調に増加する。

また，極小値 $f(0)=0$ である。

$f'(x)$ をさらに x で微分して，

$$\left(\frac{f}{g}\right)' = \frac{f' \cdot g - f \cdot g'}{g^2}$$

$$f''(x) = 4 \cdot \left\{\frac{x}{(x^2+1)^2}\right\}' = 4 \cdot \frac{1 \cdot (x^2+1)^2 - x \cdot 2(x^2+1) \cdot 2x}{(x^2+1)^4}$$

$$= 4 \cdot \frac{x^2+1-4x^2}{(x^2+1)^3}$$

分子・分母を (x^2+1) で割った。

$$= \underset{\oplus}{\underline{\frac{4}{(x^2+1)^3}}} \underset{\oplus}{\underline{(1-3x^2)}}$$

$$\widetilde{f''(x)} = \begin{cases} \oplus \\ \textcircled{0} \\ \ominus \end{cases}$$

$f''(x)$ の符号に関する本質的な部分

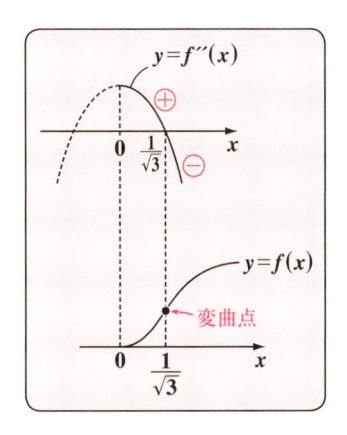

よって，$f''(x)=0$ のとき，$1-3x^2=0$

$$x^2 = \frac{1}{3} \qquad \therefore x = \frac{1}{\sqrt{3}} \quad (\because x \geqq 0)$$

$$f\left(\frac{1}{\sqrt{3}}\right) = \frac{2 \cdot \frac{1}{3}}{\frac{1}{3}+1} = \frac{2}{1+3} = \frac{1}{2} \quad \text{より，}$$

変曲点 $\left(\dfrac{1}{\sqrt{3}}, \ \dfrac{1}{2}\right)$ となる。

以上より，$y=f(x) \ (x \geqq 0)$ の増減・凹凸表は右のようになる。

$f(x)$ の増減・凹凸表 $(x \geqq 0)$

x	0		$\dfrac{1}{\sqrt{3}}$	
$f'(x)$	0	$+$	$+$	$+$
$f''(x)$		$+$	0	$-$
$f(x)$	0	↗	$\dfrac{1}{2}$	↗

次に，$x \to \infty$ の極限を調べると，

$$\lim_{x \to \infty} \frac{2x^2}{x^2+1} \ \underset{\frac{\infty}{\infty}\text{の不定形}}{=} \ \lim_{x \to \infty} \frac{(2x^2)'}{(x^2+1)'} \ \underset{\text{ロピタル}}{=} \ \lim_{x \to \infty} \frac{4x}{2x} = \lim_{x \to \infty} 2 = 2$$

さらに，偶関数 $y=f(x)$ が y 軸に関して対称なグラフであることを考慮に入れると，$y=f(x)$ のグラフの概形は右図のようになる。 ………(答)

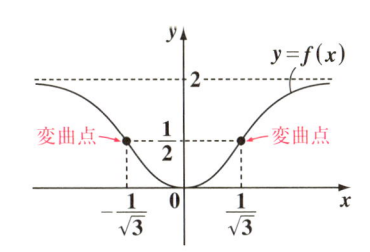

方程式への応用（Ⅰ）

方程式 $2x^2 = ae^x$ ……① $(a：定数)$ の実数解の個数を調べよ。

ヒント！ ①は，文字定数 a を含む方程式になっている。この場合，a を分離して，$f(x) = a$ の形にし，さらにこれを 2 つの関数 $y = f(x)$ と $y = a$ に分解すると，これらのグラフの共有点の x 座標が，①の方程式の実数解になるんだね。

解答＆解説

方程式 $2x^2 = ae^x$ ……① $(a：定数)$ を変形して，

$2x^2 e^{-x} = a$ ……①′ とし，さらに①′を次の 2 つの関数：

$$\begin{cases} y = f(x) = 2x^2 e^{-x} \cdots\cdots② \\ y = a \cdots\cdots\cdots\cdots\cdots③ \end{cases}$$ に分解すると，②と③のグラフの共有点の x 座標

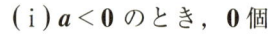

定数関数，つまり x 軸に平行な直線を表す。

が①の実数解になる。

よって，②と③のグラフの共有点の個数が，①の方程式の実数解の個数になる。ここで，②の関数のグラフは右図のようになる。

（演習問題 **55**（**P92**）参照）

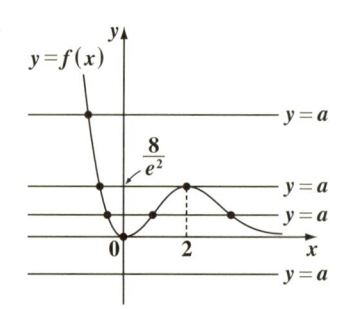

∴グラフから，①の実数解の個数は，

(ⅰ) $a < 0$ のとき，**0** 個

(ⅱ) $a = 0$ または $a > \dfrac{8}{e^2}$ のとき，**1** 個

(ⅲ) $a = \dfrac{8}{e^2}$ のとき，**2** 個

(ⅳ) $0 < a < \dfrac{8}{e^2}$ のとき，**3** 個　になる。………………………（答）

方程式への応用 (Ⅱ)

方程式 $4 - 2x^3 = ax$ ……① (a：定数) の実数解の個数を調べよ。

ヒント! これも文字定数 a を含む方程式の問題なので，①を $f(x) = a$ の形にして，さらに $y = f(x)$ と $y = a$ に分解して，2 つの関数のグラフの共有点の個数を調べよう。

解答 & 解説

方程式 $4 - 2x^3 = ax$ ……① (a：定数) について，<u>$x \neq 0$ より</u>，

> $x = 0$ のとき，①は $4 = 0$ となって矛盾する。よって，$x \neq 0$ だ。(背理法)

①の両辺を x で割って，

$\dfrac{4}{x} - 2x^2 = a$ ……①′ とし，さらに①′ を次の 2 つの関数：

$$\begin{cases} y = f(x) = \dfrac{4}{x} - 2x^2 & ……② \quad (x \neq 0) \\ y = a & ……③ \end{cases}$$ に分解すると，②と③の共有点の x 座標が

①の方程式の解になる。

よって，②と③のグラフの共有点の個数が，①の方程式の実数解の個数になる。ここで，②の関数のグラフは右図のようになる。

(演習問題 57 (P96) 参照)

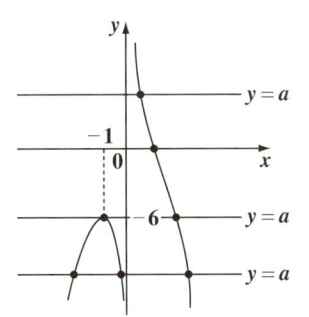

∴ グラフから，①の実数解の個数は，

(ⅰ) $a > -6$ のとき，**1** 個

(ⅱ) $a = -6$ のとき，**2** 個

(ⅲ) $a < -6$ のとき，**3** 個　になる。……………………………………(答)

不等式への応用（I）

$x > -1$ をみたすすべての実数 x に対して，

不等式：$2\log(x+1) \leqq k(x+1)$ ……① $(k：定数)$ が成り立つような，

定数 k の最小値を求めよ。

ヒント! 文字定数 k を含む不等式①を，$f(x) \leqq k$ の形にして，$y = f(x)$ と $y = k$ とおくと，グラフから，$y = f(x)$ の最大値が k の最小値となることが分かるはずだ。

解答＆解説

不等式 $2\log(x+1) \leqq k(x+1)$ ……① $(x > -1)$ の両辺を

$x+1$ (>0) で割って，

$$\frac{2\log(x+1)}{x+1} \leqq k \quad ……①'$$ とし，さらに①'を次の2つの関数：

$$\begin{cases} y = f(x) = \dfrac{2\log(x+1)}{x+1} \quad ……② \ (x > -1) \\ y = k \quad ……………………③ \end{cases}$$ に分解する。すると，

$x > -1$ をみたすすべての実数 x に対して，①'，すなわち①が成り立つための k の条件は，k が $y = f(x)$ の最大値以上となることである。

ここで，②の $y = f(x)$ のグラフは右図のようになり（演習問題 **54**（**P90**）参照），その最大値は $f(e-1) = \dfrac{2}{e}$ である。

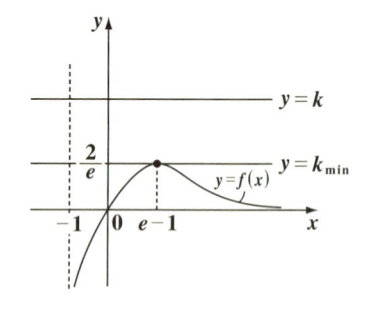

よって，k のみたすべき条件は，

$$k \geqq \frac{2}{e} \quad ……④$$ である。

④より，k の最小値は $\dfrac{2}{e}$ である。 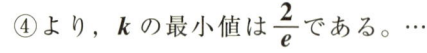 ……………………………(答)

不等式への応用 (Ⅱ)

演習問題 63

$x > 0$ をみたすすべての実数 x に対して,

不等式:$4x\sqrt{x} + 2 \geqq kx$ ……① $(k:定数)$ が成り立つような,

定数 k の最大値を求めよ。

ヒント! 文字定数 k を含む不等式①を,$f(x) \geqq k$ の形にして,$y = f(x)$ と $y = k$ とおくと,グラフから,$y = f(x)$ の最小値が k の最大値となることが分かるんだね。

解答&解説

不等式 $4x\sqrt{x} + 2 \geqq kx$ ……① $(x > 0)$ の両辺を

$x \ (>0)$ で割って,

$4\sqrt{x} + \dfrac{2}{x} \geqq k$ ……①' とし,さらに①'を次の 2 つの関数:

$\begin{cases} y = f(x) = 4\sqrt{x} + \dfrac{2}{x} \ ……② \ (x > 0) \\ y = k \ ……………………③ \end{cases}$ に分解する。すると,

$x > 0$ をみたすすべての実数 x に対して,①',すなわち①が成り立つための

k の条件は,k が $y = f(x)$ の

最小値以下となることである。

ここで,②の $y = f(x)$ のグラフ
は右図のようになり(演習問題
56 (P94) 参照),その最小値は

$f(1) = 6$ である。

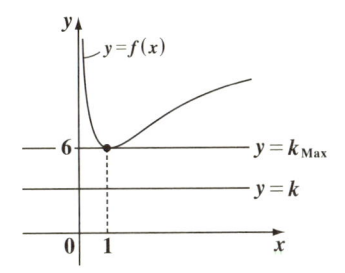

よって,k のみたすべき条件は,

$k \leqq 6$ ……④ である。

④より,k の最大値は **6** である。 ………………………………………(答)

マクローリン展開（I）

$f(x) = e^{2x}$ を，次の公式を使って，マクローリン展開せよ。

$$f(x) = f(0) + \frac{f^{(1)}(0)}{1!}x + \frac{f^{(2)}(0)}{2!}x^2 + \frac{f^{(3)}(0)}{3!}x^3 + \cdots + \frac{f^{(n)}(0)}{n!}x^n + \cdots \quad \cdots\cdots (*)$$

ヒント！ e^x のマクローリン展開は，$e^x = 1 + \dfrac{x}{1!} + \dfrac{x^2}{2!} + \dfrac{x^3}{3!} + \cdots + \dfrac{x^n}{n!} + \cdots \ (-\infty < x < \infty)$

より，この x に，$2x$ を代入すれば，$e^{2x} = 1 + \dfrac{2x}{1!} + \dfrac{(2x)^2}{2!} + \dfrac{(2x)^3}{3!} + \cdots + \dfrac{(2x)^n}{n!} + \cdots$
と答えはすぐに出せる。しかし，ここでは，$(*)$ の公式を使って，e^{2x} をマクローリン展開してみよう！

解答＆解説

$f(x) = e^{2x}$ より，これを 1 回，2 回，3 回，$\cdots$，n 回，$\cdots$ 微分すると，
$f^{(1)}(x) = 2e^{2x}$，$f^{(2)}(x) = 2^2 \cdot e^{2x}$，$f^{(3)}(x) = 2^3 \cdot e^{2x}$，$\cdots$，$f^{(n)}(x) = 2^n \cdot e^{2x}$，$\cdots$
となる。

よって，$f^{(1)}(0) = 2 \cdot \underset{1}{e^0} = 2$，$f^{(2)}(0) = 2^2 \cdot \underset{1}{e^0} = 2^2$，$f^{(3)}(0) = 2^3 \cdot \underset{1}{e^0} = 2^3$，$\cdots$，

$f^{(n)}(0) = 2^n \cdot \underset{1}{e^0} = 2^n$，$\cdots$ となる。また，$f(0) = e^0 = 1$ である。

以上より，公式 $(*)$ を用いて，$f(x) = e^{2x}$ をマクローリン展開すると，
$f(x) = e^{2x}$

$$= f(0) + \frac{f^{(1)}(0)}{1!}x + \frac{f^{(2)}(0)}{2!}x^2 + \frac{f^{(3)}(0)}{3!}x^3 + \cdots + \frac{f^{(n)}(0)}{n!}x^n + \cdots$$

$$= 1 + \frac{2}{1!}x + \frac{2^2}{2!}x^2 + \frac{2^3}{3!}x^3 + \cdots + \frac{2^n}{n!}x^n + \cdots$$

$$\therefore f(x) = 1 + \frac{2x}{1!} + \frac{(2x)^2}{2!} + \frac{(2x)^3}{3!} + \cdots + \frac{(2x)^n}{n!} + \cdots \quad (-\infty < x < \infty)$$

となる。$\cdots\cdots\cdots\cdots\cdots\cdots\cdots\cdots\cdots\cdots\cdots\cdots\cdots\cdots\cdots\cdots\cdots\cdots$（答）

これは，$e^x = 1 + \dfrac{x}{1!} + \dfrac{x^2}{2!} + \dfrac{x^3}{3!} + \cdots + \dfrac{x^n}{n!} + \cdots \ (-\infty < x < \infty)$ の x に
$2x$ を代入したものと一致する。

マクローリン展開 (II)

$f(x) = \sin 3x$ を，次の公式を使って，マクローリン展開せよ。

$$f(x) = f(0) + \frac{f^{(1)}(0)}{1!}x + \frac{f^{(2)}(0)}{2!}x^2 + \frac{f^{(3)}(0)}{3!}x^3 + \cdots + \frac{f^{(n)}(x)}{n!}x^n + \cdots \quad \cdots\cdots(*)$$

ヒント! $\sin x$ のマクローリン展開 $\sin x = \dfrac{x}{1!} - \dfrac{x^3}{3!} + \dfrac{x^5}{5!} - \dfrac{x^7}{7!} + \cdots \quad (-\infty < x < \infty)$

より，この x の代わりに $3x$ を代入すれば，結果が得られるが，ここでは，$(*)$ の式を用いて，マクローリン展開する。

解答 & 解説

$f(x) = \sin 3x$ を 1 回，2 回，$\cdots$，7 回，$\cdots$，微分すると，

$f^{(1)}(x) = 3\cos 3x$, $f^{(2)}(x) = -3^2\sin 3x$, $f^{(3)}(x) = -3^3\cos 3x$,

$f^{(4)}(x) = 3^4\sin 3x$, $f^{(5)}(x) = 3^5\cos 3x$, $f^{(6)}(x) = -3^6\sin 3x$,

$f^{(7)}(x) = -3^7\cos 3x$, $\cdots\cdots$ となる。

よって，$f^{(1)}(0) = 3 \cdot \underset{1}{\underbrace{\cos 0}} = 3$, $f^{(2)}(x) = -3^2 \cdot \underset{0}{\underbrace{\sin 0}} = 0$,

$f^{(3)}(x) = -3^3 \cdot \underset{1}{\underbrace{\cos 0}} = -3^3$, $f^{(4)}(0) = 3^4 \cdot \underset{0}{\underbrace{\sin 0}} = 0$,

$f^{(5)}(x) = 3^5 \cdot \underset{1}{\underbrace{\cos 0}} = 3^5$, $f^{(6)}(x) = -3^6 \cdot \underset{0}{\underbrace{\sin 0}} = 0$,

$f^{(7)}(x) = -3^7 \cdot \underset{1}{\underbrace{\cos 0}} = -3^7$, $\cdots\cdots$ となる。また，$f(0) = \underset{0}{\underbrace{\sin 0}} = 0$ である。

以上より，公式 $(*)$ を用いて，$f(x) = \sin 3x$ をマクローリン展開すると，

$f(x) = \sin 3x$

$$= f(0) + \frac{f^{(1)}(0)}{1!}x + \frac{f^{(2)}(0)}{2!}x^2 + \frac{f^{(3)}(0)}{3!}x^3 + \frac{f^{(4)}(0)}{4!}x^4 + \frac{f^{(5)}(0)}{5!}x^5 + \frac{f^{(6)}(0)}{6!}x^6 + \frac{f^{(7)}(0)}{7!}x^7 + \cdots$$

$$= \frac{3}{1!}x - \frac{3^3}{3!}x^3 + \frac{3^5}{5!}x^5 - \frac{3^7}{7!}x^7 + \cdots$$

$$\therefore f(x) = \frac{3x}{1!} - \frac{(3x)^3}{3!} + \frac{(3x)^5}{5!} - \frac{(3x)^7}{7!} + \cdots \quad (-\infty < x < \infty) \text{ となる。} \cdots\cdots\cdots(答)$$

マクローリン展開 (Ⅲ)

$$e^x = 1 + \frac{x}{1!} + \frac{x^2}{2!} + \frac{x^3}{3!} + \frac{x^4}{4!} + \cdots \quad \cdots\cdots ① \text{ を利用して,}$$

次の関数 (i) $\cosh 3x = \dfrac{e^{3x} + e^{-3x}}{2}$ と (ii) $\sinh 3x = \dfrac{e^{3x} - e^{-3x}}{2}$ を

マクローリン展開せよ。

ヒント! ①式の x の代わりに $3x$ と $-3x$ を代入して, e^{3x} と e^{-3x} のマクローリン展開が導ける。これらを使って, 2 つの双曲線関数 (i) $\cosh 3x$ と (ii) $\sinh 3x$ をマクローリン展開しよう。

解答 & 解説

①の e^x のマクローリン展開の式の x の代わりに, $3x$ と $-3x$ を代入すると,

$$e^{3x} = 1 + \frac{3x}{1!} + \frac{(3x)^2}{2!} + \frac{(3x)^3}{3!} + \frac{(3x)^4}{4!} + \frac{(3x)^5}{5!} + \frac{(3x)^6}{6!} + \cdots \quad \cdots\cdots ②$$

$$e^{-3x} = 1 - \frac{3x}{1!} + \frac{(3x)^2}{2!} - \frac{(3x)^3}{3!} + \frac{(3x)^4}{4!} - \frac{(3x)^5}{5!} + \frac{(3x)^6}{6!} - \cdots \quad \cdots\cdots ③$$

$$\frac{(-3x)^3}{3!} = -\frac{(3x)^3}{3!} \qquad \frac{(-3x)^5}{5!} = -\frac{(3x)^5}{5!}$$

(i) ②+③ より,

$$e^{3x} + e^{-3x} = 2 + 2 \cdot \frac{(3x)^2}{2!} + 2 \cdot \frac{(3x)^4}{4!} + 2 \cdot \frac{(3x)^6}{6!} + \cdots$$

よって, この両辺を 2 で割ると, $\cosh 3x$ のマクローリン展開となる。

$$\cosh 3x = \frac{1}{2}\left(e^{3x} + e^{-3x}\right) = 1 + \frac{(3x)^2}{2!} + \frac{(3x)^4}{4!} + \frac{(3x)^6}{6!} + \cdots \quad \cdots\cdots\cdots (答)$$

(ii) ②−③ より,

$$e^{3x} - e^{-3x} = 2 \cdot \frac{3x}{1!} + 2 \cdot \frac{(3x)^3}{3!} + 2 \cdot \frac{(3x)^5}{5!} + 2 \cdot \frac{(3x)^7}{7!} + \cdots$$

よって, この両辺を 2 で割ると, $\sinh 3x$ のマクローリン展開となる。

$$\sinh 3x = \frac{1}{2}\left(e^{3x} - e^{-3x}\right) = \frac{3x}{1!} + \frac{(3x)^3}{3!} + \frac{(3x)^5}{5!} + \frac{(3x)^7}{7!} + \cdots \quad \cdots\cdots\cdots (答)$$

マクローリン展開 (Ⅳ)

$$\cos x = 1 - \frac{x^2}{2!} + \frac{x^4}{4!} - \frac{x^6}{6!} + \frac{x^8}{8!} - \cdots \ \cdots\cdots ①, \quad \sin x = \frac{x}{1!} - \frac{x^3}{3!} + \frac{x^5}{5!} - \frac{x^7}{7!} + \cdots \ \cdots\cdots ②$$

を利用して, (ⅰ) $\cos^2 3x$ と (ⅱ) $\sin x \cos x \cos 2x$ をマクローリン展開せよ。

ヒント! (ⅰ)では半角の公式 $\cos^2 3x = \dfrac{1}{2}(1 + \cos 6x)$ を, (ⅱ)では 2 倍角の公式 $\sin 2\theta = 2\sin\theta\cos\theta$ を利用して解いていこう。

解答&解説

(ⅰ) ①の x の代わりに $6x$ を代入すると,

$$\cos 6x = 1 - \frac{(6x)^2}{2!} + \frac{(6x)^4}{4!} - \frac{(6x)^6}{6!} + \frac{(6x)^8}{8!} - \cdots \ \cdots\cdots ③ \ \ となる。$$

ここで, 半角の公式より, $\cos^2 3x = \dfrac{1}{2}(1 + \cos 6x) = \dfrac{1}{2} + \dfrac{1}{2}\cos 6x \ \cdots\cdots ④$

④に③を代入すると,

$$\cos^2 3x = \frac{1}{2} + \frac{1}{2}\left\{ 1 - \frac{(6x)^2}{2!} + \frac{(6x)^4}{4!} - \frac{(6x)^6}{6!} + \frac{(6x)^8}{8!} - \cdots \right\}$$

$$= 1 - \frac{(6x)^2}{2 \cdot 2!} + \frac{(6x)^4}{2 \cdot 4!} - \frac{(6x)^6}{2 \cdot 6!} + \frac{(6x)^8}{2 \cdot 8!} - \cdots \ \ となる。 \ \cdots\cdots(答)$$

(ⅱ) ②の x の代わりに $4x$ を代入すると,

$$\sin 4x = \frac{4x}{1!} - \frac{(4x)^3}{3!} + \frac{(4x)^5}{5!} - \frac{(4x)^7}{7!} + \cdots \ \cdots\cdots ⑤ \ \ となる。$$

ここで, 2 倍角の公式 : $\sin 2\theta = 2\sin\theta\cos\theta$ より, $\sin\theta \cdot \cos\theta = \dfrac{1}{2}\sin 2\theta$

となる。これを 2 回利用すると,

$$\underbrace{\sin x \cdot \cos x}_{\boxed{\frac{1}{2}\sin 2x}} \cdot \cos 2x = \frac{1}{2} \cdot \underbrace{\sin 2x \cdot \cos 2x}_{\boxed{\frac{1}{2}\sin 4x}} = \frac{1}{4}\sin 4x \ \cdots\cdots ⑥ \ \ となる。$$

⑥に⑤を代入して,

$$\sin x \cos x \cos 2x = \frac{1}{4}\left\{ \frac{4x}{1!} - \frac{(4x)^3}{3!} + \frac{(4x)^5}{5!} - \frac{(4x)^7}{7!} + \cdots \right\}$$

$$= \frac{x}{1!} - \frac{4^2 x^3}{3!} + \frac{4^4 x^5}{5!} - \frac{4^6 x^7}{7!} + \cdots \ \ となる。 \ \cdots\cdots(答)$$

§1. 不定積分と定積分

不定積分の定義

$f(x)$ の原始関数の **1** つが $F(x)$ のとき，$f(x)$ の不定積分を $\displaystyle\int f(x)dx$ で表し，これを次のように定義する。

"インテグラル・$f(x)$・dx" と読む。

$$\int f(x)dx = F(x) + C$$

（$f(x)$：被積分関数，$F(x)$：原始関数の **1** つ，C：積分定数）

まず，不定積分の **8** つの公式を覚えよう。

不定積分の **8** つの基本公式

(1) $\displaystyle\int x^{\alpha}\,dx = \dfrac{1}{\alpha+1}x^{\alpha+1} + C$　　　(2) $\displaystyle\int \cos x\,dx = \sin x + C$

(3) $\displaystyle\int \sin x\,dx = -\cos x + C$　　　(4) $\displaystyle\int \dfrac{1}{\cos^2 x}\,dx = \tan x + C$

(5) $\displaystyle\int e^x\,dx = e^x + C$　　　(6) $\displaystyle\int a^x\,dx = \dfrac{a^x}{\log a} + C$

(7) $\displaystyle\int \dfrac{1}{x}\,dx = \log|x| + C$　　　(8) $\displaystyle\int \dfrac{f'(x)}{f(x)}\,dx = \log|f(x)| + C$

（ただし，$\alpha \neq -1$，$a > 0$ かつ $a \neq 1$，対数は自然対数，C：積分定数）

さらに，次の **2** つの不定積分の公式もよく使うので頭に入れておこう。

(9) $\displaystyle\int \dfrac{1}{\sqrt{1-x^2}}\,dx = \sin^{-1}x + C$　　　(10) $\displaystyle\int \dfrac{1}{1+x^2}\,dx = \tan^{-1}x + C$

不定積分の **2** つの性質

(1) $\displaystyle\int kf(x)dx = k\int f(x)dx$　　（k：定数）

(2) $\displaystyle\int \{f(x) \pm g(x)\}dx = \int f(x)dx \pm \int g(x)dx$　　（複号同順）

定積分の定義

閉区間 $a \leqq x \leqq b$ で，$f(x)$ の原始関数 $F(x)$ が存在するとき，定積分を次のように定義する。

$$\int_a^b f(x)dx = \Big[F(x)\Big]_a^b = F(b) - F(a)$$

定積分の結果は数値になる。

定積分の計算では，原始関数に積分定数 C がたされていても，
$\Big[F(x)+C\Big]_a^b = F(b)+\cancel{C} - \{F(a)+\cancel{C}\} = F(b) - F(a)$ となって，
どうせ引き算で打ち消し合う。よって，定積分の計算で C は不要だ。

合成関数の微分を逆に考えて，次の積分公式も利用する。

$\cos mx,\ \sin mx$ の積分公式

(1) $\displaystyle\int \cos mx\,dx = \frac{1}{m}\sin mx$　　(2) $\displaystyle\int \sin mx\,dx = -\frac{1}{m}\cos mx$

（ただし，m は 0 以外の実数，積分定数 C は省略）

$f^{\alpha}f'$ の積分

$f(x) = f,\ f'(x) = f'$ と略記すると，次の公式が成り立つ。

$$\int f^{\alpha} \cdot f'\,dx = \frac{1}{\alpha+1}f^{\alpha+1}$$ （ただし，$\alpha \neq -1$，積分定数 C は省略）

$(ex)\ \displaystyle\int_0^{\frac{\pi}{6}} \cos 3x\,dx = \frac{1}{3}\Big[\sin 3x\Big]_0^{\frac{\pi}{6}} = \frac{1}{3}\Big(\underbrace{\sin\frac{\pi}{2}}_{1} - \underbrace{\sin 0}_{0}\Big) = \frac{1}{3}$

$(ex)\ \displaystyle\int_0^{\frac{\pi}{4}} \underbrace{\sin^3 x}_{f^3}\cdot \underbrace{\cos x}_{f'}\,dx = \underbrace{\Big[\frac{1}{4}\sin^4 x\Big]_0^{\frac{\pi}{4}}}_{\frac{1}{4}f^4} = \frac{1}{4}\Big\{\Big(\frac{1}{\sqrt{2}}\Big)^4 - 0^4\Big\} = \frac{1}{4}\times\frac{1}{4} = \frac{1}{16}$

置換積分は，次の 3 つのステップに従って行う。

（i）被積分関数の中の（ある 1 固まりの x の関数）を t とおく。

（ii）t の積分区間を求める。

（iii）dx と dt の関係式を求める。

$$\int \frac{1}{\sqrt{a^2 - x^2}}\,dx, \ \int x^2\sqrt{a^2 - x^2}\,dx \ \text{などもこのパターン}$$

(1) $\displaystyle\int \sqrt{a^2 - x^2}\,dx$ などの場合, $x = a\sin\theta$ とおく。(a：正の定数)

これは, $x = a\cos\theta$ とおいてもいいよ。

(2) $\displaystyle\int \frac{1}{a^2 + x^2}\,dx$ の場合, $x = a\tan\theta$ (または $x = at$) とおく。(a：正の定数)

(3) $\displaystyle\int f(\sin x)\cdot\cos x\,dx$ の場合, $\sin x = t$ とおく。

(4) $\displaystyle\int f(\cos x)\cdot\sin x\,dx$ の場合, $\cos x = t$ とおく。

2つの関数の積の積分計算には，次の部分積分法が有効である。

(1) $\displaystyle\int_a^b f'\cdot g\,dx = \bigl[f\cdot g\bigr]_a^b - \int_a^b f\cdot g'\,dx$

複雑な積分 　　　　　　簡単化！

これらの不定積分の公式は,

(1) $\displaystyle\int f'g\,dx = fg - \int fg'\,dx$

(2) $\displaystyle\int fg'\,dx = fg - \int f'g\,dx$

となる。

(2) $\displaystyle\int_a^b f\cdot g'\,dx = \bigl[f\cdot g\bigr]_a^b - \int_a^b f'\cdot g\,dx$

複雑な積分 　　　　　　簡単化！

$(ex)\displaystyle\int_0^{\frac{\pi}{4}} x\cdot\cos 4x\,dx = \int_0^{\frac{\pi}{4}} x\cdot\left(\frac{1}{4}\sin 4x\right)'dx = \frac{1}{4}\Bigl[x\sin 4x\Bigr]_0^{\frac{\pi}{4}} - \frac{1}{4}\int_0^{\frac{\pi}{4}} 1\cdot\sin 4x\,dx$

$$= \frac{1}{16}\Bigl[\cos 4x\Bigr]_0^{\frac{\pi}{4}} = \frac{1}{16}(-1-1) = -\frac{1}{8}$$

§2. 定積分で表された関数，区分求積法

定積分の応用として，定積分で表された関数と，偶関数・奇関数の積分，および区分求積法の公式を示す。

定積分で表された関数

（Ⅰ）$\displaystyle\int_a^b f(t)dt$ （定数）　（a, b：定数）の場合，

$$\int_a^b f(t)dt = A（定数）とおく。$$

$\displaystyle\int f(t)dt = F(t)$ とおくと，

（Ⅰ）$\displaystyle\int_a^b f(t)dt = \Big[F(t)\Big]_a^b$
$$= F(b) - F(a)$$
$$= （定数） - （定数）$$
$$= \boxed{定数}$$

（Ⅱ）$\displaystyle\int_a^x f(t)dt$ （xの関数）　（a：定数，$\underline{x}$：変数）の場合，

　（ⅰ）xにaを代入して，$\displaystyle\int_a^a f(t)dt = 0$

　（ⅱ）xで微分して，$\left\{\displaystyle\int_a^x f(t)dt\right\}' = f(x)$

（Ⅱ）$\displaystyle\int_a^x f(t)dt = \Big[F(t)\Big]_a^x$
$$= F(x) - F(a)$$
$$= （xの関数） - （定数）$$
$$= \boxed{xの関数}$$

偶関数・奇関数と定積分

（Ⅰ）$f(x)$：偶関数のとき，定義：$f(-x) = f(x)$

　y軸に関して対称なグラフとなるので，

$$\int_{-a}^a f(x)dx = 2\int_0^a f(x)dx$$

右半分の面積を求めて**2**倍すればいい！

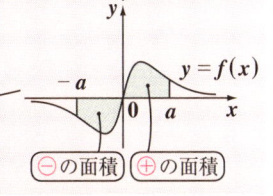

（Ⅱ）$f(x)$：奇関数のとき，定義：$f(-x) = -f(x)$

　原点に関して対称なグラフとなるので，

$$\int_{-a}^a f(x)dx = 0$$

絶対値が等しい $\oplus\ominus$ の面積で打ち消し合う。

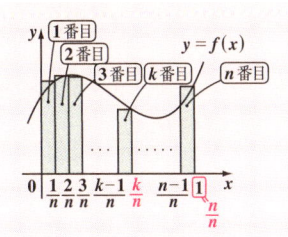

$\ominus$の面積　$\oplus$の面積

区分求積法の公式

$$\lim_{n\to\infty}\frac{1}{n}\sum_{k=1}^n f\left(\frac{k}{n}\right) = \int_0^1 f(x)dx$$

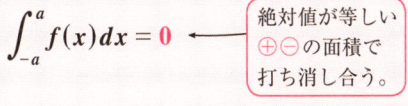

§3. 面積・体積・曲線の長さの計算

面積の計算

区間 $[a, b]$ において 2 曲線
$y = f(x)$（上側）と $y = g(x)$（下側）
で挟まれる図形の面積 S は，

$$S = \int_a^b \{f(x) - g(x)\}dx \quad である。$$
上側　下側

特に，$y = f(x)$ と x 軸とで挟まれ
る図形の面積 S は，

（ⅰ）$f(x) \geqq 0$ のとき，$S = \int_a^b f(x)dx$ 　　（ⅱ）$f(x) \leqq 0$ のとき，$S = -\int_a^b f(x)dx$

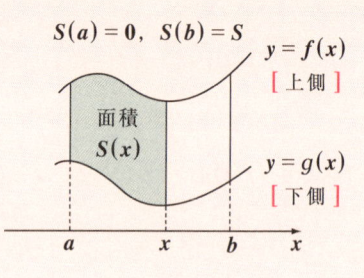

$S(a) = 0, \ S(b) = S$
$y = f(x)$
[上側]
面積 $S(x)$
$y = g(x)$
[下側]

(ex) 曲線 $y = e^x - 1$ と x 軸と直線 $x = -1$ と $x = 1$
　　とで囲まれる図形の面積 S を求めると，

$$S = -\int_{-1}^0 (e^x - 1)dx + \int_0^1 (e^x - 1)dx$$
0 以下　　　　0 以上

$$= -\big[e^x - x\big]_{-1}^0 + \big[e^x - x\big]_0^1$$

$$= -(1 - 0) + e^{-1} \not{+1} + e^1 \not{-1} - (1 - 0) = e + e^{-1} - 2 \quad となる。$$

y
$y = e^x - 1$
-1
0　1　x
$x = -1$　　$x = 1$

体積の計算

区間 $[a, b]$ に存在する立体を
x 軸に垂直な平面で切った立体
の断面積が $S(x)$ であるとき，
この立体の体積 V は，

$$V = \int_a^b S(x)dx$$
で計算できる。

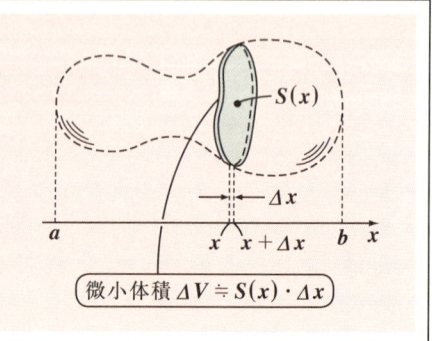

$S(x)$
Δx
a　　　　$x \ \ x + \Delta x$　b　x
微小体積 $\Delta V \fallingdotseq S(x) \cdot \Delta x$

回転体の体積計算の公式

（ⅰ）x 軸のまわりの回転体の体積 V_x

$$V_x = \pi \int_a^b \underbrace{y^2}_{S(x)} dx = \pi \int_a^b \underbrace{\{f(x)\}^2}_{S(x)} dx$$

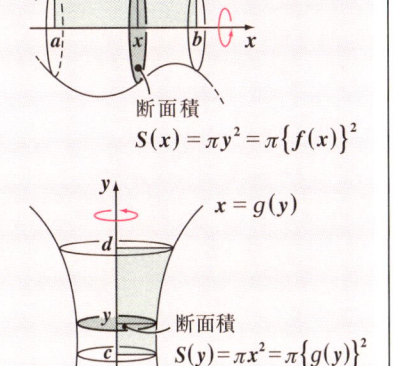

断面積
$$S(x) = \pi y^2 = \pi \{f(x)\}^2$$

（ⅱ）y 軸のまわりの回転体の体積 V_y

$$V_y = \pi \int_c^d \underbrace{x^2}_{S(y)} dy = \pi \int_c^d \underbrace{\{g(y)\}^2}_{S(y)} dy$$

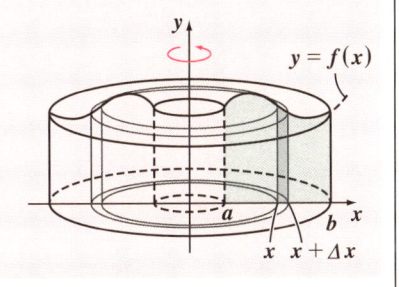

断面積
$$S(y) = \pi x^2 = \pi \{g(y)\}^2$$

　y 軸のまわりの回転体の体積計算では，次のバウムクーヘン型積分もよく使われる。

バウムクーヘン型積分

（y 軸のまわりの回転体の体積）
$y = f(x)$ $(a \leqq x \leqq b)$ と x 軸とで挟まれる部分を，y 軸のまわりに回転してできる回転体の体積 V_y は，

$$V_y = 2\pi \int_a^b x f(x)\, dx \quad [f(x) \geqq 0]$$

曲線の長さの計算

（ⅰ）曲線 $y = f(x)$ $(a \leqq x \leqq b)$ の長さ L は，

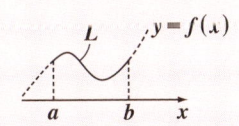

$$L = \int_a^b \sqrt{1 + \{f'(x)\}^2}\, dx$$

（ⅱ）曲線 $x = f(\theta)$, $y = g(\theta)$ $(\alpha \leqq \theta \leqq \beta)$ の長さ L は，

$$L = \int_\alpha^\beta \sqrt{\left(\frac{dx}{d\theta}\right)^2 + \left(\frac{dy}{d\theta}\right)^2}\, d\theta$$

§4. 媒介変数表示された曲線と面積計算

媒介変数表示された曲線

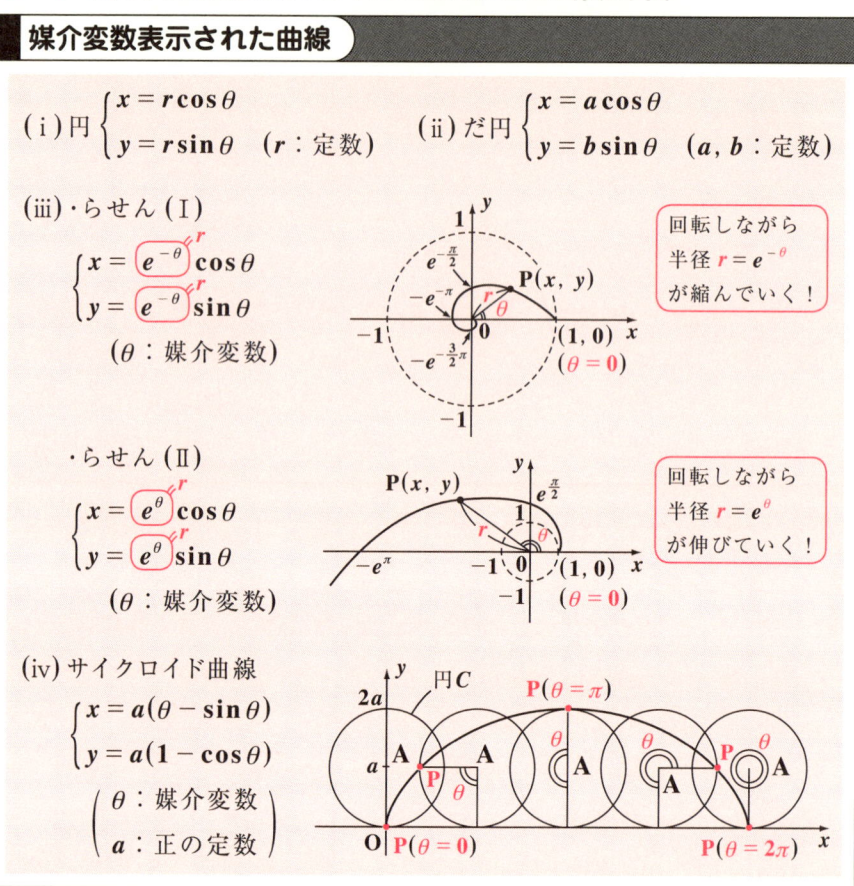

（i）円 $\begin{cases} x = r\cos\theta \\ y = r\sin\theta \quad (r：定数) \end{cases}$　　（ii）だ円 $\begin{cases} x = a\cos\theta \\ y = b\sin\theta \quad (a, b：定数) \end{cases}$

（iii）・らせん（Ⅰ）

$\begin{cases} x = \boxed{e^{-\theta}}^{r}\cos\theta \\ y = \boxed{e^{-\theta}}^{r}\sin\theta \end{cases}$

（θ：媒介変数）

回転しながら
半径 $r = e^{-\theta}$
が縮んでいく！

・らせん（Ⅱ）

$\begin{cases} x = \boxed{e^{\theta}}^{r}\cos\theta \\ y = \boxed{e^{\theta}}^{r}\sin\theta \end{cases}$

（θ：媒介変数）

回転しながら
半径 $r = e^{\theta}$
が伸びていく！

（iv）サイクロイド曲線

$\begin{cases} x = a(\theta - \sin\theta) \\ y = a(1 - \cos\theta) \end{cases}$

$\begin{pmatrix} \theta：媒介変数 \\ a：正の定数 \end{pmatrix}$

　媒介変数表示された曲線と x 軸とで挟まれる図形の面積計算のやり方を覚えよう。

（i）まず，曲線が $y = f(x) \ (\geqq 0)$ と表されているものとして，面積の式

$$S = \int_a^b y\,dx \quad を立てる。$$

（ii）次に，これを θ での積分に切り換える。すなわち，

$$S = \int_a^b y\,dx = \int_\alpha^\beta y \cdot \frac{dx}{d\theta}\,d\theta \quad \begin{pmatrix} ただし，x：a \to b \ のとき \\ \theta：\alpha \to \beta \ とする。 \end{pmatrix}$$

§5. 極方程式と面積計算

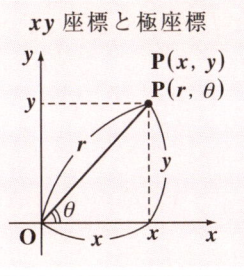

xy 座標と極座標

$$(1) \begin{cases} x = r\cos\theta \\ y = r\sin\theta \end{cases} \qquad (2)\ x^2 + y^2 = r^2$$

三角関数の定義より

三平方の定理より

極方程式の例

(i) 原点 O を中心とする半径 5 の円　: $r = 5$

(ii) 直線 $y = \sqrt{3}\,x$　: $\theta = \dfrac{\pi}{3}$

(iii) らせん (I) $\begin{cases} x = e^{-\theta}\cos\theta \\ y = e^{-\theta}\sin\theta \end{cases}$: $r = e^{-\theta}$

らせん (II) $\begin{cases} x = e^{\theta}\cos\theta \\ y = e^{\theta}\sin\theta \end{cases}$: $r = e^{\theta}$

さらに，2 次曲線の極方程式も頭に入れておこう。

$$r = \frac{k}{1 - e\cos\theta} \ \cdots① \ \left[\, \text{または，} \ r = \frac{k}{1 + e\cos\theta} \ \cdots② \,\right] \quad (k:\text{正の定数，} e:\text{離心率})$$

①，②の極方程式は，

$$\begin{cases} \cdot\, 0 < e < 1 \ \text{のとき，だ円を表し，} \\ \cdot\, e = 1 \ \text{のとき，放物線を表し，} \\ \cdot\, 1 < e \ \text{のとき，双曲線を表す。} \end{cases}$$

極方程式が $r = f(\theta)$ の形で表されるとき，この曲線と 2 直線 $\theta = \alpha$，$\theta = \beta$ $(\alpha < \beta)$ とで囲まれる図形の面積 S は，

$$S = \frac{1}{2}\int_{\alpha}^{\beta} r^2\, d\theta \quad \text{で計算できる。}$$

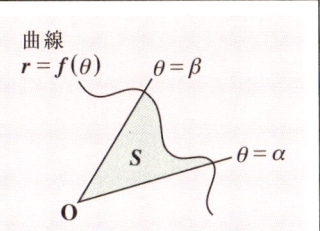

曲線
$r = f(\theta)$

117

定積分の計算（Ⅰ）

次の定積分を計算せよ。

(1) $\displaystyle\int_1^4 \frac{x^2+1}{\sqrt{x}}\,dx$ 　　　　　　(2) $\displaystyle\int_0^{\frac{\pi}{4}} (2\cos x - 3\sin x)\,dx$

(3) $\displaystyle\int_1^2 \frac{1}{x^2+2x}\,dx$

ヒント！ 定積分の基本問題だ。8つの積分公式をうまく使って解いていこう！

解答＆解説

(1) $\displaystyle\int_1^4 \frac{x^2+1}{x^{\frac{1}{2}}}\,dx = \int_1^4 \left(x^{2-\frac{1}{2}} + x^{-\frac{1}{2}}\right) dx$

$$\boxed{\int x^\alpha dx = \frac{1}{\alpha+1} x^{\alpha+1} + C}$$

$\displaystyle\qquad = \int_1^4 \left(x^{\frac{3}{2}} + x^{-\frac{1}{2}}\right) dx = \left[\frac{2}{5} x^{\frac{5}{2}} + 2x^{\frac{1}{2}}\right]_1^4$

$\displaystyle\qquad = \frac{2}{5}\cdot 4^{\frac{5}{2}} + 2\cdot 4^{\frac{1}{2}} - \frac{2}{5} - 2 = \frac{64-2}{5} + 2 = \frac{62+10}{5} = \frac{72}{5}$ …………(答)

$\boxed{2^5=32}$ 　$\boxed{\sqrt{4}=2}$

(2) $\displaystyle\int_0^{\frac{\pi}{4}} (2\cos x - 3\sin x)\,dx = \left[2\sin x + 3\cos x\right]_0^{\frac{\pi}{4}}$

$$\boxed{\begin{array}{l}\cdot\displaystyle\int \sin x\, dx = -\cos x + C \\ \cdot\displaystyle\int \cos x\, dx = \sin x + C\end{array}}$$

$\displaystyle\qquad = 2\sin\frac{\pi}{4} + 3\cos\frac{\pi}{4} - 2\underset{0}{\sin 0} - 3\underset{1}{\cos 0}$

$\boxed{\frac{\sqrt{2}}{2}}$ 　$\boxed{\frac{\sqrt{2}}{2}}$

$\displaystyle\qquad = \sqrt{2} + \frac{3}{2}\sqrt{2} - 3 = \frac{5\sqrt{2}-6}{2}$ ………………………(答)

(3) $\displaystyle\frac{1}{x^2+2x} = \frac{1}{x(x+2)} = \frac{1}{2}\left(\frac{1}{x} - \frac{1}{x+2}\right)$ より，　$\boxed{\text{部分分数に分解！}}$

$\displaystyle\qquad \int_1^2 \frac{1}{x^2+2x}\,dx = \frac{1}{2}\int_1^2 \left(\frac{1}{x} - \frac{1}{x+2}\right) dx$

$$\boxed{\begin{array}{l}\cdot\displaystyle\int \frac{1}{x}\,dx = \log|x| + C \\ \cdot\displaystyle\int \frac{f'}{f}\,dx = \log|f| + C \\ \left(\begin{array}{l}\text{ただし，今回は真数はすべて}\\ \text{正より，絶対値は不要だね。}\end{array}\right)\end{array}}$$

$\displaystyle\qquad = \frac{1}{2}\left[\log x - \log(x+2)\right]_1^2$

$\displaystyle\qquad = \frac{1}{2}\{\log 2 - \log 4 - (\underset{0}{\log 1} - \log 3)\}$

$\displaystyle\qquad = \frac{1}{2}(\log 2 - \log 4 + \log 3) = \frac{1}{2}\log\frac{2\times 3}{4} = \frac{1}{2}\log\frac{3}{2}$ …………(答)

定積分の計算 (Ⅱ)

次の定積分を計算せよ。

(1) $\displaystyle\int_0^1 (e^{x+1}+2^{x+1})dx$　　　　(2) $\displaystyle\int_0^1 \frac{x+1}{x^2+1}dx$

(3) $\displaystyle\int_0^{\frac{1}{2}} \frac{2\sqrt{1-x^2}+1}{\sqrt{1-x^2}}dx$

ヒント! (2)では，公式 $\displaystyle\int\frac{1}{1+x^2}dx=\tan^{-1}x+C$ を，(3)では，公式 $\displaystyle\int\frac{1}{\sqrt{1-x^2}}dx=\sin^{-1}x+C$ を使おう!

解答&解説

(1) $\displaystyle\int_0^1 (e^{x+1}+2^{x+1})dx=\int_0^1 (e\cdot e^x+2\cdot 2^x)dx$

$\cdot\displaystyle\int e^x dx=e^x+C$
$\cdot\displaystyle\int a^x dx=\frac{a^x}{\log a}+C$

$=\left[e\cdot e^x+2\cdot\dfrac{2^x}{\log 2}\right]_0^1$

$=e\cdot e+2\cdot\dfrac{2}{\log 2}-e\cdot 1-2\cdot\dfrac{1}{\log 2}=e^2-e+\dfrac{2}{\log 2}$ ·····(答)

(2) $\displaystyle\int_0^1 \frac{x+1}{x^2+1}dx=\int_0^1\left(\frac{1}{2}\cdot\frac{2x}{x^2+1}+\frac{1}{x^2+1}\right)dx$

$\cdot\displaystyle\int\frac{f'}{f}dx=\log|f|+C$
$\cdot\displaystyle\int\frac{1}{1+x^2}dx=\tan^{-1}x+C$

$=\left[\dfrac{1}{2}\log(x^2+1)+\tan^{-1}x\right]_0^1$

$=\dfrac{1}{2}\log 2+\underset{\frac{\pi}{4}}{\underline{\tan^{-1}1}}-\dfrac{1}{2}\underset{0}{\underline{\log 1}}-\underset{0}{\underline{\tan^{-1}0}}=\dfrac{1}{2}\log 2+\dfrac{\pi}{4}$ ·····(答)

(3) $\displaystyle\int_0^{\frac{1}{2}} \frac{2\sqrt{1-x^2}+1}{\sqrt{1-x^2}}dx=\int_0^{\frac{1}{2}}\left(2+\frac{1}{\sqrt{1-x^2}}\right)dx$

$\displaystyle\int\frac{1}{\sqrt{1-x^2}}dx=\sin^{-1}x+C$

$=\left[2x+\sin^{-1}x\right]_0^{\frac{1}{2}}=2\cdot\dfrac{1}{2}+\underset{\frac{\pi}{6}}{\underline{\sin^{-1}\dfrac{1}{2}}}-2\cdot 0-\underset{0}{\underline{\sin^{-1}0}}$

$=1+\dfrac{\pi}{6}=\dfrac{\pi+6}{6}$ ·····(答)

定積分の計算 (Ⅲ)

次の定積分を計算せよ。

(1) $\displaystyle\int_0^1 (e^x + e^{-x})^2 dx$

(2) $\displaystyle\int_0^{\frac{\pi}{4}} \frac{\cos^4 x + 1}{\cos^2 x} dx$

(3) $\displaystyle\int_{-\frac{\pi}{4}}^{\frac{\pi}{2}} (\sin 2x + \cos 2x)^2 dx$

(4) $\displaystyle\int_0^{\frac{\pi}{6}} \sin 4x \, dx$

> ヒント! (1)では，公式：$\displaystyle\int e^{ax} dx = \frac{1}{a} e^{ax} + C$ を用い，(2)(3)(4)では，公式：
> $\displaystyle\int \cos mx \, dx = \frac{1}{m} \sin mx + C$ や $\displaystyle\int \sin mx \, dx = -\frac{1}{m} \cos mx + C$ を使って解いていこう！

解答 & 解説

(1) $\displaystyle\int_0^1 \underbrace{(e^x + e^{-x})^2}_{e^{2x} + 2\underbrace{e^x \cdot e^{-x}}_{1} + e^{-2x}} dx = \int_0^1 (e^{2x} + e^{-2x} + 2) dx$

$$\int e^{ax} dx = \frac{1}{a} e^{ax} + C$$

$\displaystyle = \left[\frac{1}{2} e^{2x} - \frac{1}{2} e^{-2x} + 2x \right]_0^1 = \frac{1}{2} e^2 - \frac{1}{2} e^{-2} + 2 - \left(\frac{1}{2} \cdot e^0 - \frac{1}{2} e^0 + 2 \cdot 0 \right)$

$$\frac{1}{2} - \frac{1}{2} = 0$$

$\displaystyle = \frac{e^2}{2} - \frac{1}{2e^2} + 2 = \frac{e^4 + 4e^2 - 1}{2e^2}$ ....(答)

(2) $\displaystyle\int_0^{\frac{\pi}{4}} \frac{\cos^4 x + 1}{\cos^2 x} dx = \int_0^{\frac{\pi}{4}} \left(\underbrace{\cos^2 x}_{\frac{1}{2}(1 + \cos 2x)} + \frac{1}{\cos^2 x} \right) dx$ ← 半角の公式

$\displaystyle = \int_0^{\frac{\pi}{4}} \left(\frac{1}{2} + \frac{1}{2} \cos 2x + \frac{1}{\cos^2 x} \right) dx$

> $\displaystyle \cdot \int \frac{1}{\cos^2 x} dx = \tan x + C$
> $\displaystyle \cdot \int \cos mx \, dx = \frac{1}{m} \sin mx + C$

$\displaystyle = \left[\frac{1}{2} x + \frac{1}{4} \sin 2x + \tan x \right]_0^{\frac{\pi}{4}}$

$\displaystyle = \frac{\pi}{8} + \frac{1}{4} \underbrace{\sin \frac{\pi}{2}}_{1} + \underbrace{\tan \frac{\pi}{4}}_{1} - \left(\frac{1}{2} \cdot 0 + \frac{1}{4} \cdot \underbrace{\sin 0}_{0} + \underbrace{\tan 0}_{0} \right)$

$\displaystyle = \frac{\pi}{8} + \frac{1}{4} + 1 = \frac{\pi}{8} + \frac{5}{4} = \frac{\pi + 10}{8}$ ....(答)

(3) $\displaystyle\int_{-\frac{\pi}{4}}^{\frac{\pi}{2}}(\sin 2x+\cos 2x)^2\,dx=\int_{-\frac{\pi}{4}}^{\frac{\pi}{2}}(1+\sin 4x)\,dx$

$$\underbrace{\sin^2 2x+2\sin 2x\cos 2x+\cos^2 2x}_{}=\underbrace{\sin^2 2x+\cos^2 2x}_{\boxed{1}}+\underbrace{2\sin 2x\cos 2x}_{\boxed{\sin 4x}}$$

2倍角の公式：$\sin 2\theta=2\sin\theta\cos\theta$

$$=\left[x-\frac{1}{4}\cos 4x\right]_{-\frac{\pi}{4}}^{\frac{\pi}{2}}$$

$\cdot\displaystyle\int\sin mx\,dx=-\frac{1}{m}\cos mx+C$

$$=\frac{\pi}{2}-\frac{1}{4}\underbrace{\cos 2\pi}_{\boxed{\cos 0=1}}-\left\{-\frac{\pi}{4}-\frac{1}{4}\cdot\underbrace{\cos(-\pi)}_{\boxed{\cos\pi=-1}}\right\}$$

$$=\frac{\pi}{2}-\frac{1}{4}+\frac{\pi}{4}-\frac{1}{4}=\frac{3}{4}\pi-\frac{1}{2}=\frac{3\pi-2}{4}\quad\cdots\cdots\cdots\cdots\cdots\text{(答)}$$

(4) $\displaystyle\int_0^{\frac{\pi}{6}}\sin^4 x\,dx=\int_0^{\frac{\pi}{6}}\frac{1}{4}\left\{1-2\cos 2x+\frac{1}{2}(1+\cos 4x)\right\}dx$

$$(\sin^2 x)^2=\left(\frac{1-\cos 2x}{2}\right)^2=\frac{1}{4}(1-2\cos 2x+\cos^2 2x)$$

半角の公式：$\sin^2\theta=\dfrac{1-\cos 2\theta}{2}$

$\dfrac{1}{2}(1+\cos 4x)$

半角の公式：$\cos^2\theta=\dfrac{1+\cos 2\theta}{2}$

$$=\frac{1}{4}\int_0^{\frac{\pi}{6}}\left(\frac{3}{2}-2\cos 2x+\frac{1}{2}\cos 4x\right)dx$$

$$=\frac{1}{4}\left[\frac{3}{2}x-\sin 2x+\frac{1}{8}\sin 4x\right]_0^{\frac{\pi}{6}}$$

$\cdot\displaystyle\int\cos mx\,dx=\frac{1}{m}\sin mx+C$

$$=\frac{1}{4}\left\{\frac{\pi}{4}-\underbrace{\sin\frac{\pi}{3}}_{\boxed{\frac{\sqrt{3}}{2}}}+\frac{1}{8}\underbrace{\sin\frac{2}{3}\pi}_{\boxed{\frac{\sqrt{3}}{2}}}-\left(\frac{3}{2}\cdot\cancel{0}-\underbrace{\cancel{\sin 0}}_{0}+\frac{1}{8}\cdot\underbrace{\cancel{\sin 0}}_{0}\right)\right\}$$

$$=\frac{1}{4}\left(\frac{\pi}{4}-\frac{\sqrt{3}}{2}+\frac{\sqrt{3}}{16}\right)=\frac{1}{64}(4\pi-8\sqrt{3}+\sqrt{3})$$

$$=\frac{4\pi-7\sqrt{3}}{64}\quad\cdots\cdots\cdots\cdots\cdots\cdots\cdots\cdots\cdots\cdots\cdots\cdots\cdots\cdots\text{(答)}$$

定積分の計算 (Ⅳ)

次の定積分を計算せよ。

(1) $\displaystyle\int_0^{\frac{\pi}{3}} \cos^3 x \sin x \, dx$

(2) $\displaystyle\int_1^{\sqrt{e}} \frac{(\log x)^3}{x} \, dx$

(3) $\displaystyle\int_0^{\frac{\pi}{3}} \frac{\tan^4 x}{\cos^2 x} \, dx$

(4) $\displaystyle\int_0^{\sqrt{3}} x\sqrt{x^2+1} \, dx$

(5) $\displaystyle\int_0^{\frac{1}{\sqrt{2}}} \frac{\sin^{-1} x}{\sqrt{1-x^2}} \, dx$

(6) $\displaystyle\int_0^1 \frac{(\tan^{-1} x)^2}{1+x^2} \, dx$

> **ヒント!** いずれの問題も，公式：$\displaystyle\int f^n \cdot f' \, dx = \frac{1}{n+1} f^{n+1} + C$ を用いる問題なんだね。
> これは，合成関数の微分を逆に考えることから導かれる，便利な積分公式なんだね。

解答 & 解説

(1) $\displaystyle\int_0^{\frac{\pi}{3}} \underset{f^3}{\cos^3 x} \cdot \sin x \, dx = -\int_0^{\frac{\pi}{3}} \underset{f^3}{\cos^3 x} \cdot \underset{f'}{(-\sin x)} \, dx$　　公式：$\displaystyle\int f^n \cdot f' \, dx = \frac{1}{n+1} f^{n+1}$

$\displaystyle = -\left[\underset{\frac{1}{4} f^4}{\frac{1}{4} \cos^4 x} \right]_0^{\frac{\pi}{3}} = -\frac{1}{4}\left(\underset{\left(\frac{1}{2}\right)^4}{\cos^4 \frac{\pi}{3}} - \underset{1^4}{\cos^4 0} \right)$

$\displaystyle = -\frac{1}{4}\left(\frac{1}{16} - 1 \right) = \frac{1}{4} \times \frac{15}{16} = \frac{15}{64}$　$\cdots\cdots$（答）

(2) $\displaystyle\int_1^{\sqrt{e}} \underset{f^3}{(\log x)^3} \cdot \underset{f'}{\frac{1}{x}} \, dx = \left[\underset{\frac{1}{4} f^4}{\frac{1}{4}(\log x)^4} \right]_1^{\sqrt{e}} = \frac{1}{4}\left\{ \underset{\left(\frac{1}{2}\log e\right)^4 = \left(\frac{1}{2}\right)^4}{(\log \sqrt{e})^4} - \underset{0}{(\log 1)^4} \right\}$

$\displaystyle = \frac{1}{4} \times \frac{1}{16} = \frac{1}{64}$　$\cdots\cdots$（答）

(3) $\displaystyle\int_0^{\frac{\pi}{3}} \underset{f^4}{\tan^4 x} \cdot \underset{f'}{\frac{1}{\cos^2 x}} \, dx = \left[\underset{\frac{1}{5} f^5}{\frac{1}{5} \tan^5 x} \right]_0^{\frac{\pi}{3}} = \frac{1}{5} \underset{(\sqrt{3})^5 = 9\sqrt{3}}{\tan^5 \frac{\pi}{3}} = \frac{9\sqrt{3}}{5}$　$\cdots\cdots$（答）

(4) $\displaystyle\int_0^{\sqrt{3}} x\cdot\sqrt{x^2+1}\,dx = \frac{1}{2}\int_0^{\sqrt{3}} \underbrace{(x^2+1)^{\frac{1}{2}}}_{f^{\frac{1}{2}}}\cdot\underbrace{2x}_{f'}\,dx$

$\displaystyle\quad = \frac{1}{2}\Big[\underbrace{\frac{2}{3}(x^2+1)^{\frac{3}{2}}}_{\frac{2}{3}f^{\frac{3}{2}}}\Big]_0^{\sqrt{3}} = \frac{1}{3}\Big\{\underbrace{(3+1)^{\frac{3}{2}}}_{4^{\frac{3}{2}}=2^3=8} - \underbrace{1^{\frac{3}{2}}}_{1}\Big\}$

$\displaystyle\quad = \frac{1}{3}(8-1) = \frac{7}{3}$ ....(答)

(5) $\displaystyle\int_0^{\frac{1}{\sqrt{2}}} \underbrace{\sin^{-1}x}_{f}\cdot\underbrace{\frac{1}{\sqrt{1-x^2}}}_{f'}\,dx = \Big[\underbrace{\frac{1}{2}(\sin^{-1}x)^2}_{\frac{1}{2}f^2}\Big]_0^{\frac{1}{\sqrt{2}}}$

$\displaystyle\quad = \frac{1}{2}\Big\{\underbrace{\Big(\sin^{-1}\frac{1}{\sqrt{2}}\Big)^2}_{\left(\frac{\pi}{4}\right)^2} - \underbrace{(\sin^{-1}0)^2}_{0^2}\Big\} = \frac{1}{2}\times\frac{\pi^2}{16} = \frac{\pi^2}{32}$ ....(答)

(6) $\displaystyle\int_0^1 \underbrace{(\tan^{-1}x)^2}_{f^2}\cdot\underbrace{\frac{1}{1+x^2}}_{f'}\,dx = \Big[\underbrace{\frac{1}{3}(\tan^{-1}x)^3}_{\frac{1}{3}f^3}\Big]_0^1$

$\displaystyle\quad = \frac{1}{3}\Big\{\underbrace{(\tan^{-1}1)^3}_{\left(\frac{\pi}{4}\right)^3} - \underbrace{(\tan^{-1}0)^3}_{0^3}\Big\}$

$\displaystyle\quad = \frac{1}{3}\times\frac{\pi^3}{64} = \frac{\pi^3}{192}$ ....(答)

演習問題 72　　　CHECK 1　　CHECK 2　　CHECK 3

次の定積分を置換積分法を用いて求めよ。

(1) $\displaystyle\int_0^{\sqrt{3}} x^3\sqrt{x^2+1}\,dx$

(2) $\displaystyle\int_0^2 x^2\sqrt{4-x^2}\,dx$

(3) $\displaystyle\int_0^5 \dfrac{1}{25+x^2}\,dx$

(4) $\displaystyle\int_{\frac{\pi}{6}}^{\frac{\pi}{2}} \dfrac{\cos x}{\sin^2 x+\sin x}\,dx$

ヒント！ (1)では，$x^2+1=t$ とおき，(2)では，$x=2\sin\theta$ とおこう。また，(3)で，$x=5t$ とおけばいい。(4)は，$f(\sin x)\cdot\cos x$ の形の定積分なので，$\sin x=t$ と置換するとうまくいくんだね。頑張ろう！

解答＆解説

(1) $\displaystyle\int_0^{\sqrt{3}} x^3\underline{\underline{\sqrt{x^2+1}}}\,dx$ について，$\underline{x^2+1=t}$ とおくと，$x:0\to\sqrt{3}$ のとき，$t:1\to 4$

（t とおく）　　（$x^2=t-1$）

また，$(x^2+1)'\,dx=t'\cdot dt$ より，$2x\,dx=dt$　$\therefore x\,dx=\dfrac{1}{2}dt$ となる。よって，

$$\int_0^{\sqrt{3}} x^2\sqrt{x^2+1}\cdot x\,dx=\int_1^4 (t-1)\cdot\sqrt{t}\cdot\dfrac{1}{2}dt$$

$$=\dfrac{1}{2}\int_1^4\left(t^{\frac{3}{2}}-t^{\frac{1}{2}}\right)dt=\dfrac{1}{2}\left[\dfrac{2}{5}t^{\frac{5}{2}}-\dfrac{2}{3}t^{\frac{3}{2}}\right]_1^4$$

$$=\dfrac{1}{2}\left\{\dfrac{2}{5}\cdot 4^{\frac{5}{2}}-\dfrac{2}{3}\cdot 4^{\frac{3}{2}}-\left(\dfrac{2}{5}\cdot 1-\dfrac{2}{3}\cdot 1\right)\right\}=\dfrac{1}{2}\left(\dfrac{64}{5}-\dfrac{16}{3}-\dfrac{2}{5}+\dfrac{2}{3}\right)$$

（$2^5=32$）　（$2^3=8$）

$$=\dfrac{1}{2}\left(\dfrac{62}{5}-\dfrac{14}{3}\right)=\dfrac{31}{5}-\dfrac{7}{3}=\dfrac{93-35}{15}=\dfrac{58}{15}\quad\cdots\cdots(答)$$

(2) $\displaystyle\int_0^2 x^2\sqrt{4-x^2}\,dx$ について，$x=2\sin\theta$ とおくと，

$x:0\to 2$ のとき，$\theta:0\to\dfrac{\pi}{2}$ であり，

$dx=2\cos\theta\,d\theta$ となる。よって，

（$\sqrt{a^2-x^2}$ の入った定積分では，$x=a\sin\theta$ とおくとうまくいく。）

$$\int_0^2 x^2 \cdot \sqrt{4-x^2}\,dx = \int_0^{\frac{\pi}{2}} 4 \cdot \sin^2\theta \sqrt{4-4\sin^2\theta} \cdot 2\cos\theta\,d\theta$$

> ∵ $0 \leqq \theta \leqq \dfrac{\pi}{2}$ より、
> $\cos\theta \geqq 0$

$$\sqrt{4(1-\sin^2\theta)} = \sqrt{4\cos^2\theta} = 2|\cos\theta| = 2\cos\theta$$

$$= 4\int_0^{\frac{\pi}{2}} 4\sin^2\theta\cos^2\theta\,d\theta = 2\int_0^{\frac{\pi}{2}} (1-\cos 4\theta)\,d\theta$$

$$(2\sin\theta\cos\theta)^2 = \sin^2 2\theta = \frac{1}{2}(1-\cos 4\theta)$$

> 2倍角と半角の公式

$$= 2\left[\theta - \frac{1}{4}\sin 4\theta\right]_0^{\frac{\pi}{2}} = 2 \times \frac{\pi}{2} = \pi \quad \cdots\cdots\cdots\cdots\text{(答)}$$

$$∵ \sin 2\pi = \sin 0 = 0$$

(3) $\displaystyle\int_0^5 \frac{1}{25+x^2}\,dx$ について、$x = 5t$ とおくと、

> $\displaystyle\int \frac{1}{a^2+x^2}\,dx$ の場合、
> $x = a\tan\theta$ とおいてもいいが、
> 今回は $x = at$ とおこう!

$x : 0 \to 5$ のとき、$t : 0 \to 1$、また、$dx = 5dt$ となる。よって、

$$\int_0^5 \frac{1}{25+x^2}\,dx = \int_0^1 \frac{1}{25+25t^2} \cdot 5dt = \frac{1}{5}\int_0^1 \frac{1}{1+t^2}\,dt$$

> $\displaystyle\int \frac{1}{1+x^2}\,dx = \tan^{-1}x + C$

$$= \frac{1}{5}\left[\tan^{-1}t\right]_0^1 = \frac{1}{5}\left(\tan^{-1}1 - \tan^{-1}0\right) = \frac{1}{5} \times \frac{\pi}{4} = \frac{\pi}{20} \quad \cdots\cdots\text{(答)}$$

(4) $\displaystyle\int_{\frac{\pi}{6}}^{\frac{\pi}{2}} \underbrace{\frac{1}{\sin^2 x + \sin x}}_{f(\sin x)}\cos x\,dx$ について、$\sin x = t$ とおくと、

> $f(\sin x)\cdot\cos x$ の定積分では、
> $\sin x = t$ とおくとうまくいく。

$x : \dfrac{\pi}{6} \to \dfrac{\pi}{2}$ のとき、$t : \dfrac{1}{2} \to 1$、また、$\cos x\,dx = dt$ より、

$$\int_{\frac{\pi}{6}}^{\frac{\pi}{2}} \frac{1}{\sin^2 x + \sin x}\cos x\,dx = \int_{\frac{1}{2}}^1 \frac{1}{t^2+t}\,dt = \int_{\frac{1}{2}}^1 \frac{1}{t(t+1)}\,dt$$

$$= \int_{\frac{1}{2}}^1 \left(\frac{1}{t} - \frac{1}{t+1}\right)dt = \left[\log t - \log(t+1)\right]_{\frac{1}{2}}^1$$

> ・$\displaystyle\int \frac{1}{x}\,dx = \log|x| + C$
> ・$\displaystyle\int \frac{f'}{f}\,dx = \log|f| + C$

部分分数に分解

$$= \underbrace{\log 1}_{0} - \log 2 - \left(\underbrace{\log \frac{1}{2}}_{\log 2^{-1} = -\log 2} - \log \frac{3}{2}\right) = -\log 2 + \log 2 + \log \frac{3}{2}$$

$$= \log \frac{3}{2} \quad \cdots\cdots\cdots\cdots\cdots\cdots\cdots\cdots\cdots\cdots\cdots\text{(答)}$$

部分積分法（Ⅰ）

次の定積分を部分積分法を用いて求めよ。

(1) $\displaystyle\int_0^{\frac{\pi}{2}} x\cdot\cos 3x\,dx$

(2) $\displaystyle\int_1^e \frac{\log x}{x^2}\,dx$

(3) $\displaystyle\int_0^1 (2x+1)e^{-x}\,dx$

(4) $\displaystyle\int_0^{\frac{\pi}{4}} \frac{x}{\cos^2 x}\,dx$

> ヒント！　いずれも，部分積分の公式：$\displaystyle\int f'\cdot g\,dx=f\cdot g-\int f\cdot g'\,dx$，または$\displaystyle\int f\cdot g'\,dx=$ $f\cdot g-\displaystyle\int f'\cdot g\,dx$ を使って解く問題だね。これで，部分積分法の基本を身につけよう！

解答＆解説

(1) $\displaystyle\int_0^{\frac{\pi}{2}} x\cdot\underline{\cos 3x}\,dx=\int_0^{\frac{\pi}{2}} x\left(\frac{1}{3}\sin 3x\right)'dx$

> これを積分して，´（ダッシュ）を付ける。

$\displaystyle\int f\cdot g'\,dx=f\cdot g-\int f'\cdot g\,dx$

> これが簡単化できればいい。

$$=\frac{1}{3}\Big[x\sin 3x\Big]_0^{\frac{\pi}{2}}-\frac{1}{3}\int_0^{\frac{\pi}{2}}\overset{x'}{1}\cdot\sin 3x\,dx$$

> 簡単な積分になった！

$$=\frac{1}{3}\left(\frac{\pi}{2}\underbrace{\sin\frac{3}{2}\pi}_{(-1)}-0\cdot\sin 0\right)+\frac{1}{9}\Big[\cos 3x\Big]_0^{\frac{\pi}{2}}=-\frac{\pi}{6}+\frac{1}{9}\left(\underbrace{\cos\frac{3\pi}{2}}_{0}-\underbrace{\cos 0}_{1}\right)$$

$$=-\frac{\pi}{6}-\frac{1}{9}=-\frac{3\pi+2}{18}\ \cdots\cdots\cdots\cdots\cdots\text{（答）}$$

(2) $\displaystyle\int_1^e \underbrace{\frac{1}{x^2}}_{(-x^{-1})'}\cdot\log x\,dx=\int_1^e\left(-\frac{1}{x}\right)'\cdot\log x\,dx$

$\displaystyle\int f'\cdot g\,dx=f\cdot g-\int f\cdot g'\,dx$

> これを簡単化する！

$$=-\Big[\frac{1}{x}\log x\Big]_1^e+\int_1^e\frac{1}{x}\cdot\overset{(\log x)'}{\boxed{\frac{1}{x}}}\,dx$$

> 簡単な積分だ！

$$=-\left(\frac{1}{e}\underbrace{\log e}_{①}-\frac{1}{1}\underbrace{\log 1}_{⓪}\right)-\Big[\frac{1}{x}\Big]_1^e=-\frac{1}{e}-\left(\frac{1}{e}-\frac{1}{1}\right)=1-\frac{2}{e}\ \cdots\cdots\text{（答）}$$

126

(3) $\displaystyle\int_0^1 (2x+1)\cdot e^{-x}\,dx = \int_0^1 (2x+1)(-e^{-x})'\,dx$

$\underbrace{\qquad}_{(-e^{-x})'}$

$\boxed{\displaystyle\int f\cdot g'\,dx = f\cdot g - \int f'\cdot g\,dx \quad \text{簡単化！}}$

$= -\big[(2x+1)e^{-x}\big]_0^1 + \displaystyle\int_0^1 \underbrace{\textcircled{2}\cdot e^{-x}\,dx}_{(2x+1)'}$

$\underbrace{\qquad\qquad}_{\text{簡単化できた！}}$

$= -(3\cdot e^{-1} - 1\cdot \underset{\textcircled{1}}{e^0}) - 2\big[e^{-x}\big]_0^1 = -\dfrac{3}{e} + 1 - 2(e^{-1} - \underset{\textcircled{1}}{e^0})$

$= -\dfrac{3}{e} + 1 - \dfrac{2}{e} + 2 = 3 - \dfrac{5}{e}$ ·····················（答）

(4) $\displaystyle\int_0^{\frac{\pi}{4}} x\cdot \underbrace{\dfrac{1}{\cos^2 x}}_{(\tan x)'}\,dx = \int_0^{\frac{\pi}{4}} x\cdot (\tan x)'\,dx$

$\boxed{\displaystyle\int f\cdot g'\,dx = f\cdot g - \int f'\cdot g\,dx \quad \text{簡単化！}}$

$= \big[x\cdot \tan x\big]_0^{\frac{\pi}{4}} - \displaystyle\int_0^{\frac{\pi}{4}} \underbrace{\textcircled{1}\cdot \tan x\,dx}_{x'}$

$\underbrace{\qquad\qquad}_{\text{簡単化できた！}}$

$= \dfrac{\pi}{4}\tan\underset{\textcircled{1}}{\dfrac{\pi}{4}} - \cancel{0\cdot\tan 0} + \displaystyle\int_0^{\frac{\pi}{4}} \dfrac{-\sin x}{\cos x}\,dx$

$\boxed{\displaystyle\int \dfrac{f'}{f}\,dx = \log|f| + C}$

$= \dfrac{\pi}{4} + \big[\log(\cos x)\big]_0^{\frac{\pi}{4}}$

$\boxed{0 \le x \le \dfrac{\pi}{4}\,\text{より，}\cos x > 0 \quad \text{よって，絶対値はいらない。}}$

$= \dfrac{\pi}{4} + \log\left(\cos\dfrac{\pi}{4}\right) - \cancel{\log(\cos 0)}$

$\boxed{\log\dfrac{1}{\sqrt{2}} = \log 2^{\frac{1}{2}}} \qquad \boxed{\log 1 = 0}$

$= \dfrac{\pi}{4} - \dfrac{1}{2}\log 2 = \dfrac{\pi - 2\log 2}{4}$ ·····················（答）

次の定積分を部分積分法を用いて求めよ。

(1) $3\displaystyle\int_0^1 (x^2+x)e^{3x}\,dx$ (2) $2\displaystyle\int_0^{\frac{\pi}{4}} x^2\sin 2x\,dx$

(3) $\displaystyle\int_0^{\frac{\pi}{2}} e^{2x}\cos x\,dx$

ヒント! いずれも，部分積分を **2** 回使って結果を導く問題だ。特に，**(3)**では，この定積分を I とおき，**2** 回部分積分を行って，自分自身 (I) を導き出すことがポイントだね。

解答＆解説

(1) $3\displaystyle\int_0^1 (x^2+x)e^{3x}\,dx = 3\int_0^1 (x^2+x)\left(\frac{1}{3}e^{3x}\right)'dx$

$$\int f\cdot g'\,dx = f\cdot g - \int f'\cdot g\,dx$$

$$= 3\left\{\frac{1}{3}\left[(x^2+x)e^{3x}\right]_0^1 - \frac{1}{3}\int_0^1 (2x+1)e^{3x}\,dx\right\}$$

$$= 2e^3 - 0 - \int_0^1 (2x+1)\left(\frac{1}{3}e^{3x}\right)'dx$$

2回目の部分積分

$$\frac{1}{3}\left[(2x+1)e^{3x}\right]_0^1 - \frac{1}{3}\int_0^1 2\cdot e^{3x}\,dx = \frac{1}{3}(3e^3-1) - \frac{2}{3}\cdot\frac{1}{3}\left[e^{3x}\right]_0^1$$

$$= 2e^3 - \left\{e^3 - \frac{1}{3} - \frac{2}{9}(e^3-1)\right\} = 2e^3 - e^3 + \frac{1}{3} + \frac{2}{9}e^3 - \frac{2}{9}$$

$$= \frac{11}{9}e^3 + \frac{1}{9} = \frac{11e^3+1}{9} \quad\cdots\cdots\cdots\cdots\cdots\cdots\cdots\cdots\cdots\text{(答)}$$

(2) $2\displaystyle\int_0^{\frac{\pi}{4}} x^2\sin 2x\,dx = 2\int_0^{\frac{\pi}{4}} x^2\left(-\frac{1}{2}\cos 2x\right)'dx$

$$\int f\cdot g'\,dx = f\cdot g - \int f'\cdot g\,dx$$

$$= 2\left\{-\frac{1}{2}\left[x^2\cos 2x\right]_0^{\frac{\pi}{4}} + \frac{1}{2}\int_0^{\frac{\pi}{4}} 2x\cdot\cos 2x\,dx\right\}$$

$$0 - 0 = 0 \quad\left(\because \cos\frac{\pi}{2} = 0\right)$$

$$= 2\int_0^{\frac{\pi}{4}} x\cdot\cos 2x\,dx = 2\int_0^{\frac{\pi}{4}} x\cdot\left(\frac{1}{2}\sin 2x\right)'dx$$

2回目の部分積分に入る。

$$= 2 \cdot \left\{ \frac{1}{2} \left[x \cdot \sin 2x \right]_0^{\frac{\pi}{4}} - \frac{1}{2} \int_0^{\frac{\pi}{4}} 1 \cdot \sin 2x \, dx \right\}$$

$$= \frac{\pi}{4} \cdot \sin \frac{\pi}{2} - 0 + \frac{1}{2} \left[\cos 2x \right]_0^{\frac{\pi}{4}} = \frac{\pi}{4} + \frac{1}{2} \left(\cos \frac{\pi}{2} - \cos 0 \right)$$

$$= \frac{\pi}{4} - \frac{1}{2} = \frac{\pi - 2}{4} \quad \cdots\cdots\cdots\cdots\cdots\cdots\cdots\cdots\text{(答)}$$

(3) $I = \int_0^{\frac{\pi}{2}} e^{2x} \cos x \, dx$ とおく。

指数関数　三角関数

一般に, (指数関数)×(三角関数)の定積分は, これを I とおいて, 2回部分積分を行って, 自分自身の I を導き出すことによって求める。その際, 1回の部分積分で, (三角関数)を積分して "´"(ダッシュ)したのなら, 2回目も(三角関数)を積分して "´"(ダッシュ)にする。もし, 1回目に(指数関数)を積分して "´"(ダッシュ)したのなら, 2回目もそうする。

$$I = \int_0^{\frac{\pi}{2}} e^{2x} \cdot (\sin x)' \, dx \qquad \boxed{1\text{回目}}$$

$$= \left[e^{2x} \sin x \right]_0^{\frac{\pi}{2}} - \int_0^{\frac{\pi}{2}} 2e^{2x} \sin x \, dx$$

$$= e^\pi \cdot 1 - 2 \int_0^{\frac{\pi}{2}} e^{2x} (-\cos x)' \, dx$$

2回目も, (三角関数)を積分して "´"(ダッシュ)にする。

$$= e^\pi - 2 \left\{ -\left[e^{2x} \cos x \right]_0^{\frac{\pi}{2}} + \int_0^{\frac{\pi}{2}} 2e^{2x} \cos x \, dx \right\}$$

$$= e^\pi + 2 \left(e^\pi \cdot \cos \frac{\pi}{2} - e^0 \cdot \cos 0 \right) - 4 \int_0^{\frac{\pi}{2}} e^{2x} \cos x \, dx$$

自分自身の I が導けた!

$$= e^\pi - 2 - 4I$$

よって, $I = e^\pi - 2 - 4I$ より, $5I = e^\pi - 2$ 　　$I = \frac{1}{5}(e^\pi - 2)$

以上より,

$$I = \int_0^{\frac{\pi}{2}} e^{2x} \cos x \, dx = \frac{1}{5}(e^\pi - 2) \quad \cdots\cdots\cdots\cdots\cdots\cdots\text{(答)}$$

定積分で表された関数（I）

次の問いに答えよ。

(1) $f(x) = \log x + 3\int_1^e t^2 f(t)\,dt$ ……① をみたす関数 $f(x)$ を求めよ。

(2) $g(x) = x + \int_0^{\sqrt{3}} \dfrac{g(t)}{t^2+1}\,dt$ …………④ をみたす関数 $g(x)$ を求めよ。

ヒント！ ①，④の定積分の積分区間が定数から定数になっているので，それぞれの定積分を A, B（定数）とおける。つまり，①は $f(x) = \log x + 3A$，④は $g(x) = x + B$ とおけるんだね。

解答＆解説

(1) $f(x) = \log x + 3\underbrace{\int_1^e t^2 f(t)\,dt}_{A\,(定数)}$ ……① について，

$\int_1^e t^2 f(t)\,dt = \underline{A}\,(定数)$ ……② とおくと，①は，

$f(x) = \log x + 3A$ ……①′ すなわち，$f(t) = \log t + 3A$ ……①″ となる。

①″を②に代入して，変形すると，

$$A = \int_1^e t^2 (\log t + 3A)\,dt$$

部分積分
$$\int_1^e f' \cdot g\,dt = [f \cdot g]_1^e - \int_1^e f \cdot g'\,dt$$

$$= \int_1^e \left(\frac{1}{3}t^3\right)' (\log t + 3A)\,dt$$

$(\log t + 3A)'$

$$= \frac{1}{3}\left[t^3(\log t + 3A)\right]_1^e - \frac{1}{3}\int_1^e t^3 \cdot \boxed{\frac{1}{t}}\,dt$$

$$= \frac{1}{3}\{e^3(\underbrace{\log e}_{1} + 3A) - 1^3(\underbrace{\log 1}_{0} + 3A)\} - \frac{1}{3} \cdot \frac{1}{3}[t^3]_1^e$$

$$= \frac{1}{3}(e^3 + 3e^3 A) - A - \frac{1}{9}(e^3 - 1) = (e^3-1)A + \frac{2}{9}e^3 + \frac{1}{9}$$

よって，$A = (e^3-1)A + \dfrac{2e^3+1}{9}$ より，$(2-e^3)A = \dfrac{2e^3+1}{9}$

$\therefore A = \dfrac{2e^3+1}{9(2-e^3)}$ ……③ となる。③を①′に代入して，

求める関数 $f(x)$ は, $f(x) = \log x + \dfrac{2e^3 + 1}{3(2 - e^3)}$ である。 ……………(答)

(2) $g(x) = x + \underbrace{\displaystyle\int_0^{\sqrt{3}} \dfrac{g(t)}{t^2 + 1}dt}_{B\,(\text{定数})}$ ……④ について,

$\displaystyle\int_0^{\sqrt{3}} \dfrac{g(t)}{t^2 + 1}dt = B$ (定数) ……⑤ とおくと, ④は,

$g(x) = x + B$ ……④′ すなわち, $g(t) = t + B$ ……④″ となる。

④″を⑤に代入して, 変形すると,

$$B = \int_0^{\sqrt{3}} \dfrac{t + B}{t^2 + 1}dt$$

$$= \dfrac{1}{2}\int_0^{\sqrt{3}} \dfrac{2t}{t^2 + 1}dt + B\int_0^{\sqrt{3}} \dfrac{1}{1 + t^2}dt$$

$$= \dfrac{1}{2}\left[\log(t^2 + 1)\right]_0^{\sqrt{3}} + B\left[\tan^{-1}t\right]_0^{\sqrt{3}}$$

$$= \dfrac{1}{2}(\log 4 - \log 1) + B(\tan^{-1}\sqrt{3} - \tan^{-1}0)$$

$\boxed{\log 2^2 = 2\log 2}$ 　　0　　　　$\boxed{\dfrac{\pi}{3}}$　　　0

$$= \log 2 + \dfrac{\pi}{3}B$$

> $\cdot \displaystyle\int \dfrac{f'}{f}dx = \log|f| + C$
>
> $\cdot \displaystyle\int \dfrac{1}{1 + x^2}dx = \tan^{-1}x + C$

よって, $B = \log 2 + \dfrac{\pi}{3}B$ より, $\dfrac{3 - \pi}{3}B = \log 2$

∴ $B = \dfrac{3\log 2}{3 - \pi}$ ……⑥ となる。 ⑥を④′に代入して,

求める関数 $g(x)$ は, $g(x) = x + \dfrac{3\log 2}{3 - \pi}$ である。 ……………(答)

定積分で表された関数 (II)

関数 $f(x)$ が，$f(x) = \int_0^x (2x + 3t)\sin t\, dt$ ……① で定義されるとき，

（ⅰ）$f(0)$ と（ⅱ）$f'(x)$ と（ⅲ）$f'\left(\dfrac{\pi}{2}\right)$ を求めよ。

ヒント！ $\displaystyle\int_a^x g(t)dt$（$a$：定数）について行う操作は，（ⅰ）$x = a$ を代入して，$\displaystyle\int_a^a g(t)dt = 0$，（ⅱ）$x$ で微分して，$\left\{\displaystyle\int_a^x g(t)dt\right\}' = g(x)$ の 2 つなんだね。

解答 & 解説

①を変形して，

$$f(x) = 2x\int_0^x \sin t\, dt + 3\int_0^x t\sin t\, dt \cdots\cdots② \quad となる。$$

t での積分なので，まず，$2x$ は定数扱いとして，積分記号の外に出せる。すると，$f(x)$ は，x の関数より，$\displaystyle\int_0^x \sin t\, dt = g(x)$ とおくと，これは $2x \cdot g(x)$ の形をしているんだね。

（ⅰ）②の両辺に $x = 0$ を代入して，

$$f(0) = 2 \cdot 0 \cdot \underbrace{\int_0^0 \sin t\, dt}_{0} + 3\underbrace{\int_0^0 t\sin t\, dt}_{0} = 0 + 3 \times 0 = 0$$

$$\therefore f(0) = 0 \cdots\cdots\cdots\cdots\cdots\cdots\cdots（答）$$

（ⅱ）②の両辺を x で微分して，$\quad \left\{\displaystyle\int_a^x h(t)dt\right\}' = h(x)$

$$f'(x) = \underbrace{2 \cdot 1 \cdot \int_0^x \sin t\, dt + 2x \cdot \underbrace{\left(\int_0^x \sin t\, dt\right)'}_{\sin x}}_{(2x)' \cdot g(x) + 2x \cdot g'(x)} + 3\underbrace{\left(\int_0^x t\sin t\, dt\right)'}_{x\sin x}$$

$$= -2\left[\cos t\right]_0^x + 2x \cdot \sin x + 3x\sin x$$

$$= -2(\cos x - 1) + 5x \cdot \sin x$$

$$\therefore f'(x) = 5x\sin x - 2\cos x + 2 \cdots\cdots③ \quad となる。\cdots\cdots（答）$$

（ⅲ）③の x に $\dfrac{\pi}{2}$ を代入して，

$$f'\left(\frac{\pi}{2}\right) = 5 \cdot \frac{\pi}{2} \cdot \underbrace{\sin\frac{\pi}{2}}_{1} - 2\underbrace{\cos\frac{\pi}{2}}_{0} + 2 = \frac{5}{2}\pi + 2 \cdots\cdots\cdots\cdots（答）$$

区分求積法（Ⅰ）

次の極限を定積分で表し，その値を求めよ。

(1) $I = \lim_{n \to \infty} \dfrac{\sqrt{1} + \sqrt{2} + \sqrt{3} + \cdots + \sqrt{n}}{n\sqrt{n}}$

(2) $J = \lim_{n \to \infty} \sum_{k=1}^{n} \dfrac{1}{n+k} \{\log(n+k) - \log n\}$

ヒント！ いずれも，区分求積法の公式：$\lim_{n \to \infty} \dfrac{1}{n} \sum_{k=1}^{n} f\left(\dfrac{k}{n}\right) = \int_0^1 f(x)\,dx$ を使って解こう！

解答＆解説

(1) $I = \lim_{n \to \infty} \dfrac{\sqrt{1} + \sqrt{2} + \sqrt{3} + \cdots + \sqrt{n}}{n\sqrt{n}}$

$= \lim_{n \to \infty} \dfrac{1}{n} \left(\sqrt{\dfrac{1}{n}} + \sqrt{\dfrac{2}{n}} + \sqrt{\dfrac{3}{n}} + \cdots + \sqrt{\dfrac{n}{n}} \right)$

$= \lim_{n \to \infty} \dfrac{1}{n} \sum_{k=1}^{n} \sqrt{\dfrac{k}{n}} = \int_0^1 \sqrt{x}\,dx$

> 区分求積法の公式：
> $\lim_{n \to \infty} \dfrac{1}{n} \sum_{k=1}^{n} f\left(\dfrac{k}{n}\right) = \int_0^1 f(x)\,dx$

$= \int_0^1 x^{\frac{1}{2}}dx = \dfrac{2}{3}\left[x^{\frac{3}{2}} \right]_0^1 = \dfrac{2}{3}(1-0) = \dfrac{2}{3}$ ················(答)

(2) $J = \lim_{n \to \infty} \sum_{k=1}^{n} \dfrac{1}{n+k} \{\log(n+k) - \log n\}$

$= \lim_{n \to \infty} \sum_{k=1}^{n} \dfrac{1}{n} \cdot \dfrac{1}{1 + \dfrac{k}{n}} \log \dfrac{n+k}{n}$

$= \lim_{n \to \infty} \dfrac{1}{n} \sum_{k=1}^{n} \dfrac{1}{1 + \dfrac{k}{n}} \log\left(1 + \dfrac{k}{n}\right) = \int_0^1 \dfrac{1}{1+x} \log(1+x)\,dx$

$= \int_0^1 \underbrace{\log(1+x)}_{f} \cdot \underbrace{\dfrac{1}{1+x}}_{f'}\,dx = \underbrace{\left[\dfrac{1}{2}\{\log(1+x)\}^2 \right]_0^1}_{\frac{1}{2}f^2}$

> $\int f \cdot f'\,dx = \dfrac{1}{2}f^2 + C$

$= \dfrac{1}{2}\{(\log 2)^2 - \underbrace{(\log 1)^2}_{0}\} = \dfrac{1}{2}(\log 2)^2$ ······························(答)

区分求積法 (Ⅱ)

$Q_n = \left\{ \dfrac{(4n)!}{(3n)! \, n^n} \right\}^{\frac{1}{n}}$ （$n = 1, 2, 3, \cdots$）について，極限 $\displaystyle\lim_{n \to \infty} Q_n$ を求めよ。

ヒント！ コチコチに固まったように見える Q_n の式は，この自然対数 $\log Q_n$ をとって，$n \to \infty$ の極限をとると，区分求積法の形が見えてくるんだね。頑張ろう！

解答 & 解説

$Q_n = \left\{ \dfrac{(4n)!}{(3n)! \, n^n} \right\}^{\frac{1}{n}} = \left\{ \dfrac{\overbrace{1 \cdot 2 \cdot 3 \cdots \cdot 3n}^{(3n)!} \cdot \overbrace{(3n+1)(3n+2)(3n+3)\cdots\cdot(3n+n)}^{n個の（ ）の積}}{\underbrace{1 \cdot 2 \cdot 3 \cdots \cdot 3n}_{(3n)!} \times \underbrace{n \times n \times n \times \cdots \times n}_{n個のnの積}} \right\}^{\frac{1}{n}}$

$= \left\{ \left(3 + \dfrac{1}{n}\right) \cdot \left(3 + \dfrac{2}{n}\right) \cdot \left(3 + \dfrac{3}{n}\right) \cdots \cdot \left(3 + \dfrac{n}{n}\right) \right\}^{\frac{1}{n}}$ ……① （$n = 1, 2, 3, \cdots$）

n個の（ ）の積をn個のnの積で1つずつ割った結果だね！

①より，Q_n の自然対数 $\log Q_n$ をとって，$n \to \infty$ の極限を求めると，

$\displaystyle\lim_{n \to \infty} \log Q_n = \lim_{n \to \infty} \log \left\{ \left(3 + \dfrac{1}{n}\right) \cdot \left(3 + \dfrac{2}{n}\right) \cdot \left(3 + \dfrac{3}{n}\right) \cdots \cdot \left(3 + \dfrac{n}{n}\right) \right\}^{\frac{1}{n}}$

$\displaystyle = \lim_{n \to \infty} \dfrac{1}{n} \left\{ \log\left(3 + \dfrac{1}{n}\right) + \log\left(3 + \dfrac{2}{n}\right) + \log\left(3 + \dfrac{3}{n}\right) + \cdots + \log\left(3 + \dfrac{n}{n}\right) \right\}$

$\displaystyle = \lim_{n \to \infty} \dfrac{1}{n} \sum_{k=1}^{n} \log\left(3 + \dfrac{k}{n}\right) = \int_0^1 \log(3 + x)\, dx$

> 区分求積法：
> $\displaystyle \lim_{n \to \infty} \dfrac{1}{n} \sum_{k=1}^{n} f\left(\dfrac{k}{n}\right) = \int_0^1 f(x)\, dx$

$\displaystyle = \int_0^1 (3 + x)' \cdot \log(3 + x)\, dx$

> 部分積分
> $\displaystyle \int f' \cdot g\, dx = f \cdot g - \int f \cdot g'\, dx$

$\displaystyle = \left[(3 + x) \log(3 + x) \right]_0^1 - \int_0^1 (3 + x) \cdot \dfrac{1}{3 + x}\, dx$

$\displaystyle = 4\log 4 - 3 \cdot \log 3 - [x]_0^1 = \log 4^4 - \log 3^3 - 1 = \log \dfrac{256}{27e}$

$\underbrace{}_{2^8 = 256} \quad \underbrace{}_{27} \quad \underbrace{}_{\log e}$

よって，$\displaystyle\lim_{n \to \infty} \log Q_n = \log \dfrac{256}{27e}$ より，$\displaystyle\lim_{n \to \infty} Q_n = \dfrac{256}{27e}$ である。 …………（答）

面積の計算（I）

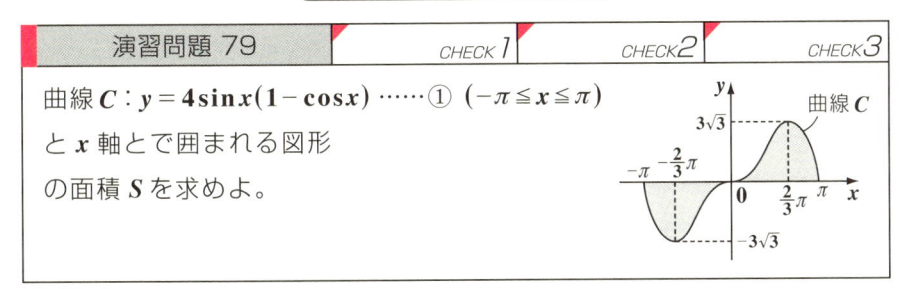

曲線 $C : y = 4\sin x(1-\cos x)$ ……① $(-\pi \leqq x \leqq \pi)$
と x 軸とで囲まれる図形
の面積 S を求めよ。

ヒント！　関数 $y = 4\sin x(1-\cos x)$ は奇関数で，原点対称なグラフ（演習問題 **58**
（**P98**））になるので，$-\pi \leqq x \leqq 0$ の範囲の面積と $0 \leqq x \leqq \pi$ の範囲の面積は等しいんだね。

解答＆解説

曲線 $C : y = f(x) = 4\sin x(1-\cos x)$ ……① $(-\pi \leqq x \leqq \pi)$ とおくと，

$f(-x) = 4 \cdot \underbrace{\sin(-x)}_{-\sin x}\{1-\underbrace{\cos(-x)}_{\cos x}\} = -4\sin x(1-\cos x) = -f(x)$ より，

$y = f(x)$ は奇関数である。よって，$y = f(x)$ は，原点に関して対称なグラフ
となる。よって，求める面積 S は，

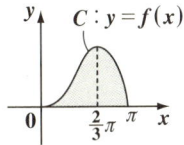

$$S = 2\int_0^\pi f(x)dx = 2\int_0^\pi 4\sin x(1-\cos x)dx$$

$$\left[2 \times \underset{0 \quad \pi}{\frown} \right]$$

$$= 8\int_0^\pi (\sin x - \underbrace{\sin x \cos x}_{\frac{1}{2}\sin 2x})dx \quad \leftarrow \boxed{2 倍角の公式}$$

$$= 8\int_0^\pi \left(\sin x - \frac{1}{2}\sin 2x\right)dx$$

$$= 8\left[-\cos x + \frac{1}{4}\cos 2x\right]_0^\pi = 8\left\{-\underbrace{\cos\pi}_{(-1)} + \frac{1}{4}\underbrace{\cos 2\pi}_{(1)} - \left(-\underbrace{\cos 0}_{(1)} + \frac{1}{4}\underbrace{\cos 0}_{(1)}\right)\right\}$$

$$= 8\left(1 + \frac{1}{4} + 1 - \frac{1}{4}\right) = 16 \text{ である。} \quad\cdots\cdots\cdots\cdots\cdots (答)$$

$\left[\begin{array}{l}\text{この曲線 } y = f(x) \\ \text{のグラフの求め方} \\ \text{に関しては，演習} \\ \text{問題 58（P98）で} \\ \text{解説しているので,} \\ \text{ここでは略す。}\end{array}\right]$

$S = 8\int_0^\pi \underbrace{(1-\cos x)}_{g(\cos x)} \cdot \sin x\, dx$ については，$g(\cos x)\sin x$ の積分の形なので，$\cos x = t$ と
置換して $t : 1 \to -1$，$-\sin x\, dx = dt$ より，$S = 8\int_1^{-1}(1-t)(-1)dt$ から解いてもよい。

面積の計算 (Ⅱ)

曲線 $y = \tan^{-1}x$ と x 軸と直線 $x = \sqrt{3}$ とで囲まれる図形の面積 S を求めよ。

> ヒント！ 逆三角関数 $\tan^{-1}x$ を直接積分するのは難しいので，図を描いて，$\tan x$ の積分計算にもち込んで解いていけばいいんだね。

解答＆解説

曲線 $y = \tan^{-1}x$ と x 軸と直線 $x = \sqrt{3}$ とで囲まれる図形の面積 S は，図1 より明らかに

$$S = \int_0^{\sqrt{3}} \tan^{-1}x\,dx \quad \cdots\cdots ①$$

で表されるが，この定積分を直接計算することは難しい。

よって，図2に示すように，①の代わりに，$y = \tan x$ の積分区間 $\left[0, \dfrac{\pi}{3}\right]$ での定積分を用いて，面積 S を次のように求める。

$$S = \frac{\pi}{3} \times \sqrt{3} - \int_0^{\frac{\pi}{3}} \tan x\,dx$$

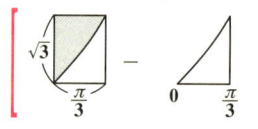

$$= \frac{\sqrt{3}}{3}\pi + \int_0^{\frac{\pi}{3}} \frac{-\sin x}{\cos x}\,dx$$

$$= \frac{\sqrt{3}}{3}\pi + \Big[\log(\cos x)\Big]_0^{\frac{\pi}{3}}$$

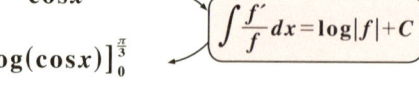

$$\int \frac{f'}{f}\,dx = \log|f| + C$$

$$= \frac{\sqrt{3}}{3}\pi + \log\left(\cos\frac{\pi}{3}\right) - \log(\cos 0) = \frac{\sqrt{3}}{3}\pi - \log 2 \quad \cdots\cdots\cdots (答)$$

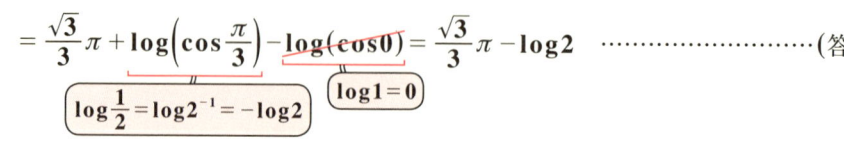

$$\log\frac{1}{2} = \log 2^{-1} = -\log 2 \qquad \log 1 = 0$$

図1

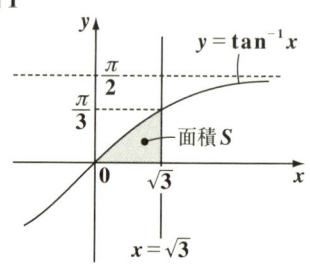

図2

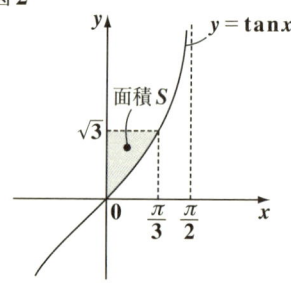

> $y = \tan^{-1}x$ と $y = \tan x$ は直線 $y = x$ に関して対称なグラフになる。

136

面積の計算 (Ⅲ)

曲線 $y = f(x) = \dfrac{2\log(x+1)}{x+1}$ ……①

$(x > -1)$ と x 軸と直線 $x = e^2 - 1$

と直線 $x = \dfrac{1}{e} - 1$ とで囲まれる

図形の面積 S を求めよ。

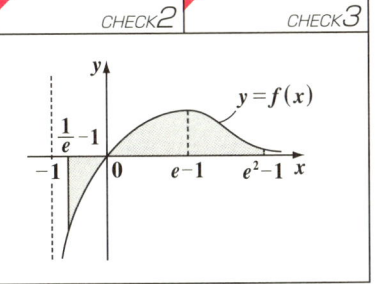

ヒント！ 関数 $y = f(x)$ のグラフの概形の求め方については演習問題 **54(P90)** で示した。グラフから，求める面積 S は，$S = -\displaystyle\int_{\frac{1}{e}-1}^{0} f(x)dx + \int_{0}^{e^2-1} f(x)dx$ で計算できることが分かるんだね。後は正確に積分計算しよう！

解答 & 解説

曲線 $y = f(x) = \dfrac{2\log(x+1)}{x+1}$ ……① $(x > -1)$ は，

(ⅰ) $-1 < x \leqq 0$ とき $f(x) \leqq 0$ で，(ⅱ) $0 \leqq x$ のとき $f(x) \geqq 0$ である。

よって，$y = f(x)$ と x 軸と 2 直線 $x = e^2 - 1$ と $x = \dfrac{1}{e} - 1$ とで囲まれる図形の面積 S は，

$$S = -\int_{\frac{1}{e}-1}^{0} f(x)dx + \int_{0}^{e^2-1} f(x)dx$$

$$= -\int_{\frac{1}{e}-1}^{0} \underbrace{2 \cdot \log(x+1) \cdot \frac{1}{x+1}}_{(2 \cdot g \cdot g')} dx + \int_{0}^{e^2-1} \underbrace{2 \cdot \log(x+1) \cdot \frac{1}{x+1}}_{(2gg')} dx$$

$$= -\Big[\underbrace{\{\log(x+1)\}^2}_{(g^2)}\Big]_{\frac{1}{e}-1}^{0} + \Big[\underbrace{\{\log(x+1)\}^2}_{(g^2)}\Big]_{0}^{e^2-1}$$

$(g^2)' = 2g \cdot g'$ より，$\displaystyle\int 2gg'dx = g^2 + C$ となる。

$$= -\underbrace{(\log 1)^2}_{0^2} + \underbrace{\left(\log \frac{1}{e}\right)^2}_{(\log e^{-1})^2 = (-1)^2} + \underbrace{(\log e^2)^2}_{2^2 = 4} - \underbrace{(\log 1)^2}_{0^2} = 1 + 4 = 5 \text{ である。} \quad \cdots\cdots\cdots (答)$$

面積の計算 (Ⅳ)

2曲線 $C_1: y = f(x) = e^{ax}$ （a：定数）と $C_2: y = g(x) = 4\sqrt{x}$ がただ 1 つの共有点 P をもち，その点で共通の接線をもつものとする。

(1) 点 P の x 座標を t とおくと，t と定数 a の値を求めよ。

(2) 2曲線 C_1, C_2 と y 軸とで囲まれる図形の面積 S を求めよ。

ヒント！ (1) 2曲線の共接条件より $f(t) = g(t)$ かつ $f'(t) = g'(t)$ を使って，t と a の値を求めればいいんだね。(2)は，図を描くことにより，求める面積 S が $S = \int_0^t \{f(x) - g(x)\} dx$ で計算できることが分かるはずだ。頑張ろう！

解答&解説

(1) $\begin{cases} y = f(x) = e^{ax} \cdots\cdots ① & (a：定数) \\ y = g(x) = 4\sqrt{x} \cdots ② \end{cases}$ とおく。

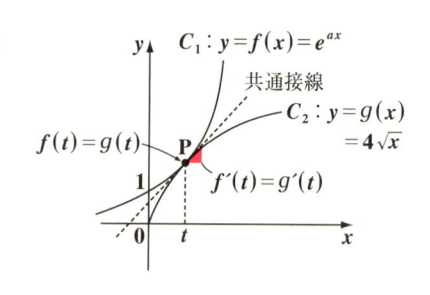

①，②を x で微分して，

$\begin{cases} f'(x) = (e^{ax})' = ae^{ax} \cdots\cdots\cdots ①' \\ g'(x) = \left(4x^{\frac{1}{2}}\right)' = 2x^{-\frac{1}{2}} = \dfrac{2}{\sqrt{x}} \cdots\cdots ②' \end{cases}$

右図より，2曲線 $y = f(x)$ と $y = g(x)$ は，

$x = t$ で接するものとすると，2曲線の共接条件より，

$\begin{cases} e^{at} = 4\sqrt{t} \cdots\cdots ③ & [f(t) = g(t)] \\ ae^{at} = \dfrac{2}{\sqrt{t}} \cdots\cdots ④ & [f'(t) = g'(t)] \end{cases}$ となる。

③÷④より，

$\dfrac{e^{at}}{a \cdot e^{at}} = \dfrac{4\sqrt{t}}{\dfrac{2}{\sqrt{t}}}\qquad \dfrac{1}{a} = 2t \qquad \therefore at = \dfrac{1}{2} \cdots\cdots ⑤$

⑤を③に代入して，$e^{\frac{1}{2}} = 4\sqrt{t}$　両辺を 2 乗して，$16t = e$

$\therefore t = \dfrac{e}{16} \cdots\cdots ⑥$　　⑥を⑤に代入して，$a = \dfrac{1}{2t} = \dfrac{16}{2e} = \dfrac{8}{e}$

以上より，$t = \dfrac{e}{16}$, $a = \dfrac{8}{e} \cdots\cdots ⑦$ である。$\cdots\cdots\cdots\cdots\cdots$(答)

(2) 右図に示すように，2曲線
$C_1 : y = f(x)$ と $C_2 : y = g(x)$ と
y 軸とで囲まれる図形の面積 S
を求めると，

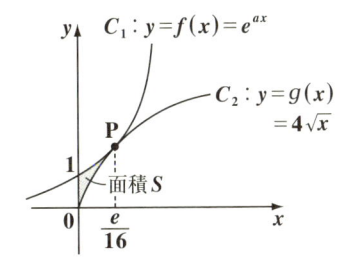

$S = \displaystyle\int_0^{\frac{e}{16}} \{f(x) - g(x)\} dx$

$= \displaystyle\int_0^{\frac{e}{16}} \left(e^{ax} - 4x^{\frac{1}{2}}\right) dx \qquad \left(a = \dfrac{8}{e} \quad \cdots\cdots ⑦\right)$

$= \left[\dfrac{1}{a} e^{ax} - 4 \cdot \dfrac{2}{3} x^{\frac{3}{2}}\right]_0^{\frac{e}{16}} = \left[\dfrac{e}{8} e^{\frac{8}{e}x} - \dfrac{8}{3} x^{\frac{3}{2}}\right]_0^{\frac{e}{16}}$

$= \dfrac{e}{8} e^{\frac{1}{2}} - \dfrac{8}{3} \left(\dfrac{e}{16}\right)^{\frac{3}{2}} - \left(\dfrac{e}{8} \cdot 1 - \dfrac{8}{3} \cancel{\cdot 0}\right)$

$$\boxed{\dfrac{e^{\frac{3}{2}}}{16^{\frac{3}{2}}} = \dfrac{e\sqrt{e}}{(4^2)^{\frac{3}{2}}} = \dfrac{e\sqrt{e}}{4^3} = \dfrac{e\sqrt{e}}{64}}$$

$= \dfrac{e\sqrt{e}}{8} - \dfrac{8}{3} \cdot \dfrac{e\sqrt{e}}{64} - \dfrac{e}{8}$

$$\boxed{\dfrac{e\sqrt{e}}{8} - \dfrac{e\sqrt{e}}{24} = \dfrac{(3-1)e\sqrt{e}}{24} = \dfrac{e\sqrt{e}}{12}}$$

$= \dfrac{e\sqrt{e}}{12} - \dfrac{e}{8} = \dfrac{e(2\sqrt{e} - 3)}{24}$ である。 $\cdots\cdots\cdots\cdots\cdots\cdots\cdots\cdots\cdots\cdots\cdots\cdots$(答)

面積の計算 (Ⅴ)

曲線 $C : y = f(x) = 4\sqrt{x} + \dfrac{2}{x}$ $(x > 0)$ について，次の問いに答えよ。

(1) $f\left(\dfrac{1}{4}\right)$ の値を求めよ。また，曲線 C と直線 $y = 10$ との交点の x 座標を求めよ。

(2) 曲線 C と直線 $y = 10$ とで囲まれる図形の面積 S を求めよ。

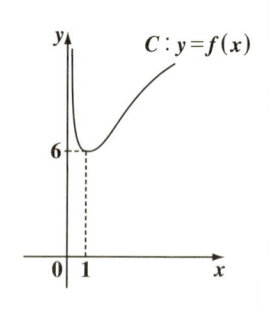

ヒント! 曲線 $C : y = f(x)$ のグラフの概形の求め方については演習問題 **56(P94)** で示した。**(1)** $f\left(\dfrac{1}{4}\right) = 10$ はすぐに分かるので，曲線 C と直線 $y = 10$ の交点の x 座標として，$x = \dfrac{1}{4}$ 以外のものをもう **1** つ求めればいいんだね。**(2)** では，積分計算をしっかりやって，図形の面積 S を求めよう。

解答 & 解説

曲線 $C : y = f(x) = 4\sqrt{x} + \dfrac{2}{x}$ ……① $(x > 0)$ について，

(1) $f\left(\dfrac{1}{4}\right) = 4\sqrt{\dfrac{1}{4}} + \dfrac{2}{\dfrac{1}{4}} = 4 \times \dfrac{1}{2} + 8 = 10$ ……………………(答)

よって，右図より明らかに，曲線 C と直線 $y = 10$ との交点の x 座標は，$x = \dfrac{1}{4}$ 以外にもう **1** つ存在する。

①に $y = 10$ を代入して，

$$4\sqrt{x} + \dfrac{2}{x} = 10 \quad ……②$$

ここで，$\sqrt{x} = t$ (> 0) とおくと，②は，

$$4t + \dfrac{2}{t^2} = 10 \text{ より，} 4t^3 - 10t^2 + 2 = 0$$

$$\therefore 2t^3 - 5t^2 + 1 = 0 \quad ……③ \text{ となる。}$$

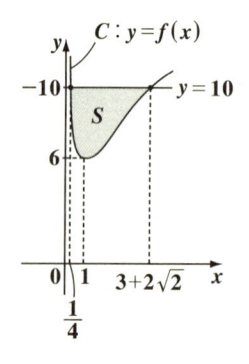

ここで, $t=\sqrt{\dfrac{1}{4}}=\dfrac{1}{2}$ が, ③の解となるのは明らかなので, ③の左辺を組立て除去によって, 因数分解すると,

$(2t-1)(t^2-2t-1)=0$ となる。

組立て除法

$$\dfrac{1}{2}\Big)\begin{array}{cccc} 2, & -5, & 0, & 1 \\ & 1 & -2 & -1 \\ \hline 2 & -4 & -2 & (0) \end{array}$$

$\left(t-\dfrac{1}{2}\right)(2t^2-4t-2)=0$

$(2t-1)(t^2-2t-1)=0$
となる。

よって, $t=\dfrac{1}{2}$, $1\pm\sqrt{2}$ ← $\dfrac{+1\pm\sqrt{(-1)^2-(-1)}}{1}$

ここで, $t=\sqrt{x}>0$ より, $t=\sqrt{x}=\dfrac{1}{2}$, $1+\sqrt{2}$ となる。

よって, 曲線 C と直線 $y=10$ との交点の

x 座標は $\dfrac{1}{4}$, $\underset{}{\underline{3+2\sqrt{2}}}$ である。 $\cdots\cdots\cdots\cdots\cdots\cdots\cdots\cdots\cdots\cdots\cdots\cdots$ (答)

$(1+\sqrt{2})^2=1+2\sqrt{2}+2$

(2) (1)より, 曲線 C と直線 $y=10$ とで囲まれる図形の面積 S は,

$$S=\int_{\frac{1}{4}}^{3+2\sqrt{2}}\{10-f(x)\}dx=\int_{\frac{1}{4}}^{3+2\sqrt{2}}\left(10-4x^{\frac{1}{2}}-2\cdot\dfrac{1}{x}\right)dx$$

$$=\left[10x-\dfrac{8}{3}x^{\frac{3}{2}}-2\log x\right]_{\frac{1}{4}}^{3+2\sqrt{2}}$$

$$=10(3+2\sqrt{2})-\dfrac{8}{3}(3+2\sqrt{2})\underset{\sqrt{3+2\sqrt{2}}}{\underline{(1+\sqrt{2})}}-2\log\underset{(1+\sqrt{2})^2}{\underline{(3+2\sqrt{2})}}-\left\{\dfrac{5}{2}-\dfrac{8}{3}\underset{\frac{1}{(2^2)^{\frac{3}{2}}}=\frac{1}{2^3}=\frac{1}{8}}{\underline{\left(\dfrac{1}{4}\right)^{\frac{3}{2}}}}-2\cdot\log\underset{2^{-2}}{\underline{\dfrac{1}{4}}}\right\}$$

$$=30+20\sqrt{2}-\dfrac{8}{3}(7+5\sqrt{2})-4\log(1+\sqrt{2})-\dfrac{5}{2}+\dfrac{1}{3}-4\log 2$$

$$=30-\underset{\frac{180-112-15+2}{6}=\frac{55}{6}}{\underline{\dfrac{56}{3}-\dfrac{5}{2}+\dfrac{1}{3}}}+\underset{\frac{20}{3}}{\underline{\left(20-\dfrac{40}{3}\right)}}\sqrt{2}-4\underset{\log 2(1+\sqrt{2})}{\underline{\{\log(1+\sqrt{2})+\log 2\}}}$$

$$=\dfrac{55}{6}+\dfrac{20}{3}\sqrt{2}-4\log(2+2\sqrt{2})$$

$$=\dfrac{55+40\sqrt{2}}{6}-4\log(2+2\sqrt{2})\ \text{である。}\ \cdots\cdots\cdots\cdots\cdots\cdots\cdots\cdots\text{(答)}$$

面積の計算 (Ⅵ)

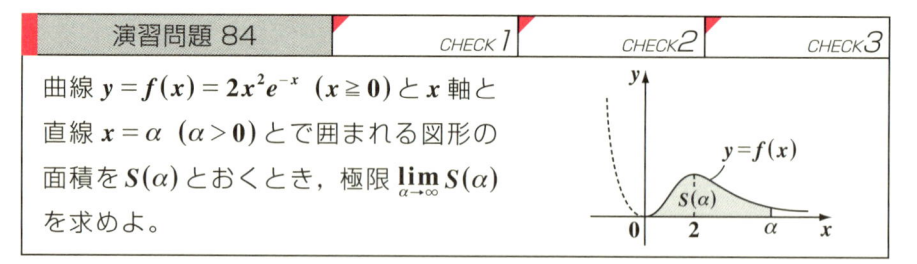

曲線 $y = f(x) = 2x^2 e^{-x}$ $(x \geq 0)$ と x 軸と
直線 $x = \alpha$ $(\alpha > 0)$ とで囲まれる図形の
面積を $S(\alpha)$ とおくとき，極限 $\displaystyle\lim_{\alpha \to \infty} S(\alpha)$
を求めよ。

ヒント! 曲線 $y = f(x)$ のグラフの概形の求め方は，演習問題 **55(P92)** で示した。
求める図形の面積 $S(\alpha)$ は，$f(x)$ を積分区間 $[0, \alpha]$ で積分すれば求まるんだね。

解答 & 解説

曲線 $y = f(x) = 2x^2 e^{-x}$ は，$0 \leq x \leq \alpha$ において $f(x) \geq 0$ より，求める図形の
面積 $S(\alpha)$ は，

$$S(\alpha) = \int_0^\alpha f(x)dx = 2\int_0^\alpha x^2 e^{-x}dx = 2\int_0^\alpha x^2(-e^{-x})'dx$$

部分積分
$$\int f \cdot g' dx = fg - \int f' \cdot g \, dx$$

$$= 2\left\{ -[x^2 e^{-x}]_0^\alpha + \int_0^\alpha 2x \cdot e^{-x}dx \right\}$$

$$= -2(\alpha^2 e^{-\alpha} - 0) + 4\underbrace{\int_0^\alpha x \cdot (-e^{-x})'dx}$$

2 回目の部分積分

$$-[xe^{-x}]_0^\alpha + \int_0^\alpha 1 \cdot e^{-x}dx = -(\alpha e^{-\alpha} - 0) - [e^{-x}]_0^\alpha$$

$$= -2\alpha^2 e^{-\alpha} + 4\{-\alpha e^{-\alpha} - (e^{-\alpha} - 1)\}$$

$$= 4 - (2\alpha^2 + 4\alpha + 4)e^{-\alpha}$$

$$= 4 - \underbrace{\frac{2\alpha^2 + 4\alpha + 4}{e^\alpha}}_{g(\alpha) \text{とおく}} \quad \cdots\cdots ① \quad \text{となる。}$$

ここで，$g(\alpha) = \dfrac{2\alpha^2 + 4\alpha + 4}{e^\alpha}$ とおくと，$\alpha \to \infty$ のとき，これは $\dfrac{\infty}{\infty}$ の不定形と
なる。よって，ロピタルの定理を **2** 回用いて，この極限を調べると，

$$\lim_{\alpha \to \infty} g(\alpha) = \lim_{\alpha \to \infty} \frac{(2\alpha^2 + 4\alpha + 4)''}{(e^\alpha)''} = \lim_{\alpha \to \infty} \frac{(4\alpha + 4)'}{(e^\alpha)'} = \lim_{\alpha \to \infty} \frac{4}{e^\alpha} = \frac{4}{\infty} = 0$$

よって，求める極限 $\displaystyle\lim_{\alpha \to \infty} S(\alpha)$ は，① より，

$$\lim_{\alpha \to \infty} S(\alpha) = \lim_{\alpha \to \infty}\{4 - \underset{0}{\underline{g(\alpha)}}\} = 4 \quad \text{である。} \quad \cdots\cdots\cdots\cdots\cdots\cdots \text{(答)}$$

媒介変数表示の曲線と面積（Ⅰ）

曲線 $C \begin{cases} x = \cos^4\theta \\ y = \sin^4\theta \end{cases} \left(0 \leqq \theta \leqq \dfrac{\pi}{2} \right)$ と x 軸と

y 軸とで囲まれる図形の面積 S を求めよ。

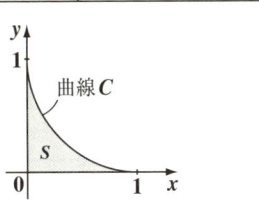

ヒント！ まず，$y = f(x)$ の形で曲線 C が表されているものとして，$S = \displaystyle\int_0^1 y\,dx$

とし，これを θ での積分に置換して，$S = \displaystyle\int_0^1 y\,dx = \int_{\frac{\pi}{2}}^0 y \cdot \dfrac{dx}{d\theta}\,d\theta$ として，求めれ

ばいいんだね。

解答＆解説

曲線 $C \begin{cases} x = \cos^4\theta & \cdots\cdots① \\ y = \sin^4\theta & \cdots\cdots② \end{cases} \left(0 \leqq \theta \leqq \dfrac{\pi}{2} \right)$ について，

$\dfrac{dx}{d\theta} = (\cos^4\theta)' = 4 \cdot \cos^3\theta \cdot \underbrace{(-\sin\theta)}_{(\cos\theta)'}$

　　$= -4\cos^3\theta \cdot \sin\theta \cdots\cdots③$ となる。

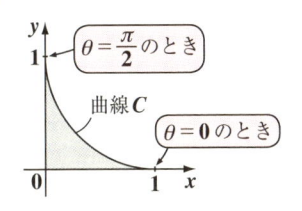

曲線 C が，$y = f(x)$ の形で表されているものとすると，

求める面積 S は，$S = \displaystyle\int_0^1 y\,dx \cdots\cdots④$ となる。この④を θ での積分に置換すると，

$x : 0 \to 1$ のとき，$\theta : \dfrac{\pi}{2} \to 0$ より，また，②，③より，

$S = \displaystyle\int_0^1 y\,dx = \int_{\frac{\pi}{2}}^0 y \cdot \dfrac{dx}{d\theta}\,d\theta = \int_{\frac{\pi}{2}}^0 \underbrace{\sin^4\theta}\,(-4)\underbrace{\cos^3\theta}_{(1-\sin^2\theta) \cdot \cos\theta}\sin\theta\,d\theta$

　$= 4\displaystyle\int_0^{\frac{\pi}{2}} \underbrace{\sin^5\theta(1-\sin^2\theta)}_{g(\sin\theta) \text{より，} \sin\theta = t \text{とおく}} \cdot \cos\theta\,d\theta$

ここで，$\sin\theta = t$ とおくと，$\theta : 0 \to \dfrac{\pi}{2}$ のとき，$t : 0 \to 1$，$\cos\theta\,d\theta = dt$ より，

$S = 4\displaystyle\int_0^1 t^5(1-t^2)\,dt = 4\int_0^1 (t^5 - t^7)\,dt = 4\left[\dfrac{1}{6}t^6 - \dfrac{1}{8}t^8 \right]_0^1$

　$= 4\left(\dfrac{1}{6} - \dfrac{1}{8} \right) = 4 \times \dfrac{2}{48} = \dfrac{8}{48} = \dfrac{1}{6}$ である。$\cdots\cdots\cdots\cdots\cdots\cdots\cdots$（答）

媒介変数表示の曲線と面積 (Ⅱ)

曲線 $C \begin{cases} x = 4\sin 2\theta \\ y = 2\sin\theta \end{cases}$ $\left(0 \le \theta \le \dfrac{\pi}{2}\right)$ と y 軸とで囲まれる図形の

面積 S を求めよ。

ヒント! 曲線 C の概形は，次の
手順で簡単に求められる。まず，
(ⅰ) $x = 4\sin 2\theta$ と (ⅱ) $y = 2\sin\theta$
$\left(0 \le \theta \le \dfrac{\pi}{2}\right)$ のグラフを描く。

そして，特徴的な点として，
始点，極大 (小) 点，終点など
を押さえる。

今回は，$\theta = 0,\ \dfrac{\pi}{4},\ \dfrac{\pi}{2}$ の 3 点を押さえる。

（始点）（x の極大点）（終点）

すると，　θ : $0 \longrightarrow \dfrac{\pi}{4} \longrightarrow \dfrac{\pi}{2}$

　　　$(x, y) : (0, 0) \longrightarrow (4, \sqrt{2}) \longrightarrow (0, 2)$

となる。後は，この 3 点を滑らかな曲線で
結べば，(ⅲ) C の曲線の概形がつかめる。

(ⅰ) $x = 4\sin 2\theta$　(ⅱ) $y = 2\sin\theta$

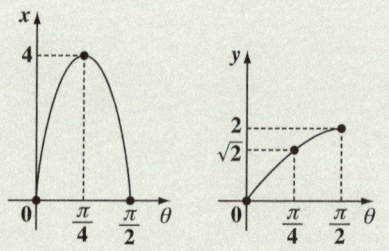

(ⅲ) 曲線 C のグラフ

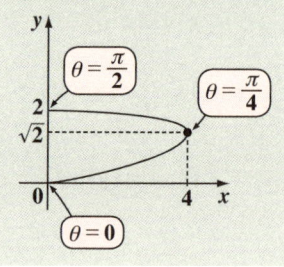

解答 & 解説

曲線 $C \begin{cases} x = 4\sin 2\theta & \cdots\cdots ① \\ y = 2\sin\theta & \cdots\cdots ② \end{cases}$ $\left(0 \le \theta \le \dfrac{\pi}{2}\right)$

のグラフの概形は右図のようになる。

ここで，$\dfrac{dy}{d\theta}$ を求めると，②より，

$\dfrac{dy}{d\theta} = (2\sin\theta)' = 2\cos\theta$ $\cdots\cdots ③$　となる。

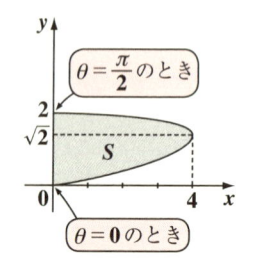

この問題で，曲線 C と y 軸で囲まれる図形の面積 S は，まず，$x = f(y)$ の形で表され
ているものとして，$S = \displaystyle\int_0^2 x\,dy$ とし，これを θ での積分に置換すればいいんだね。

曲線 C と y 軸とで囲まれる図形の面積 S は，曲線 C が $x = f(y)$ の形で表されているものとすると，$S = \displaystyle\int_0^2 x\,dy$ ……④ となる。この④を θ での積分に置換すると，

$y : 0 \to 2$ のとき，$\theta : 0 \to \dfrac{\pi}{2}$ である。また，①と③より，④を変形すると，

$$S = \int_0^2 x\,dy = \int_0^{\frac{\pi}{2}} x \cdot \frac{dy}{d\theta}\,d\theta$$

$$= \int_0^{\frac{\pi}{2}} 4 \cdot \underset{\boxed{2\sin\theta\cos\theta}}{\sin 2\theta} \cdot 2\cos\theta\,d\theta = 16\int_0^{\frac{\pi}{2}} \cos^2\theta \cdot \sin\theta\,d\theta$$

$\boxed{2\sin\theta\cos\theta} \leftarrow \boxed{2\text{倍角の公式}}$

$$= -16\int_0^{\frac{\pi}{2}} \underset{\boxed{f^2}}{\cos^2\theta} \cdot \underset{\boxed{f'}}{(-\sin\theta)}\,d\theta$$

$$= -16\left[\underset{\boxed{\frac{1}{3}f^3}}{\frac{1}{3}\cos^3\theta}\right]_0^{\frac{\pi}{2}} = -16 \times \frac{1}{3}\left(\underset{\boxed{0^3=0}}{\cos^3\frac{\pi}{2}} - \underset{\boxed{1^3=1}}{\cos^3 0}\right)$$

$$= -16 \times \frac{1}{3} \times (-1) = \frac{16}{3} \quad \text{である。} \quad \text{………………………………(答)}$$

別解

$x = 4\sin 2\theta = 8\underset{\boxed{2\sin\theta\cos\theta}}{\sin\theta \cdot \cos\theta}$

$0 \leqq \theta \leqq \dfrac{\pi}{2}$ より，$\cos\theta \geqq 0$
ここで，$\cos^2\theta + \sin^2\theta = 1$ より，
$\cos\theta = \sqrt{1 - \sin^2\theta}$ （$\geqq 0$）となる。

$= 8\sin\theta\underset{\boxed{\left(\frac{y}{2}\right)^2}}{\sqrt{1 - \sin^2\theta}}$ 　$\boxed{y = 2\sin\theta \ \cdots ② \ \text{より}}$
$\ \ \ \underset{\boxed{\frac{y}{2}}}{}$

$= 4y\sqrt{1 - \dfrac{y^2}{4}} = 2y\sqrt{4 - y^2}$ となって，$x = f(y)$ の形にできる。

よって，$S = \displaystyle\int_0^2 2y\underset{\boxed{t \text{と置換する}}}{\sqrt{4 - y^2}}\,dy$ として，$4 - y^2 = t$ と置換して解いてもいい。

極座標表示の曲線と面積

極方程式で表された曲線 $r = f(\theta)$ と 2 直線 $\theta = \alpha$, $\theta = \beta$ $(\alpha < \beta)$ とで囲まれる図形の面積 S が、

$$S = \frac{1}{2}\int_{\alpha}^{\beta} r^2 d\theta \quad\cdots\cdots(*)\ \text{で表されることを示せ。}$$

(1) 曲線 $r = 2\theta + 1$ と 2 直線 $\theta = 0$ と $\theta = \dfrac{\pi}{2}$ とで囲まれる図形の面積 S_1 を求めよ。

(2) 曲線 $r = 10\cos\theta$ と 2 直線 $\theta = -\dfrac{\pi}{6}$ と $\theta = \dfrac{\pi}{3}$ とで囲まれる図形の面積 S_2 を求めよ。

ヒント! 極方程式表示の曲線 $r = f(\theta)$ と 2 直線 $\theta = \alpha$, $\theta = \beta$ で囲まれる図形の微小面積を ΔS とおくと、近似的に $\Delta S \fallingdotseq \dfrac{1}{2} r^2 \Delta\theta$ と表されることから、$(*)$ が導ける。(1), (2) は $(*)$ を用いて解いていけばいいんだね。

解答&解説

極方程式 $r = f(\theta)$ と 2 直線 $\theta = \alpha$, $\theta = \beta$ $(\alpha < \beta)$ とで囲まれる図形の面積 S の微小面積 ΔS は、右図から明らかに、半径 r, 中心角 $\Delta\theta$ の微小な扇形の面積で近似できるので、

$$\Delta S \fallingdotseq \frac{1}{2} r^2 \Delta\theta \quad\cdots\cdots ① \ \text{となる。}$$

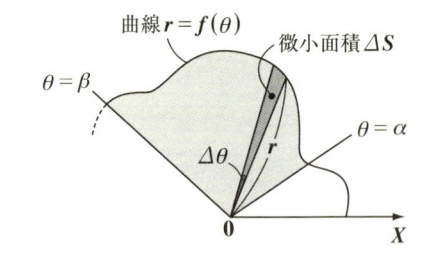

曲線 $r = f(\theta)$　微小面積 ΔS

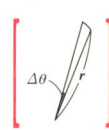

① より、$\dfrac{\Delta S}{\Delta\theta} \fallingdotseq \dfrac{1}{2} r^2 \ \cdots\cdots ①'$ となるので、この両辺の $\Delta\theta \to 0$ の極限をとると、$\dfrac{dS}{d\theta} = \dfrac{1}{2} r^2 \ \cdots\cdots ②$ となる。よって、②の両辺を区間 $[\alpha, \beta]$ で θ で積分すると、

面積 $S = \dfrac{1}{2}\displaystyle\int_{\alpha}^{\beta} r^2 d\theta$ ……(*) が導かれる。…………………………………(終)

(1) 曲線 $r = 2\theta + 1$ と 2 直線 $\theta = 0$ と

$\theta = \dfrac{\pi}{2}$ とで囲まれる図形の面積 S_1

は，公式 (*) を用いると，

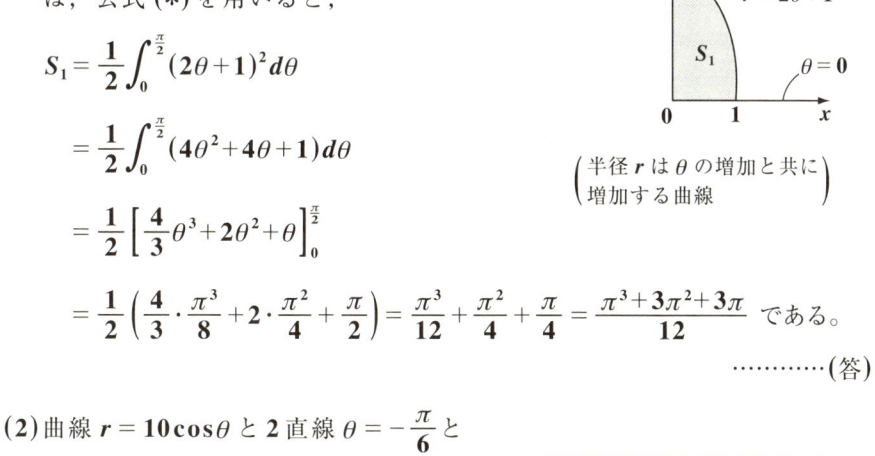

$$S_1 = \frac{1}{2}\int_0^{\frac{\pi}{2}}(2\theta+1)^2 d\theta$$

$$= \frac{1}{2}\int_0^{\frac{\pi}{2}}(4\theta^2+4\theta+1)d\theta$$

$$= \frac{1}{2}\left[\frac{4}{3}\theta^3+2\theta^2+\theta\right]_0^{\frac{\pi}{2}}$$

$$= \frac{1}{2}\left(\frac{4}{3}\cdot\frac{\pi^3}{8}+2\cdot\frac{\pi^2}{4}+\frac{\pi}{2}\right) = \frac{\pi^3}{12}+\frac{\pi^2}{4}+\frac{\pi}{4} = \frac{\pi^3+3\pi^2+3\pi}{12} \ \ \text{である。}$$

…………(答)

(2) 曲線 $r = 10\cos\theta$ と 2 直線 $\theta = -\dfrac{\pi}{6}$ と

$\theta = \dfrac{\pi}{3}$ とで囲まれる図形の面積 S_2 は，

公式 (*) を用いると，

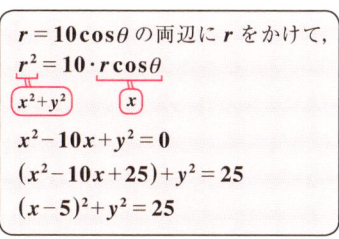

$$S_2 = \frac{1}{2}\int_{-\frac{\pi}{6}}^{\frac{\pi}{3}}(10\cos\theta)^2 d\theta \qquad \boxed{\text{半角の公式}}$$

$$\boxed{100\cos^2\theta = 50(1+\cos2\theta)}$$

$$= 25\int_{-\frac{\pi}{6}}^{\frac{\pi}{3}}(1+\cos2\theta)d\theta$$

$$= 25\left[\theta+\frac{1}{2}\sin2\theta\right]_{-\frac{\pi}{6}}^{\frac{\pi}{3}}$$

$$= 25\left\{\frac{\pi}{3}+\frac{1}{2}\cdot\frac{\sqrt{3}}{2}-\left(-\frac{\pi}{6}-\frac{1}{2}\cdot\frac{\sqrt{3}}{2}\right)\right\}$$

$$= 25\left(\frac{\pi}{2}+\frac{\sqrt{3}}{2}\right)$$

$$= \frac{25(\pi+\sqrt{3})}{2} \qquad\qquad \text{…………………………………(答)}$$

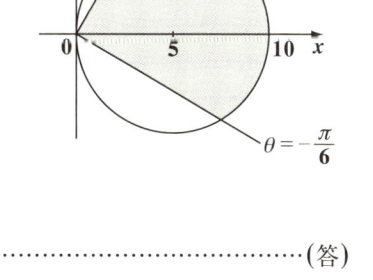

体積の計算（I）

曲線 $y = f(x) = e^{2x} - 1$ と x 軸と直線 $x = 1$ とで囲まれる図形を D とおく。

(1) D を x 軸のまわりに回転してできる回転体の体積 V_x を求めよ。

(2) D を y 軸のまわりに回転してできる回転体の体積 V_y を求めよ。

ヒント！ (1) x 軸のまわりの回転体の体積 V_x は，公式：$V_x = \pi \int_0^1 y^2 dx$ から求めよう。(2) の y 軸のまわりの回転体の体積は，円柱の体積から，曲線と y 軸と直線 $y = e^2 - 1$ で囲まれた図形を y 軸のまわりに回転した体積を引いて求めることになるんだね。

解答＆解説

(1) $y = f(x) = e^{2x} - 1$ ……① と x 軸と直線 $x = 1$ とで囲まれる図形 D を，x 軸のまわりに回転してできる回転体の体積 V_x は，①より，

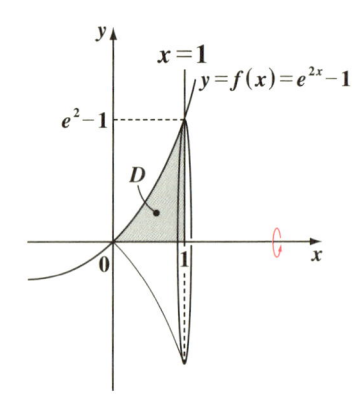

$$V_x = \pi \int_0^1 y^2 dx = \pi \int_0^1 \underbrace{(e^{2x} - 1)^2}_{\boxed{e^{4x} - 2e^{2x} + 1}} dx$$

$$= \pi \int_0^1 (e^{4x} - 2e^{2x} + 1) dx$$

$$= \pi \left[\frac{1}{4} e^{4x} - e^{2x} + x \right]_0^1$$

$$= \pi \left\{ \frac{1}{4} e^4 - e^2 + 1 - \left(\frac{1}{4} \cdot 1 - 1 + 0 \right) \right\}$$

$$= \pi \left(\frac{1}{4} e^4 - e^2 + \frac{7}{4} \right) = \frac{\pi}{4} (e^4 - 4e^2 + 7) \ \text{である。} \quad \cdots\cdots\cdots (答)$$

(2) $y = e^{2x} - 1$ ……① を変形して，

$e^{2x} = y + 1 \qquad 2x = \log(y + 1)$

$x = \dfrac{1}{2} \log(y + 1)$ ……② となる。

図形 D を y 軸のまわりに回転して
できる回転体の体積 V_y は，右図か
ら明らかに，半径 1，高さ e^2-1 の
円柱の体積から，曲線：

$x = \dfrac{1}{2}\log(y+1)$ ……② と y 軸と

直線 $y = e^2-1$ とで囲まれる図形を
y 軸のまわりに回転してできる回転
体の体積を引いたものに等しい。

よって，

$$V_y = \pi \cdot 1^2 \cdot (e^2-1) - \pi \int_0^{e^2-1} x^2 dy$$

$$= \pi(e^2-1) - \pi \int_0^{e^2-1} \left\{\frac{1}{2}\log(y+1)\right\}^2 dy$$

$$= \pi(e^2-1) - \frac{\pi}{4}\int_0^{e^2-1} \{\log(y+1)\}^2 dy$$

> $y+1 = t$ とおくと，$y:0 \to e^2-1$ のとき，$t:1 \to e^2$
> また，$dy = dt$ より，
>
> $$\int_0^{e^2-1} \{\log(y+1)\}^2 dy = \int_1^{e^2} (\log t)^2 dt \quad \text{(部分積分)}$$
>
> $$= \int_1^{e^2} t'(\log t)^2 dt = \left[t(\log t)^2\right]_1^{e^2} - \int_1^{e^2} t \cdot 2\log t \cdot \frac{1}{t} dt$$
>
> $$= e^2\underset{2}{(\log e^2)}^2 - 1 \cdot \underset{0}{(\log 1)}^2 - 2\left[t\log t - t\right]_1^{e^2}$$
>
> $$= 4e^2 - 2\{e^2 \cdot \underset{2}{\log e^2} - e^2 - (1 \cdot \underset{0}{\log 1} - 1)\}$$
>
> $$= 4e^2 - 2(2e^2 - e^2 + 1) = 2e^2 - 2$$

$$\therefore V_y = \pi(e^2-1) - \frac{\pi}{4}(2e^2-2) = \pi(e^2-1) - \frac{\pi}{2}(e^2-1)$$

$$= \frac{\pi}{2}(e^2-1) \ \text{である。} \ \cdots\cdots\cdots\cdots\cdots\cdots\cdots\cdots\cdots\text{(答)}$$

体積の計算 (Ⅱ)

曲線 $y = f(x) = \dfrac{2\log(x+1)}{x+1}$ ……①

$(x > -1)$ と x 軸と直線 $x = e^2 - 1$ と

直線 $x = \dfrac{1}{e} - 1$ とで囲まれる図形を

D とおく。D を x 軸のまわりに回転

してできる回転体の体積 V を求めよ。

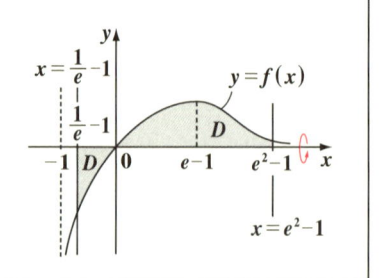

ヒント! 演習問題 81(P137) と同じ図形 D を，今回は面積ではなく，x 軸の まわりに回転させた回転体の体積として求める。面積計算では $y = f(x)$ の正・負 がポイントになるけれど，x 軸のまわりの回転体の体積計算の場合，その公式： $V = \pi \displaystyle\int_a^b y^2 dx$ から分かるように，被積分関数が y^2 なので，$y = f(x)$ の正・負を 気にすることなく，区間 $\left[\dfrac{1}{e} - 1, \ e^2 - 1\right]$ でいっぺんに積分できるんだね。

解答 & 解説

曲線 $y = f(x) = \dfrac{2\log(x+1)}{x+1}$ ……①　$(x > -1)$

と x 軸と直線 $x = e^2 - 1$ と直線 $x = \dfrac{1}{e} - 1$

とで囲まれる図形 D を x 軸のまわりに
回転してできる立体の体積を V とおくと，
①より，V は次式で求められる。

$$V = \pi \int_{\frac{1}{e} - 1}^{e^2 - 1} y^2 dx$$

$$= 4\pi \int_{\frac{1}{e} - 1}^{e^2 - 1} \frac{\{\log(x+1)\}^2}{(x+1)^2} dx \ \cdots\cdots ②$$

ここで，$x + 1 = t$ とおくと，$x : \dfrac{1}{e} - 1 \to e^2 - 1$ のとき，$t : \dfrac{1}{e} \to e^2$ であり，

また，$dx = dt$ となる。よって，②を変形して，

$$V = 4\pi \int_{\frac{1}{e}}^{e^2} \frac{(\log t)^2}{t^2} dt = 4\pi \int_{\frac{1}{e}}^{e^2} \underbrace{\frac{1}{t^2}}_{\left(-\frac{1}{t}\right)'} \cdot (\log t)^2 dt$$

部分積分
$$\int f' \cdot g\, dx = f \cdot g - \int f \cdot g'\, dx$$

$$= 4\pi \int_{\frac{1}{e}}^{e^2} \left(-\frac{1}{t}\right)' \cdot (\log t)^2 dt$$

$$\{(\log t)^2\}'$$

$$= 4\pi \left\{ -\left[\frac{1}{t}(\log t)^2\right]_{\frac{1}{e}}^{e^2} + \int_{\frac{1}{e}}^{e^2} \frac{1}{t} \cdot \boxed{2 \cdot \log t \cdot \frac{1}{t}}\, dt \right\}$$

$$= 4\pi \left\{ -\frac{1}{e^2}\underbrace{(\log e^2)^2}_{2^2 = 4} + e\underbrace{\left(\log \frac{1}{e}\right)^2}_{(-1)^2 = 1} + 2\int_{\frac{1}{e}}^{e^2} \underbrace{\frac{1}{t^2}}_{\left(-\frac{1}{t}\right)'} \log t\, dt \right\}$$

$$= -\frac{16\pi}{e^2} + 4\pi e + 8\pi \underbrace{\int_{\frac{1}{e}}^{e^2} \left(-\frac{1}{t}\right)' \cdot \log t\, dt}$$

2回目の
部分積分

$$-\left[\frac{1}{t}\log t\right]_{\frac{1}{e}}^{e^2} + \int_{\frac{1}{e}}^{e^2} \frac{1}{t} \cdot \frac{1}{t}\, dt$$

$$= -\frac{1}{e^2}\underbrace{\log e^2}_{2} + e\underbrace{\log \frac{1}{e}}_{-1} - \left[\frac{1}{t}\right]_{\frac{1}{e}}^{e^2}$$

$$= -\frac{2}{e^2} - e - \frac{1}{e^2} + e = -\frac{3}{e^2}$$

$$= -\frac{16\pi}{e^2} + 4\pi e + 8\pi \cdot \left(-\frac{3}{e^2}\right)$$

$$= 4\pi e - \frac{40\pi}{e^2} = 4\pi\left(e - \frac{10}{e^2}\right) \quad \text{である。} \quad \cdots\cdots\cdots\cdots\cdots\text{(答)}$$

曲線 $y = f(x) = 4\sin x(1-\cos x)$ ……①
$(-\pi \le x \le \pi)$ と x 軸とで囲まれる図形
を D とおく。D を x 軸のまわりに回転
してできる回転体の体積 V を求めよ。

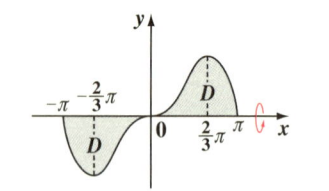

ヒント! $y = f(x)$ は奇関数で, 原点に対称な曲線なので, 図形 D を x 軸のまわ
りに回転した場合, 区間 $[-\pi, 0]$ と区間 $[0, \pi]$ の回転体は左右対称な立体になる
ことに気を付けよう。(①の関数は, 演習問題58(P98)のものと同じだね。)

解答&解説

曲線 $y = f(x) = 4\sin x(1-\cos x)$ ……①
$(-\pi \le x \le \pi)$ は,

$f(-x) = -f(x)$ をみたすので, 奇関数。
すなわち, 原点に関して点対称な曲線
である。

よって, ①と x 軸とで囲まれる図形 D を
x 軸のまわりに回転してできる立体は,
右図に示すように, 左右対称な立体になる。

よって, 求める図形 D の回転体の体積 V は, ①より,

$$V = 2 \times \pi \int_0^\pi y^2 dx = 2\pi \int_0^\pi \{4\sin x(1-\cos x)\}^2 dx$$

$$\left[2 \times \right]$$

$$= 32\pi \int_0^\pi \sin^2 x(1-\cos x)^2 dx$$

$$\sin^2 x(1-2\cos x + \cos^2 x) = \sin^2 x - 2\sin^2 x \cos x + \sin^2 x \cos^2 x$$

$$= 32\pi \left(\underbrace{\int_0^\pi \sin^2 x dx}_{(\text{i})} - 2\underbrace{\int_0^\pi \sin^2 x \cos x dx}_{(\text{ii})} + \underbrace{\int_0^\pi \sin^2 x \cos^2 x dx}_{(\text{iii})} \right) \quad ……②$$

となる。ここで, ②の3つの定積分(ⅰ), (ⅱ), (ⅲ)をそれぞれ求めると,

(i) $\displaystyle\int_0^\pi \underline{\sin^2 x}\,dx = \frac{1}{2}\int_0^\pi (1-\cos 2x)\,dx = \frac{1}{2}\left[x - \frac{1}{2}\sin 2x\right]_0^\pi$

$\underbrace{\dfrac{1-\cos 2x}{2}}$（半角の公式）

$\boxed{0\ (\because \sin 2\pi = \sin 0 = 0)}$

$= \dfrac{1}{2}(\pi - 0) = \dfrac{\pi}{2}$ ·······································③

(ii) $\displaystyle\int_0^\pi \underline{\sin^2 x}\cdot \underline{\cos x}\,dx = \left[\frac{1}{3}\sin^3 x\right]_0^\pi = \frac{1}{3}\left(\underline{\sin^3 \pi} - \underline{\sin^3 0}\right) = 0$ ······④

$\underbrace{f^2}\quad \underbrace{f'}$

$\underbrace{\dfrac{1}{3}f^3}$

$0^3 \qquad 0^3$

(iii) $\displaystyle\int_0^\pi \underline{\sin^2 x\cos^2 x}\,dx = \frac{1}{8}\int_0^\pi (1-\cos 4x)\,dx$

$\boxed{(\sin x\cos x)^2 = \dfrac{1}{4}\sin^2 2x = \dfrac{1}{8}(1-\cos 4x)}$

$\boxed{\dfrac{1}{2}\sin 2x}$（2倍角の公式） $\boxed{\dfrac{1-\cos 4x}{2}}$（半角の公式）

$= \dfrac{1}{8}\left[x - \dfrac{1}{4}\sin 4x\right]_0^\pi = \dfrac{1}{8}(\pi - 0) = \dfrac{\pi}{8}$ ·····················⑤

$\boxed{0\ (\because \sin 4\pi = \sin 0 = 0)}$

以上 (i), (ii), (iii) の③, ④, ⑤を②に代入して, 求める体積 V は,

$V = 32\pi\left(\underset{(\,i\,)}{\dfrac{\pi}{2}} - \underset{(\,ii\,)}{2\times 0} + \underset{(\,iii\,)}{\dfrac{\pi}{8}}\right) = 32\pi \times \dfrac{5\pi}{8} = 20\pi^2$ である。 ·····················(答)

> 様々な三角関数の積分計算が出て来るので, 計算練習によい問題だったんだね。面白かった？

体積の計算 (Ⅳ)

曲線 $y = f(x) = x\sqrt{x}\, e^{-\frac{x}{2}}$ $(x \geqq 0)$ と x 軸と直線 $x = \alpha$ $(\alpha > 0)$ とで囲まれる図形を D_α とおく。さらに，D_α を x 軸のまわりに回転してできる立体の体積を $V(\alpha)$ とおく。このとき，極限 $\displaystyle\lim_{\alpha \to \infty} V(\alpha)$ を求めよ。

ヒント！ $y = f(x)$ を 2 つの関数 $y = x\sqrt{x}$

と $y = e^{-\frac{x}{2}}$ の積と考える。

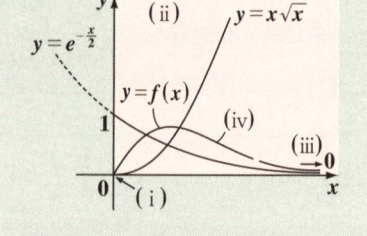

(ⅰ) $f(0) = 0\sqrt{0} \times e^0 = 0$ より，$y = f(x)$ は，
　　原点 O を通る。

(ⅱ) $x > 0$ のとき，$f(x) = \underset{\oplus}{x\sqrt{x}} \cdot \underset{\oplus}{e^{-x}} > 0$
　　となる。

(ⅲ) $\displaystyle\lim_{x \to \infty} f(x) = \lim_{x \to \infty} \frac{x\sqrt{x}}{e^{\frac{x}{2}}} = \frac{(\text{中位の}\infty)}{(\text{強い}\infty)} = 0$

(ⅳ) 原点 O から，$x > 0$ に向けて，$y = f(x)$ はニョロニョロする程複雑ではないので，一山ができる。以上で，$y = f(x)$ のグラフの概形が分かるんだね。

解答 & 解説

曲線 $y = f(x) = x^{\frac{3}{2}} e^{-\frac{x}{2}}$ $(x \geqq 0)$ と x 軸と直線 $x = \alpha$ $(\alpha > 0)$ とで囲まれる図形 D_α を x 軸のまわりに回転してできる回転体の体積 $V(\alpha)$ を求めると，

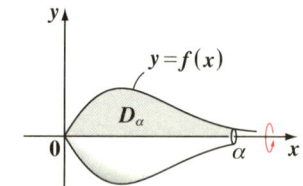

$$V(\alpha) = \pi \int_0^\alpha y^2 dx = \pi \int_0^\alpha \left(x^{\frac{3}{2}} e^{-\frac{x}{2}}\right)^2 dx$$

$$= \pi \int_0^\alpha x^3 e^{-x} dx$$

$$= \pi \int_0^\alpha x^3 (-e^{-x})' dx$$

$$= \pi \left\{ -\underbrace{\left[x^3 e^{-x}\right]_0^\alpha}_{-\alpha^3 e^{-\alpha} + 0^3 \cdot e^0} + \int_0^\alpha 3x^2 \cdot e^{-x} dx \right\}$$

> 部分積分
> $$\int f \cdot g' dx = f \cdot g - \int f' \cdot g\, dx$$

さらに，変形して，

154

$$V(\alpha) = -\pi\alpha^3 e^{-\alpha} + 3\pi\int_0^\alpha x^2 \cdot (-e^{-x})' \, dx$$

2回目の部分積分

$$= -\frac{\pi\alpha^3}{e^\alpha} + 3\pi\left\{-\left[x^2 e^{-x}\right]_0^\alpha + \int_0^\alpha 2x e^{-x} dx\right\}$$

$$= -\frac{\pi\alpha^3}{e^\alpha} - 3\pi\cdot\frac{\alpha^2}{e^\alpha} + 6\pi\int_0^\alpha x(-e^{-x})' \, dx$$

3回目の部分積分

$$-\left[x e^{-x}\right]_0^\alpha + \int_0^\alpha 1\cdot e^{-x} dx = -\frac{\alpha}{e^\alpha} - \left[e^{-x}\right]_0^\alpha = -\frac{\alpha}{e^\alpha} - \frac{1}{e^\alpha} + 1$$

$$= -\frac{\pi\alpha^3}{e^\alpha} - \frac{3\pi\alpha^2}{e^\alpha} + 6\pi\left(-\frac{\alpha}{e^\alpha} - \frac{1}{e^\alpha} + 1\right)$$

$$\therefore V(\alpha) = 6\pi - \pi\cdot\frac{\alpha^3 + 3\alpha^2 + 6\alpha + 6}{e^\alpha} \quad \cdots\cdots① \quad となる。$$

$g(\alpha)$

ここで, $g(\alpha) = \dfrac{\alpha^3 + 3\alpha^2 + 6\alpha + 6}{e^\alpha}$ $(\alpha > 0)$ とおいて, $\alpha\to\infty$ の極限を考えると,

$\dfrac{\infty}{\infty}$ の不定形になる。よって, ロピタルの定理を3回用いて, $\displaystyle\lim_{\alpha\to\infty} g(\alpha)$を求めると,

$$\lim_{\alpha\to\infty} g(\alpha) = \lim_{\alpha\to\infty}\frac{(\alpha^3 + 3\alpha^2 + 6\alpha + 6)'''}{(e^\alpha)'''} = \lim_{\alpha\to\infty}\frac{(3\alpha^2 + 6\alpha + 6)''}{(e^\alpha)''}$$

ロピタルの定理も3回使った!

$$= \lim_{\alpha\to\infty}\frac{(6\alpha + 6)'}{(e^\alpha)'} = \lim_{\alpha\to\infty}\frac{6}{e^\alpha} = \frac{6}{\infty} = 0 \quad \cdots\cdots② \quad となる。$$

①, ②より, 極限 $\displaystyle\lim_{\alpha\to\infty} V(\alpha)$ を求めると,

$$\lim_{\alpha\to\infty} V(\alpha) = \lim_{\alpha\to\infty}\left\{6\pi - \pi\cdot g(\alpha)\right\} = 6\pi \quad となる。 \cdots\cdots(答)$$

0 (②より)

バウムクーヘン型積分（Ⅰ）

曲線 $y = f(x) = e^{2x} - 1$ と x 軸と直線 $x = 1$ とで囲まれる図形を D とおく。D を y 軸のまわりに回転してできる回転体の体積 V_y を，

公式：$V_y = 2\pi \displaystyle\int_0^1 x f(x) dx$ ……(*) を用いて求めよ。

ヒント！ 演習問題 **88(2)(P148)** と同じ問題を今回は，"バウムクーヘン型積分"の公式 (*) を使って求めてみよう。

解答&解説

図形 D を y 軸のまわりに回転してできる回転体の体積 V_y を (*) の公式を使って求めると，

$V_y = 2\pi \displaystyle\int_0^1 x \cdot f(x) dx$

$= 2\pi \displaystyle\int_0^1 x \cdot (e^{2x} - 1) dx$

$= 2\pi \displaystyle\int_0^1 x \left(\frac{1}{2} e^{2x} - x \right)' dx$ → 部分積分

$= 2\pi \left\{ \left[x \left(\frac{1}{2} e^{2x} - x \right) \right]_0^1 - \displaystyle\int_0^1 1 \cdot \left(\frac{1}{2} e^{2x} - x \right) dx \right\}$

$= 2\pi \left\{ 1 \cdot \left(\frac{1}{2} e^2 - 1 \right) - \left[\frac{1}{4} e^{2x} - \frac{1}{2} x^2 \right]_0^1 \right\}$

$= 2\pi \left\{ \frac{1}{2} e^2 - 1 - \left(\frac{1}{4} e^2 - \frac{1}{2} \right) + \left(\underbrace{\frac{1}{4} e^0}_{1} - 0 \right) \right\}$

$= 2\pi \left(\frac{1}{2} e^2 - \frac{1}{4} e^2 - 1 + \frac{1}{2} + \frac{1}{4} \right)$

$= 2\pi \left(\frac{1}{4} e^2 - \frac{1}{4} \right)$

$= \frac{\pi}{2} (e^2 - 1)$ となる。……………………………………………………(答)

演習問題 **88(2)** の結果と同じ結果が導けた！

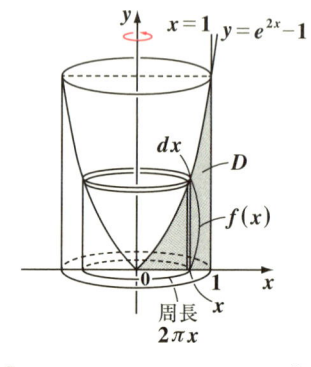

[微小体積 $dV = 2\pi x \cdot f(x) \cdot dx$]

バウムクーヘン型積分 (II)

曲線 $y = f(x) = 4\sin x (1 - \cos x)$ $(0 \le x \le \pi)$
と x 軸とで囲まれる図形を D とおく。
D を y 軸のまわりに回転してできる回転体
の体積 V を求めよ。
(この $y = f(x)$ は，演習問題 58(P98)と同じもの)

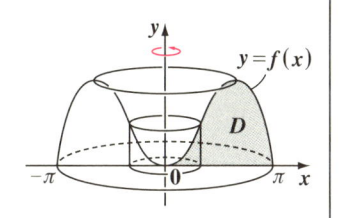

ヒント! これも，バウムクーヘン型積分の公式：$V = 2\pi \displaystyle\int_0^\pi x f(x) dx$ を利用して解こう!

解答&解説

この回転体の微小体積 $dV = 2\pi x f(x) dx$ とおけるので，これを使って，図形 D を y 軸のまわりに回転してできる回転体の体積 V を求めると，

$$V = 2\pi \int_0^\pi x f(x) dx = 2\pi \int_0^\pi x \cdot 4\sin x \overparen{(1 - \cos x)} dx$$

$$= 8\pi \int_0^\pi x (\underbrace{\sin x}_{g} - \underbrace{\sin x \cos x}_{g'}) dx$$

$$= 8\pi \int_0^\pi x \left(-\cos x - \underbrace{\frac{1}{2}\sin^2 x}_{\frac{1}{2}g^2}\right)' dx$$

部分積分
$$\int f \cdot g' dx = f \cdot g - \int f' \cdot g \, dx$$

$$= 8\pi \left\{ -\left[x \left(\cos x + \frac{1}{2}\underbrace{\sin^2 x}_{0\ (\because \sin^2 \pi = \sin^2 0 = 0)}\right) \right]_0^\pi + \int_0^\pi 1 \cdot \left(\cos x + \frac{1}{2}\underbrace{\sin^2 x}_{\frac{1}{2}(1 - \cos 2x)}\right) dx \right\}$$

$$= -8\pi \cdot \pi \cdot (-1) + 8\pi \int_0^\pi \left(\cos x + \frac{1}{4} - \frac{1}{4}\cos 2x\right) dx$$

$$= 8\pi^2 + 8\pi \left[\underbrace{\sin x}_{0\ (\because \sin \pi = \sin 0 = 0)} + \frac{1}{4}x - \frac{1}{8}\underbrace{\sin 2x}_{0\ (\because \sin 2\pi = \sin 0 = 0)} \right]_0^\pi$$

$$= 8\pi^2 + 8\pi \times \frac{\pi}{4} = 8\pi^2 + 2\pi^2 = 10\pi^2 \quad となる。 \quad \cdots\cdots\cdots (答)$$

媒介変数表示曲線と体積（Ⅰ）

曲線 C $\begin{cases} x = \cos^4\theta \\ y = \sin^4\theta \end{cases}$ $\left(0 \leqq \theta \leqq \dfrac{\pi}{2}\right)$ と x 軸と

y 軸とで囲まれる図形を D とおく。この D

を x 軸のまわりに回転してできる回転体の

体積 V を求めよ。（曲線 C は，演習問題 85(P143) と同じもの）

ヒント！ 媒介変数表示された曲線の場合でも，まず，$y = f(x)$ の形で表されてい

るものとして，x 軸のまわりの回転体の体積の公式通り，$V = \pi\displaystyle\int_0^1 y^2 dx$ とおこう。

この後で，θ での積分に置き換えて $\displaystyle\int_{\frac{\pi}{2}}^0 (\sin^4\theta)^2 \cdot \dfrac{dx}{d\theta} d\theta$ として解いていけばいい。

解答＆解説

曲線 C $\begin{cases} x = \cos^4\theta & \cdots\cdots ① \\ y = \sin^4\theta & \cdots\cdots ② \end{cases}$ $\left(0 \leqq \theta \leqq \dfrac{\pi}{2}\right)$

について，

$$\frac{dx}{d\theta} = (\cos^4\theta)' = 4\cos^3\theta(\boxed{-\sin\theta})$$

$\boxed{(\cos\theta)'}$

$$= -4\cos^3\theta\sin\theta \cdots\cdots ③ \quad \text{となる。}$$

曲線 C が，$y = f(x)$ の形で表されている

ものとして，図形 D の x 軸のまわりの回転体の体積 V の計算式を示すと，

$$V = \pi\int_0^1 y^2 dx \cdots\cdots ④ \quad \text{となる。}$$

ここで，④ を媒介変数 θ での積分に置き換えると，① より，

$x : 0 \to 1$ のとき，$\theta : \dfrac{\pi}{2} \to 0$ となり，また，②, ③ を使って ④ を変形すると，

$$V = \pi\int_0^1 y^2 dx = \pi\int_{\frac{\pi}{2}}^0 y^2 \cdot \frac{dx}{d\theta} d\theta = \pi\int_{\frac{\pi}{2}}^0 (\sin^4\theta)^2 \cdot (-4)\cos^3\theta\sin\theta\, d\theta$$

$$\therefore V = 4\pi\int_0^{\frac{\pi}{2}} \sin^9\theta \underbrace{\cos^3\theta}\, d\theta \cdots\cdots ⑤ \quad \text{となる。}$$

$\boxed{(1 - \sin^2\theta)\cos\theta}$

> 公式：$-\displaystyle\int_a^b f(\theta)d\theta = \int_b^a f(\theta)d\theta$
> も使った！

158

⑤をさらに変形して，

$$V = 4\pi \int_0^{\frac{\pi}{2}} \underbrace{\sin^9\theta(1-\sin^2\theta)}_{f(\sin\theta)} \cdot \cos\theta\, d\theta \quad \cdots\cdots ⑤'$$

> 置換積分
> $\int f(\sin\theta) \cdot \cos\theta\, d\theta$ のとき，
> $\sin\theta = t$ とおくとうまくいく。

ここで，$\sin\theta = t$ とおくと，$\theta : 0 \to \dfrac{\pi}{2}$ のとき，$t : 0 \to 1$

また，$\cos\theta\, d\theta = dt$ より，⑤'は，

$$V = 4\pi \int_0^{\frac{\pi}{2}} \sin^9\theta(1-\sin^2\theta) \cdot \cos\theta\, d\theta$$

$$= 4\pi \int_0^1 t^9(1-t^2)\, dt = 4\pi \int_0^1 (t^9 - t^{11})\, dt$$

$$= 4\pi \left[\frac{1}{10} t^{10} - \frac{1}{12} t^{12} \right]_0^1$$

$$= 4\pi \left(\frac{1}{10} - \frac{1}{12} \right) = 4\pi \cdot \frac{6-5}{60} = \frac{\pi}{15} \quad \text{となる。} \quad \cdots\cdots\cdots\cdots\cdots\cdots\text{(答)}$$

別解

①，②より，$\sqrt{x} = \cos^2\theta$，$\sqrt{y} = \sin^2\theta$　よって，これを公式 $\cos^2\theta + \sin^2\theta = 1$ に代入すると，$\sqrt{x} + \sqrt{y} = 1$　　$\sqrt{y} = 1 - \sqrt{x}$

$\therefore y = (1-\sqrt{x})^2 \cdots\cdots ⑥ \ (0 \leqq x \leqq 1)$ となって，曲線 C は，$y = f(x)$ の形で表せる。

よって，⑥を④に代入することにより，D の x 軸のまわりの回転体の体積 V を求めると，

$$V = \pi \int_0^1 y^2\, dx = \pi \int_0^1 \underbrace{(1-\sqrt{x})^4}\, dx$$
$$(1 - 2\sqrt{x} + x)^2 = 1 + 4x + x^2 - 4\sqrt{x} - 4x\sqrt{x} + 2x$$

$$= \pi \int_0^1 \left(1 - 4x^{\frac{1}{2}} + 6x - 4x^{\frac{3}{2}} + x^2 \right) dx$$

$$= \pi \left[x - \frac{8}{3} x^{\frac{3}{2}} + 3x^2 - \frac{8}{5} x^{\frac{5}{2}} + \frac{1}{3} x^3 \right]_0^1$$

$$= \pi \left(1 - \frac{8}{3} + 3 - \frac{8}{5} + \frac{1}{3} \right) = \pi \cdot \frac{15 - 40 + 45 - 24 + 5}{15} = \frac{\pi}{15}$$

となって，同じ結果が導けるんだね。面白かった？

媒介変数表示曲線と体積 (Ⅱ)

曲線 $C\begin{cases} x = 4\sin 2\theta \\ y = 2\sin\theta \end{cases}\left(0 \leqq \theta \leqq \dfrac{\pi}{2}\right)$ と

y 軸とで囲まれる図形を D とおく。D を
y 軸のまわりに回転してできる回転体の
体積 V を求めよ。(曲線 C は，演習問題 86(P144)と同じもの)

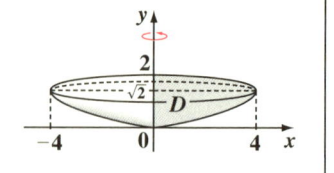

ヒント!　y 軸のまわりの回転体の体積だから，$V = \pi\displaystyle\int_0^2 x^2 dy$ として，θ での積分に置き換えればいいんだね。頑張ろう!

解答&解説

曲線 $C\begin{cases} x = 4\sin 2\theta = 8\sin\theta\cos\theta & \cdots\cdots① \\ y = 2\sin\theta & \cdots\cdots② \end{cases}\left(0 \leqq \theta \leqq \dfrac{\pi}{2}\right)$ について，

◀ $\sin 2\theta = 2\sin\theta\cos\theta$ (2倍角の公式)

$\dfrac{dy}{d\theta} = (2\sin\theta)' = 2\cos\theta \cdots\cdots③$ となる。

曲線 C が，$x = f(y)$ の形で表され
るものとすると，図形 D を y 軸の
まわりに回転してできる回転体の
体積 V は，

$V = \pi\displaystyle\int_0^2 x^2 dy \cdots\cdots④$ となる。

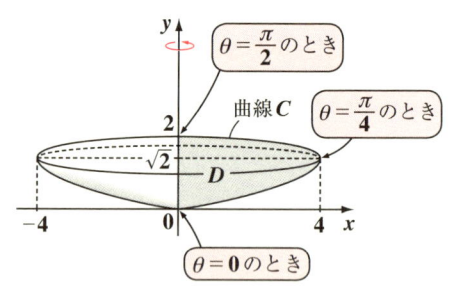

この④を θ での積分に置換すると，

$y : 0 \to 2$ のとき，$\theta : 0 \to \dfrac{\pi}{2}$ である。よって，①，③を用いて④を変形すると，

$V = \pi\displaystyle\int_0^2 x^2 dy = \pi\int_0^{\frac{\pi}{2}} x^2 \cdot \dfrac{dy}{d\theta} d\theta$

$= \pi\displaystyle\int_0^{\frac{\pi}{2}} (4\sin 2\theta)^2 \cdot 2\cos\theta \, d\theta$ となる。よって，

$(8\sin\theta\cos\theta)^2 = 64\sin^2\theta\cos^2\theta$

$$V = 128\pi \int_0^{\frac{\pi}{2}} \sin^2\theta \cdot \underline{\cos^3\theta}\, d\theta$$

$$\underline{(1-\sin^2\theta)\cos\theta}$$

$$= 128\pi \int_0^{\frac{\pi}{2}} \underline{\sin^2\theta \cdot (1-\sin^2\theta)\cos\theta\, d\theta}$$

$$\underline{g(\sin\theta)}$$

> $\int g(\sin\theta) \cdot \cos\theta\, d\theta$ の場合，$\sin\theta = t$ とおくとうまくいく！

ここで，$\sin\theta = t$ とおくと，$\theta : 0 \to \dfrac{\pi}{2}$ のとき，$t : 0 \to 1$ であり，

また，$(\sin\theta)' d\theta = dt$　つまり，$\cos\theta\, d\theta = dt$ より，

$$V = 128\pi \int_0^1 t^2(1-t^2)\, dt = 128\pi \int_0^1 (t^2 - t^4)\, dt$$

$$= 128\pi \left[\frac{1}{3}t^3 - \frac{1}{5}t^5 \right]_0^1 = 128\pi \left(\frac{1}{3} - \frac{1}{5} \right)$$

$$= 128\pi \times \frac{5-3}{15} = \frac{256}{15}\pi \text{ である。} \cdots\cdots\cdots\cdots\cdots\cdots\cdots\text{(答)}$$

別解

①より，$x = 8\sin\theta\cos\theta = 8\sin\theta\sqrt{1-\sin^2\theta}$ ……①´

②より，$\sin\theta = \dfrac{y}{2}$ ……②´　　②´ を①´ に代入して，

> $0 \leqq \theta \leqq \dfrac{\pi}{2}$ より，$\cos\theta \geqq 0$ だから，$\cos\theta = \sqrt{1-\sin^2\theta}$

$$x = 8 \cdot \frac{y}{2} \cdot \sqrt{1 - \frac{y^2}{4}} = 4y \cdot \frac{1}{2}\sqrt{4-y^2} = 2y\sqrt{4-y^2} \text{ となって，}$$

$x = f(y)$ の形にもち込めた。よって，これを④に代入すると，

$$V = \pi \int_0^2 x^2\, dy = \pi \int_0^2 4y^2(4-y^2)\, dy$$

$$= 4\pi \int_0^2 (4y^2 - y^4)\, dx = 4\pi \left[\frac{4}{3}y^3 - \frac{1}{5}y^5 \right]_0^2$$

$$= 4\pi \left(\frac{4}{3} \times 8 - \frac{1}{5} \times 32 \right) = 4\pi \times \frac{160 - 96}{15}$$

$$= \frac{4 \times 64}{15}\pi = \frac{256}{15}\pi \text{ となって，同じ結果が導けるんだね。大丈夫？}$$

曲線の長さ（I）

曲線 $y = f(x)$ $(a \leqq x \leqq b)$ の長さ L が，次の公式：

$$L = \int_a^b \sqrt{1 + \{f'(x)\}^2}\, dx \ \cdots\cdots (*) \ \text{で求められることを示せ。}$$

$(*)$ の公式を用いて，曲線 $y = f(x) = \dfrac{1}{3}(x+2)^{\frac{3}{2}}$ $(-2 \leqq x \leqq 0)$ の長さ

L_1 と，同じく曲線 $y = f(x)$ $(0 \leqq x \leqq 3)$ の長さ L_2 を求めよ。

ヒント！　微小な曲線の長さ ΔL が，$\Delta L = \sqrt{(\Delta x)^2 + (\Delta y)^2}$ と表されることから，公式 $(*)$ を導くことができる。ここでは，例題を使って，実際に曲線の長さを求めてみよう。

解答 & 解説

曲線 $y = f(x)$ $(a \leqq x \leqq b)$ の長さ L を求める公式 $(*)$ を導く。右図に示すように，微小な曲線の長さ ΔL を拡大して考えると，三平方の定理から，近似的に，

$$\Delta L = \sqrt{(\Delta x)^2 + (\Delta y)^2} \ \cdots\cdots ①$$

が成り立つ。①の右辺から，

Δx (>0) をくくり出すと，

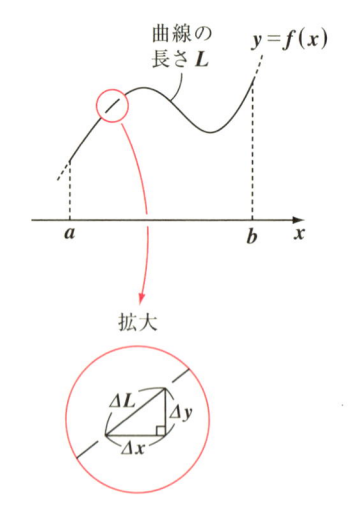

曲線の長さ L　　$y = f(x)$

拡大

$$\Delta L \fallingdotseq \sqrt{\left\{1 + \left(\dfrac{\Delta y}{\Delta x}\right)^2\right\}(\Delta x)^2}$$

$$= \sqrt{1 + \left(\dfrac{\Delta y}{\Delta x}\right)^2}\, \Delta x \ \ \text{より，}$$

$$\dfrac{\Delta L}{\Delta x} \fallingdotseq \sqrt{1 + \left(\dfrac{\Delta y}{\Delta x}\right)^2} \ \cdots\cdots ② \ \text{となる。ここで，②の両辺の} \Delta x \to 0 \text{の極限をとると，}$$

$$\dfrac{dL}{dx} = \sqrt{1 + (y')^2} \ \cdots\cdots ③ \ \text{となる。よって，③の両辺を区間} [a, b] \text{で} x \text{により}$$

積分すると，公式：

$$L = \int_a^b \sqrt{1 + (y')^2}\, dx = \int_a^b \sqrt{1 + \{f'(x)\}^2}\, dx \ \cdots\cdots (*) \ \text{が導かれる。} \cdots\cdots\cdots (終)$$

次に，曲線 $y = f(x) = \dfrac{1}{3}(x+2)^{\frac{3}{2}}$ $(-2 \leqq x \leqq 0)$

の長さ L_1 を $(*)$ の公式を使って求める。

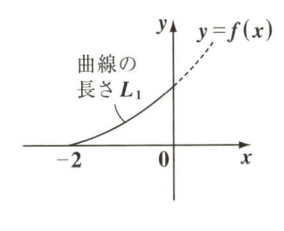

曲線の
長さ L_1

$y = f(x)$

$$f'(x) = \left\{ \dfrac{1}{3}(x+2)^{\frac{3}{2}} \right\}' = \dfrac{1}{3} \cdot \dfrac{3}{2}(x+2)^{\frac{1}{2}} \cdot \underbrace{1}_{(x+2)'}$$

$$= \dfrac{1}{2}\sqrt{x+2} \quad \cdots\cdots ④ \quad となる。よって，④を用いて，$$

$$1 + \{f'(x)\}^2 = 1 + \dfrac{1}{4}(x+2) = \dfrac{1}{4}(x+6) \quad \cdots\cdots ⑤ \quad となる。$$

以上より，求める曲線の長さ L_1 は，$(*)$ と⑤より，

$$L_1 = \int_{-2}^{0} \sqrt{1+\{f'(x)\}^2}\, dx = \int_{-2}^{0} \sqrt{\dfrac{1}{4}(x+6)}\, dx$$

$$= \dfrac{1}{2} \int_{-2}^{0} (x+6)^{\frac{1}{2}}\, dx$$

$$= \dfrac{1}{2} \times \dfrac{2}{3} \left[(x+6)^{\frac{3}{2}} \right]_{-2}^{0}$$

$$= \dfrac{1}{3}\left(\underbrace{6^{\frac{3}{2}}}_{6\sqrt{6}} - \underbrace{4^{\frac{3}{2}}}_{2^3 = 8} \right) = \dfrac{6\sqrt{6}-8}{3} \quad となる。 \cdots\cdots (答)$$

同様に，曲線 $y = f(x) = \dfrac{1}{3}(x+2)^{\frac{3}{2}}$ $(0 \leqq x \leqq 3)$

の長さ L_2 を求めると，$(*)$ と⑤より，

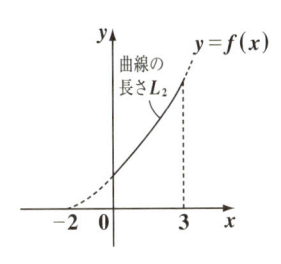

曲線の
長さ L_2

$y = f(x)$

$$L_2 = \int_{0}^{3} \sqrt{1+\{f'(x)\}^2}\, dx = \int_{0}^{3} \sqrt{\dfrac{1}{4}(x+6)}\, dx$$

$$= \dfrac{1}{2} \int_{0}^{3} (x+6)^{\frac{1}{2}}\, dx = \dfrac{1}{2} \times \dfrac{2}{3} \left[(x+6)^{\frac{3}{2}} \right]_{0}^{3}$$

$$= \dfrac{1}{3}\left(\underbrace{9^{\frac{3}{2}}}_{3^3 = 27} - \underbrace{6^{\frac{3}{2}}}_{6\sqrt{6}} \right) = \dfrac{27-6\sqrt{6}}{3}$$

$$= 9 - 2\sqrt{6} \quad となる。 \cdots\cdots (答)$$

163

曲線の長さ（Ⅱ）

関数 $y = f(x) = \log(\sin x)$ $(0 < x < \pi)$ について，次の問いに答えよ。

(1) 関数 $y = f(x)$ のグラフの概形を求めよ。

(2) 曲線 $y = f(x)$ $\left(\dfrac{\pi}{3} \leq x \leq \dfrac{\pi}{2} \right)$ の長さ L を求めよ。

ヒント！ (1) $f'(x)$ と 2 つの極限 $\displaystyle\lim_{x \to +0} f(x)$ と $\displaystyle\lim_{x \to \pi-0} f(x)$ を求めて，グラフの概形を描こう。(2) では，曲線の長さの公式：$L = \displaystyle\int_{\frac{\pi}{3}}^{\frac{\pi}{2}} \sqrt{1 + \{f'(x)\}^2}\, dx$ を利用しよう。

解答 & 解説

(1) $y = f(x) = \log(\sin x)$ ……① $(0 < x < \pi)$ について，

$$f'(x) = \frac{(\sin x)'}{\sin x} = \frac{\boxed{\cos x}}{\boxed{\sin x}} = \overbrace{f'(x)}$$

（$f'(x)$ の符号に関する本質的な部分）

$\boxed{\oplus (\because 0 < x < \pi)}$

$f'(x) = 0$ のとき，$\cos x = 0$ より，$x = \dfrac{\pi}{2}$ であり，

この前後で $f'(x)$ の符号は $\oplus$ から $\ominus$ に転ずる。

よって，極大値 $f\left(\dfrac{\pi}{2}\right) = \log\left(\underbrace{\sin \dfrac{\pi}{2}}_{①}\right) = 0$

次に，$x \to +0$，$x \to \pi - 0$ の極限を求めると，

$$\lim_{x \to +0} f(x) = \lim_{x \to +0} \log(\underbrace{\overbrace{\sin x}^{+0}}_{-\infty}) = -\infty$$

$$\lim_{x \to \pi-0} f(x) = \lim_{x \to \pi-0} \log(\underbrace{\overbrace{\sin x}^{+0}}_{-\infty}) = -\infty$$

以上より，$y = f(x)$ のグラフの概形は右図のようになる。………………(答)

$f(x)$ $(0 < x < \pi)$ の増減表

x	0		$\dfrac{\pi}{2}$		π
$f'(x)$		$+$	0	$-$	
$f(x)$		↗	0	↘	

極大値

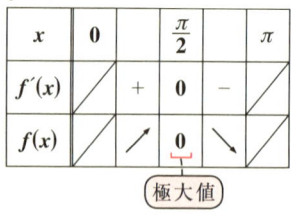

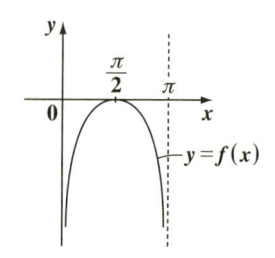

$y = f(x)$

(2) $f'(x) = \dfrac{\cos x}{\sin x}$ より,

$$1 + \{f'(x)\}^2 = 1 + \left(\frac{\cos x}{\sin x}\right)^2 = \frac{\overset{1}{\overbrace{\sin^2 x + \cos^2 x}}}{\sin^2 x} = \frac{1}{\sin^2 x} \quad \cdots\cdots ③ \quad となる。$$

よって, 曲線 $y = f(x) = \log(\sin x)$ $\left(\dfrac{\pi}{3} \leqq x \leqq \dfrac{\pi}{2}\right)$ の長さ L は, ③ より,

$$L = \int_{\frac{\pi}{3}}^{\frac{\pi}{2}} \sqrt{1 + \{f'(x)\}^2}\, dx = \int_{\frac{\pi}{3}}^{\frac{\pi}{2}} \sqrt{\frac{1}{\sin^2 x}}\, dx = \int_{\frac{\pi}{3}}^{\frac{\pi}{2}} \frac{1}{\sin x}\, dx$$

$$\boxed{\oplus \left(\because \frac{\pi}{3} \leqq x \leqq \frac{\pi}{2}\right)}$$

$$= \int_{\frac{\pi}{3}}^{\frac{\pi}{2}} \frac{\sin x}{\underset{1-\cos^2 x}{\boxed{\sin^2 x}}}\, dx = \int_{\frac{\pi}{3}}^{\frac{\pi}{2}} \underset{\boxed{g(\cos x)}}{\frac{1}{1-\cos^2 x}} \cdot \sin x\, dx \longleftarrow \boxed{\begin{array}{l}\displaystyle\int g(\cos x) \cdot \sin x\, dx \text{ の} \\ \text{場合, } \cos x = t \text{ とおくと} \\ \text{うまくいく。}\end{array}}$$

ここで, $\cos x = t$ とおくと, $x : \dfrac{\pi}{3} \rightarrow \dfrac{\pi}{2}$ のとき, $t : \dfrac{1}{2} \rightarrow 0$ であり,

また, $(\cos x)'\, dx = dt$, $-\sin x\, dx = dt$ より, $\sin x\, dx = -dt$ となる。よって,

$$L = \int_{\frac{\pi}{3}}^{\frac{\pi}{2}} \frac{1}{1-\cos^2 x} \underline{\sin x\, dx} = \int_{\frac{1}{2}}^{0} \frac{1}{1-t^2} \underline{(-1)\, dt} = \int_{0}^{\frac{1}{2}} \frac{1}{1-t^2}\, dt$$

$$\boxed{\frac{1}{(1+t)(1-t)} = \frac{1}{2}\left(\frac{1}{1+t} + \frac{1}{1-t}\right)} \boxed{\begin{array}{l}\text{部分分数} \\ \text{に分解}\end{array}}$$

$$= \frac{1}{2}\int_{0}^{\frac{1}{2}} \left(\frac{1}{1+t} - \frac{-1}{1-t}\right) dt = \frac{1}{2}\Big[\log(1+t) - \log(1-t)\Big]_{0}^{\frac{1}{2}}$$

$$= \frac{1}{2}\left[\log\frac{1+t}{1-t}\right]_{0}^{\frac{1}{2}} = \frac{1}{2}\left(\log\frac{\frac{3}{2}}{\frac{1}{2}} - \cancel{\log\frac{1}{1}}\right)$$

$$\boxed{\log 1 = 0}$$

$$= \frac{1}{2}\log 3 \quad である。 \cdots\cdots\cdots\cdots\cdots\cdots\cdots\cdots\cdots\cdots\cdots\cdots (答)$$

媒介変数表示の曲線の長さ（I）

曲線 $C\begin{cases} x = f(\theta) \\ y = g(\theta) \end{cases}$ $(\theta：媒介変数，\ \alpha \le \theta \le \beta)$　の長さ L が，次の

公式：$L = \displaystyle\int_{\alpha}^{\beta} \sqrt{\left(\dfrac{dx}{d\theta}\right)^2 + \left(\dfrac{dy}{d\theta}\right)^2}\, d\theta$ ……(*) で求められることを示せ。

(*) の公式を用いて，曲線 $C\begin{cases} x = 2(\cos\theta + \theta\sin\theta) \\ y = 2(\sin\theta - \theta\cos\theta) \quad (0 \le \theta \le \pi) \end{cases}$

の長さ L を求めよ。

> ヒント！ 微小な曲線の長さ ΔL が，$\Delta L = \sqrt{(\Delta x)^2 + (\Delta y)^2}$ と表されることから，(*)
> の公式を導こう。さらに，この公式 (*) を使って，例題の曲線 C の長さ L を計算しよう。

解答＆解説

曲線 $C\begin{cases} x = f(\theta) \\ y = g(\theta) \end{cases}$ $(\alpha \le \theta \le \beta)$ の長さ

L について，この微小な曲線の長さ
ΔL は，右図から明らかに，三平方
の定理を用いて，近似的に，

$$\Delta L = \sqrt{(\Delta x)^2 + (\Delta y)^2} \quad \text{……①}$$

と表される。この①を変形して，

$$\Delta L \fallingdotseq \sqrt{\left\{\left(\dfrac{\Delta x}{\Delta \theta}\right)^2 + \left(\dfrac{\Delta y}{\Delta \theta}\right)^2\right\}(\Delta \theta)^2}$$

$$= \sqrt{\left(\dfrac{\Delta x}{\Delta \theta}\right)^2 + \left(\dfrac{\Delta y}{\Delta \theta}\right)^2}\ \Delta\theta \ \text{より，}$$

$$\dfrac{\Delta L}{\Delta \theta} \fallingdotseq \sqrt{\left(\dfrac{\Delta x}{\Delta \theta}\right)^2 + \left(\dfrac{\Delta y}{\Delta \theta}\right)^2} \quad \text{……②　となる。}$$

ここで，②の両辺の $\Delta\theta \to 0$ の極限をとると，

$$\dfrac{dL}{d\theta} = \sqrt{\left(\dfrac{dx}{d\theta}\right)^2 + \left(\dfrac{dy}{d\theta}\right)^2} \quad \text{……③　となる。}$$

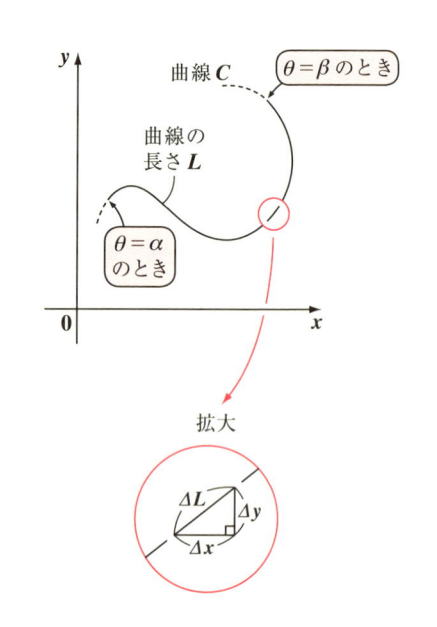

曲線 C　$\theta = \beta$ のとき

曲線の長さ L

$\theta = \alpha$ のとき

拡大

ΔL　Δy　Δx

よって，③の両辺を区間 $[\alpha, \beta]$ で，θ により積分すると，公式：

$$L = \int_\alpha^\beta \sqrt{\left(\frac{dx}{d\theta}\right)^2 + \left(\frac{dy}{d\theta}\right)^2}\, d\theta \ \cdots\cdots(*) \text{ が導かれる。} \cdots\cdots\cdots\cdots\cdots\cdots(\text{終})$$

次に，曲線 $C \begin{cases} x = 2(\cos\theta + \theta\sin\theta) \\ y = 2(\sin\theta - \theta\cos\theta) \quad (0 \le \theta \le \pi) \end{cases}$ の長さ L を，公式 $(*)$

を使って求める。

$\cdot \dfrac{dx}{d\theta} = 2(\cos\theta + \theta\sin\theta)' = 2(-\sin\theta + 1 \cdot \sin\theta + \theta\cos\theta)$

$\qquad = 2\theta\cos\theta \ \cdots\cdots④ \ \text{となる。}$

$\cdot \dfrac{dy}{d\theta} = 2(\sin\theta - \theta\cos\theta)' = 2\{\cos\theta - 1 \cdot \cos\theta - \theta \cdot (-\sin\theta)\}$

$\qquad = 2\theta\sin\theta \ \cdots\cdots⑤ \ \text{となる。}$

以上④，⑤より，

$$\left(\frac{dx}{d\theta}\right)^2 + \left(\frac{dy}{d\theta}\right)^2 = (2\theta\cos\theta)^2 + (2\theta\sin\theta)^2 = 4\theta^2(\underbrace{\cos^2\theta + \sin^2\theta}_{①})$$

$$= 4\theta^2 \ \cdots\cdots⑥ \ \text{となる。}$$

よって，求める曲線の長さ L は，$(*)$ と⑥より，

$$L = \int_0^\pi \sqrt{\left(\frac{dx}{d\theta}\right)^2 + \left(\frac{dy}{d\theta}\right)^2}\, d\theta = \int_0^\pi \sqrt{4\theta^2}\, d\theta = \int_0^\pi 2\theta\, d\theta$$

$$= \left[\theta^2\right]_0^\pi = \pi^2 - 0^2 = \pi^2 \ \text{となる。} \cdots\cdots\cdots\cdots\cdots\cdots\cdots\cdots\cdots\cdots(\text{答})$$

次の媒介変数表示された曲線の長さを求めよ。

(1) 曲線 C_1 $\begin{cases} x = \cos\theta \\ y = \theta - \sin\theta \quad (0 \leqq \theta \leqq \pi) \end{cases}$

(2) 曲線 C_2 $\begin{cases} x = 2\sin\theta \\ y = \dfrac{1}{2}\theta - \dfrac{1}{4}\sin 2\theta \quad (0 \leqq \theta \leqq \pi) \end{cases}$

ヒント! いずれも，媒介変数表示された曲線の長さの公式：$L = \displaystyle\int_\alpha^\beta \sqrt{\left(\dfrac{dx}{d\theta}\right)^2 + \left(\dfrac{dy}{d\theta}\right)^2}\, d\theta$ を用いて解いていこう。

解答＆解説

(1) 曲線 C_1 $\begin{cases} x = \cos\theta \\ y = \theta - \sin\theta \quad (0 \leqq \theta \leqq \pi) \end{cases}$ の長さ L_1 を求める。

$\begin{cases} \cdot\ \dfrac{dx}{d\theta} = (\cos\theta)' = -\sin\theta\ \cdots\cdots\cdots\cdots\ ① \\ \cdot\ \dfrac{dy}{d\theta} = (\theta - \sin\theta)' = 1 - \cos\theta\ \cdots\cdots\ ② \end{cases}$

以上①，②より，

$$\left(\dfrac{dx}{d\theta}\right)^2 + \left(\dfrac{dy}{d\theta}\right)^2 = (-\sin\theta)^2 + (1 - \cos\theta)^2 = \underbrace{\sin^2\theta + \cos^2\theta}_{1} + 1 - 2\cos\theta$$

$$= 2 - 2\cos\theta = 2\underbrace{(1 - \cos\theta)}_{2\sin^2\frac{\theta}{2}}$$

半角の公式
$$\sin^2\dfrac{\theta}{2} = \dfrac{1 - \cos\theta}{2}$$

$$= 4\sin^2\dfrac{\theta}{2}\ \cdots\cdots\ ③ \quad となる。$$

③より，求める曲線 C_1 の長さ L_1 は，

$$L_1 = \int_0^\pi \sqrt{\left(\dfrac{dx}{d\theta}\right)^2 + \left(\dfrac{dy}{d\theta}\right)^2}\, d\theta = \int_0^\pi \sqrt{\underbrace{4\sin^2\dfrac{\theta}{2}}}\, d\theta$$

$$\underbrace{2\left|\sin\dfrac{\theta}{2}\right| = 2\sin\dfrac{\theta}{2}}$$

$\because 0 \leqq \dfrac{\theta}{2} \leqq \dfrac{\pi}{2}$ より，
$\sin\dfrac{\theta}{2} \geqq 0$

よって,

$$L_1 = 2\int_0^\pi \sin\frac{\theta}{2}\,d\theta = -4\left[\cos\frac{\theta}{2}\right]_0^\pi = -4\left(\underbrace{\cos\frac{\pi}{2}}_{0} - \underbrace{\cos 0}_{1}\right)$$

$$= -4(0-1) = 4 \quad \text{である。} \cdots\cdots\cdots\cdots\cdots\cdots\text{(答)}$$

(2) 曲線 C_2 $\begin{cases} x = 2\sin\theta \\ y = \dfrac{1}{2}\theta - \dfrac{1}{4}\sin 2\theta \quad (0 \leq \theta \leq \pi) \end{cases}$ の長さ L_2 を求める。

$$\begin{cases} \cdot \dfrac{dx}{d\theta} = (2\sin\theta)' = 2\cos\theta \quad\cdots\cdots\cdots\cdots\cdots\cdots\cdots\cdots① \\ \cdot \dfrac{dy}{d\theta} = \left(\dfrac{1}{2}\theta - \dfrac{1}{4}\sin 2\theta\right)' = \dfrac{1}{2} - \dfrac{1}{2}\cos 2\theta = \dfrac{1-\cos 2\theta}{2} = \sin^2\theta \quad\cdots\cdots② \end{cases}$$

以上①, ②より,

$$\left(\frac{dx}{d\theta}\right)^2 + \left(\frac{dy}{d\theta}\right)^2 = (2\cos\theta)^2 + \underbrace{(\sin^2\theta)^2}_{} = 4\cos^2\theta + \underbrace{(1-\cos^2\theta)^2}_{}$$
$$\boxed{1-\cos^2\theta} \qquad\qquad \boxed{1-2\cos^2\theta+\cos^4\theta}$$

$$= 1 + 2\cos^2\theta + \cos^4\theta = \underline{(1+\cos^2\theta)^2} \quad\cdots\cdots③ \quad \text{となる。}$$

③より, 求める曲線 C_2 の長さ L_2 は,

$$L_2 = \int_0^\pi \sqrt{\underline{\left(\frac{dx}{d\theta}\right)^2 + \left(\frac{dy}{d\theta}\right)^2}}\,d\theta = \int_0^\pi \sqrt{\underline{(1+\cos^2\theta)^2}}\,d\theta = \int_0^\pi \underline{(1+\cos^2\theta)}\,d\theta$$

$$= \int_0^\pi \left(1 + \frac{1+\cos 2\theta}{2}\right)d\theta = \int_0^\pi \left(\frac{3}{2} + \frac{1}{2}\cos 2\theta\right)d\theta$$

$$= \left[\frac{3}{2}\theta + \frac{1}{4}\sin 2\theta\right]_0^\pi = \frac{3}{2}\pi \quad \text{である。} \cdots\cdots\cdots\cdots\cdots\cdots\text{(答)}$$
$$\boxed{0 \ (\because \sin 2\pi = \sin 0 = 0)}$$

§1. 2変数関数の偏微分と全微分

2変数関数 $z = f(x, y)$ (x, y：独立変数，z：従属変数)は，一般に図1に示すような xyz 座標空間上のある曲面を表す。図1では，$x = x_1$，$y = y_1$ を $z = f(x, y)$ に代入すると，そのときの z 座標 z_1 は $z_1 = f(x_1, y_1)$ により求まる様子を示している。

図1 2変数関数の表す曲面のイメージ

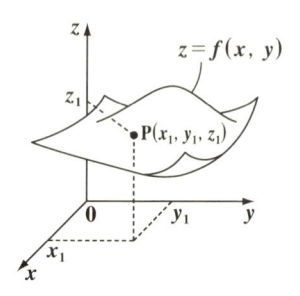

関数 $f(x, y)$ が偏微分可能であるとき，

$$\begin{cases} (\text{I}) \ x \text{ による偏導関数 } f_x(x, y) = \dfrac{\partial f(x, y)}{\partial x} \\[2mm] (\text{II}) \ y \text{ による偏導関数 } f_y(x, y) = \dfrac{\partial f(x, y)}{\partial y} \end{cases}$$

が存在する。これらの定義式を下に示す。

■ 2つの偏導関数の定義

定数扱い

$$(\text{I}) \ f_x(x, y) = \frac{\partial f(x, y)}{\partial x} = \lim_{h \to 0} \frac{f(x+h, \boxed{y}) - f(x, \boxed{y})}{h}$$

x に関する偏導関数：右辺の極限がある関数に収束するときのみ $f_x(x, y)$ は存在する。

定数扱い

$$(\text{II}) \ f_y(x, y) = \frac{\partial f(x, y)}{\partial y} = \lim_{h \to 0} \frac{f(\boxed{x}, y+h) - f(\boxed{x}, y)}{h}$$

y に関する偏導関数：右辺の極限がある関数に収束するときのみ $f_y(x, y)$ は存在する。

これら偏導関数に，$x = a$，$y = b$ (a, b：定数)を代入したもの，すなわち，$f_x(a, b)$ や $f_y(a, b)$ を**偏微分係数**と呼ぶ。

次に，関数 $z = f(x, y)$ の表す曲面が<u>滑らかな曲面</u>であるとき，$f(x, y)$ は

曲面上の各点において，接平面が存在するような曲面のこと。

全微分可能であるという。**全微分 dz** は，次式で定義される。

$$全微分\ dz = \frac{\partial f}{\partial x}\,dx + \frac{\partial f}{\partial y}\,dy = f_x \cdot dx + f_y \cdot dy$$

§2. 2変数関数の重積分

2変数関数 $z = f(x, y)$ の重積分について考える。まず，xy 平面上に $a \leqq x \leqq b$，$c \leqq y \leqq d$ で表される長方形の領域を D とおく。この領域 D において，$z = f(x, y)$ が連続で <u>有界</u> な

±∞にはならないということ。

らば，$f(x, y)$ は次のように重積分することができる。さらに，D において

図2 重積分と体積計算

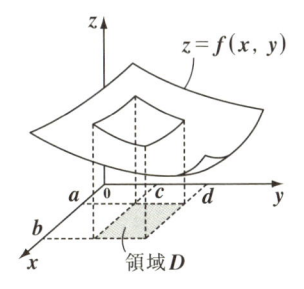

$f(x, y) \geqq 0$ であるならば，これは，図2に示すように曲面 $z = f(x, y)$ と xy 平面上の領域 D とで挟まれる立体の体積 V を表す。

$$V = \int_c^d \int_a^b f(x, y)\,dx\,dy$$

（x での積分）
（y での積分）

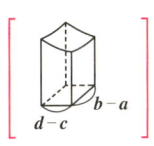

しかし，$f(x, y) < 0$ となっても構わない。この場合，重積分によって負の体積が計算されることになるだけだからだ。

では，x での積分と y での積分との順序はどうするか？ この順序を問題とする重積分を**累次積分**という。しかし，ここで解説している領域 D $(a \leqq x \leqq b, c \leqq y \leqq d)$ の積分については，この順序は問わない。つまり，

$$V = \int_a^b \int_c^d f(x, y)\,dy\,dx$$ と計算しても構わない。

（y での積分）
（x での積分）

ただし，この応用問題については，参考（**P186**）と演習問題 **109** と **110** で解説する。

2変数関数 $f(x, y) = 2x^2y - 3xy^2$ ……① の偏導関数 $f_x(x, y)$ と $f_y(x, y)$ を定義式を用いて求めよ。また，偏微分係数 $f_x(1, 1)$ と $f_y(-1, -1)$ の値を求めよ。

ヒント！ 偏導関数 f_x と f_y は，その定義式：$f_x(x, y) = \lim_{h \to 0} \dfrac{f(x+h, y) - f(x, y)}{h}$ と $f_y(x, y) = \lim_{h \to 0} \dfrac{f(x, y+h) - f(x, y)}{h}$ を用いて求めればいいんだね。

解答＆解説

$f(x, y) = 2x^2y - 3xy^2$ ……① の偏導関数 $f_x(x, y)$ と $f_y(x, y)$ を定義式を使って求めると，

(ⅰ) $f_x(x, y) = \dfrac{\partial f(x, y)}{\partial x} = \lim_{h \to 0} \dfrac{f(x+h, y) - f(x, y)}{h}$

$$= \lim_{h \to 0} \frac{2\overbrace{(x+h)^2}^{(x^2 + 2xh + h^2)} y - 3(x+h)y^2 - (2x^2y - 3xy^2)}{h}$$

$$= \lim_{h \to 0} \frac{2(x^2 + 2xh + h^2)y - 3\overbrace{(x+h)y^2 - 2x^2y + 3xy^2}^{4xyh + 2yh^2 - 3y^2h}}{h}$$

$$= \lim_{h \to 0} \frac{\cancel{h}(4xy + 2yh - 3y^2)}{\cancel{h}} \quad \longleftarrow \boxed{\dfrac{0}{0} \text{の要素が消えた！}}$$

$$= \lim_{h \to 0} (4xy - 3y^2 + 2y \underset{0}{\cdot h}) = 4xy - 3y^2 \ \cdots\cdots ② \ \text{となる。} \cdots\cdots\text{(答)}$$

> 一般に，定義式を使わずに偏導関数 $f_x(x, y)$ を求める場合，$\overset{\cdots}{y}$ は定数と考えて x で偏微分する。つまり，
> $f_x(x, y) = \dfrac{\partial}{\partial x}\left(2\underset{\boxed{定数扱い}}{y} \cdot x^2 - 3\underset{\boxed{定数扱い}}{y^2} \cdot x\right) = 2y \cdot 2x - 3y^2 \cdot 1 = 4xy - 3y^2$ となって，
> ②と同じ結果が導かれる。

$(ii)\ f_y(x,\ y) = \dfrac{\partial f(x,\ y)}{\partial y} = \lim_{h \to 0} \dfrac{f(x,\ y+h) - f(x,\ y)}{h}$

$$= \lim_{h \to 0} \frac{2x^2(y+h) - 3x\,\boxed{(y+h)^2} - (2x^2 y - 3xy^2)}{h}$$

（上に $\boxed{(y^2 + 2yh + h^2)}$）

$$= \lim_{h \to 0} \frac{\boxed{2x^2(y+h) - 3x(y^2 + 2yh + h^2) - 2x^2 y + 3xy^2}}{h}$$

（上に $\boxed{2x^2 h - 6xyh - 3xh^2}$）

$$= \lim_{h \to 0} \frac{h(2x^2 - 6xy - 3xh)}{h} \quad \leftarrow \frac{0}{0}\,\text{の要素が消えた！}$$

$$= \lim_{h \to 0}(2x^2 - 6xy - 3x \cdot h) = 2x^2 - 6xy \quad \cdots\cdots ③\ \text{となる。} \cdots\cdots\text{(答)}$$

（$-3x \cdot h$ の h に 0）

定義式を使わずに $f_y(x,\ y)$ を求める場合，x は定数と考えて y で偏微分する。つまり，

$f_y(x,\ y) = \dfrac{\partial}{\partial y}(2x^2 \cdot y - 3x \cdot y^2) = 2x^2 \cdot 1 - 3x \cdot 2y = 2x^2 - 6xy$ となって，

（$2x^2 \cdot y$ の $2x^2$ は 定数扱い，$3x \cdot y^2$ の $3x$ は 定数扱い）

③と同じ結果になるんだね。

・次に，偏微分係数 $f_x(1,\ 1)$ は，②に $x = 1$，$y = 1$ を代入して，

$f_x(1,\ 1) = 4 \cdot 1 \cdot 1 - 3 \cdot 1^2 = 4 - 3 = 1$ となる。$\cdots\cdots\cdots\cdots\cdots\cdots\cdots\cdots\cdots$(答)

・偏微分係数 $f_y(-1,\ -1)$ は，③に $x = -1$，$y = -1$ を代入して，

$f_y(-1,\ -1) = 2 \cdot (-1)^2 - 6 \cdot (-1) \cdot (-1) = 2 - 6 = -4$ となる。$\cdots\cdots\cdots$(答)

定義式による偏導関数

2変数関数 $f(x, y) = \sin(2x + 3y)$ ……① の偏導関数 $f_x(x, y)$ と $f_y(x, y)$ を定義式を用いて求めよ。

ヒント！ 偏導関数の定義式：$f_x(x, y) = \dfrac{\partial f(x, y)}{\partial x} = \lim_{h \to 0} \dfrac{f(x+h, y) - f(x, y)}{h}$

と $f_y(x, y) = \dfrac{\partial f(x, y)}{\partial y} = \lim_{h \to 0} \dfrac{f(x, y+h) - f(x, y)}{h}$ を利用して計算しよう。

解答＆解説

$f(x, y) = \sin(2x + 3y)$ ……① の偏導関数 $f_x(x, y)$ と $f_y(x, y)$ を定義式を使って求めると、

（i）$f_x(x, y) = \dfrac{\partial f(x, y)}{\partial x} = \lim_{h \to 0} \dfrac{f(x+h, y) - f(x, y)}{h}$

$\sin(\underset{\alpha}{(2x+3y)} + \underset{\beta}{(2h)}) = \sin(2x+3y)\cos 2h + \cos(2x+3y)\sin 2h$

$= \lim_{h \to 0} \dfrac{\sin(2(x+h) + 3y) - \sin(2x+3y)}{h}$

加法定理
$\sin(\alpha + \beta) = \sin\alpha\cos\beta + \cos\alpha\sin\beta$

$= \lim_{h \to 0} \dfrac{(\cos 2h - 1)\sin(2x+3y) + \sin 2h \cdot \cos(2x+3y)}{h}$

$= \lim_{\substack{h \to 0 \\ (t \to 0)}} \left\{ -\dfrac{1 - \cos(2h)}{((2h))^2} \cdot 4h \cdot \sin(2x+3y) + \dfrac{\sin(2h)}{2h} \cdot 2\cos(2x+3y) \right\}$

関数の極限公式：$\lim_{t \to 0} \dfrac{\sin t}{t} = 1, \quad \lim_{t \to 0} \dfrac{1 - \cos t}{t^2} = \dfrac{1}{2}$

$= -\dfrac{1}{2} \times 0 \times \sin(2x+3y) + 1 \cdot 2 \cdot \cos(2x+3y)$

$= 2\cos(2x+3y)$ となる。 …………………………………（答）

定義式を使わずに $f_x(x, y)$ を求める場合、y は定数と考えて、合成関数の偏微分で考えると、

$f_x(x, y) = \dfrac{\partial\{\sin((2x+3y))\}}{\partial x} = \dfrac{\partial(\sin u)}{\partial u} \cdot \dfrac{\partial u}{\partial x} \overset{(2x+3y)}{=} \cos u \times 2 = 2\cos(2x+3y)$

$(ⅱ) f_y(x, y) = \dfrac{\partial f(x, y)}{\partial y} = \lim_{h \to 0} \dfrac{f(x, y+h) - f(x, y)}{h}$

$$\sin(\underset{\alpha}{(2x+3y)} + \underset{\beta}{3h}) = \sin(2x+3y)\cos 3h + \cos(2x+3y)\sin 3h$$

$$= \lim_{h \to 0} \dfrac{\sin(2x+3(y+h)) - \sin(2x+3y)}{h}$$

加法定理
$\sin(\alpha+\beta) = \sin\alpha\cos\beta + \cos\alpha\sin\beta$

$$= \lim_{h \to 0} \dfrac{(\cos 3h - 1)\sin(2x+3y) + \sin 3h \cdot \cos(2x+3y)}{h}$$

$$= \lim_{\substack{h \to 0 \\ (t \to 0)}} \left\{ -\dfrac{1-\cos 3h}{(3h)^2} \cdot 9h \cdot \sin(2x+3y) + \dfrac{\sin 3h}{3h} \cdot 3\cos(2x+3y) \right\}$$

関数の極限公式：$\lim_{t \to 0} \dfrac{\sin t}{t} = 1, \quad \lim_{t \to 0} \dfrac{1-\cos t}{t^2} = \dfrac{1}{2}$

$$= -\dfrac{1}{2} \times 0 \times \sin(2x+3y) + 1 \times 3 \times \cos(2x+3y)$$

$$= 3\cos(2x+3y) \quad となる。\quad \cdots\cdots\cdots\cdots\cdots\cdots\cdots\cdots\cdots(答)$$

定義式を使わずに $f_y(x, y)$ を求める場合，x は定数と考えて，合成関数の偏微分で考えると，

定数扱い

$$f_y(x, y) = \dfrac{\partial\{\sin(\underset{u}{(2x+3y)})\}}{\partial y} = \dfrac{\partial(\sin u)}{\partial u} \cdot \dfrac{\partial u}{\partial y}^{(\underset{}{2x}+3y)} = \cos u \times 3 = 3\cos(2x+3y)$$

となるんだね。

175

偏導関数と偏微分係数の計算（Ⅰ）

次の問いに答えよ。

(1) $f(x, y) = x^4 - 3x^2 y + 4y^3$ の偏導関数 $f_x(x, y)$ と $f_y(x, y)$ を求め、
偏微分係数 $f_x(2, 1)$ と $f_y(-1, -2)$ を求めよ。

(2) $g(x, y) = \log(x^2 + 2y^2 + 1)$ の偏導関数 $g_x(x, y)$ と $g_y(x, y)$ を求め、
偏微分係数 $g_x(1, 0)$ と $g_y(0, 3)$ を求めよ。

ヒント！ f_x と g_x を求めるときは、y は定数と考え、f_y と g_y を求めるときは、x は定数と考えよう。

解答＆解説

(1) $f(x, y)$ の偏導関数 f_x と f_y を求めると、

$$f_x = \frac{\partial f}{\partial x} = (x^4 - \underbrace{3y}_{\text{定数扱い}} \cdot x^2 + \underbrace{4y^3}_{\text{定数扱い}})_x = 4x^3 - 3y \cdot 2x + 0 = 4x^3 - 6xy \quad \cdots\cdots ① \cdots (答)$$

$$f_y = \frac{\partial f}{\partial y} = (x^4 - \underbrace{3x^2}_{\text{定数扱い}} \cdot y + 4y^3)_y = 0 - 3x^2 \cdot 1 + 12y^2 = -3x^2 + 12y^2 \quad \cdots\cdots ② \cdots (答)$$

よって、①、②より、求める偏微分係数は、

$$f_x(2, 1) = 4 \cdot 2^3 - 6 \cdot 2 \cdot 1 = 32 - 12 = 20 \quad \cdots\cdots\cdots\cdots\cdots\cdots\cdots (答)$$

$$f_y(-1, -2) = -3 \cdot (-1)^2 + 12 \cdot (-2)^2 = -3 + 48 = 45 \quad \cdots\cdots\cdots\cdots (答)$$

(2) $g(x, y)$ の偏導関数 g_x と g_y を求めると、

$$g_x = \frac{\partial g}{\partial x} = \{\log(x^2 + \underbrace{2y^2 + 1}_{\text{定数扱い}})\}_x = \frac{(x^2 + 2y^2 + 1)_x}{x^2 + 2y^2 + 1} = \frac{2x}{x^2 + 2y^2 + 1} \quad \cdots\cdots ③ \cdots (答)$$

$$g_y = \frac{\partial g}{\partial y} = \{\log(\underbrace{x^2 + 1}_{\text{定数扱い}} + 2y^2)\}_y = \frac{(x^2 + 1 + 2y^2)_y}{x^2 + 2y^2 + 1} = \frac{4y}{x^2 + 2y^2 + 1} \quad \cdots\cdots ④ \cdots (答)$$

よって、③、④より、求める偏微分係数は、

$$g_x(1, 0) = \frac{2 \cdot 1}{1^2 + 2 \cdot 0^2 + 1} = \frac{2}{2} = 1, \quad g_y(0, 3) = \frac{4 \cdot 3}{0^2 + 2 \cdot 3^2 + 1} = \frac{12}{19} \quad \cdots\cdots (答)$$

偏導関数と偏微分係数の計算（Ⅱ）

$f(x, y) = \sin^{-1}(-x + 2y)$ $(-1 < -x + 2y < 1)$ の偏導関数 $f_x(x, y)$ と

$f_y(x, y)$ を求め，偏微分係数 $f_x\left(\dfrac{1}{2}, \dfrac{1}{2}\right)$ と $f_y\left(-\dfrac{1}{2}, -\dfrac{1}{2}\right)$ を求めよ。

ヒント！ まず，$f_x(x, y)$ と $f_y(x, y)$ を合成関数の偏微分の考え方から求め，その後，x と y に指定の値（座標）を代入して，偏微分係数の値を求めよう。

解答＆解説

$f(x, y) = \sin^{-1}(-x + 2y)$ ……① $(-1 < -x + 2y < 1)$ の偏導関数 f_x と f_y を求めると，①より，

定数扱い $(-x + 2y)$
u とおく

$$f_x = \frac{\partial f}{\partial x} = \frac{\partial\{\sin^{-1}(-x + 2y)\}}{\partial x} = \frac{\partial(\sin^{-1}u)}{\partial u} \cdot \frac{\partial u}{\partial x} \quad \text{合成関数の偏微分}$$

$$= \frac{1}{\sqrt{1-u^2}} \times (-1) = -\frac{1}{\sqrt{1-(-x+2y)^2}} \quad \cdots\cdots ② \text{ となる。} \cdots\cdots(答)$$

同様に，

$$f_y = \frac{\partial f}{\partial y} = \frac{\partial\{\sin^{-1}(-x + 2y)\}}{\partial y} = \frac{\partial(\sin^{-1}u)}{\partial u} \cdot \frac{\partial u}{\partial y} \quad \text{合成関数の偏微分}$$

$$= \frac{1}{\sqrt{1-u^2}} \times 2 = \frac{2}{\sqrt{1-(-x+2y)^2}} \quad \cdots\cdots ③ \text{ となる。} \cdots\cdots(答)$$

①，②より，求める偏微分係数は，

$$f_x\left(\frac{1}{2}, \frac{1}{2}\right) = -\frac{1}{\sqrt{1-\left(-\frac{1}{2}+1\right)^2}} = -\frac{1}{\sqrt{1-\frac{1}{4}}} = -\frac{1}{\frac{\sqrt{3}}{2}} = -\frac{2}{\sqrt{3}} = -\frac{2\sqrt{3}}{3} \quad \cdots(答)$$

$$f_y\left(-\frac{1}{2}, -\frac{1}{2}\right) = \frac{2}{\sqrt{1-\left(\frac{1}{2}-1\right)^2}} = \frac{2}{\sqrt{1-\frac{1}{4}}} = \frac{2}{\frac{\sqrt{3}}{2}} = \frac{4}{\sqrt{3}} = \frac{4\sqrt{3}}{3} \quad \cdots\cdots(答)$$

全微分 (I)

次の関数の全微分 dz を求めよ。

(1) $z = f(x, y) = x^2 + xy - y^2$　　　　(2) $z = g(x, y) = xy^2 e^{2x-y}$

ヒント！ 2変数関数 $z = f(x, y)$ の全微分 dz は, 2つの偏導関数 f_x, f_y を用いて, $dz = f_x dx + f_y dy$ で表されるんだね。

解答&解説

(1) $z = f(x, y) = x^2 + xy - y^2$ ……① の偏導関数 f_x, f_y を求めると, ①より,

$$\begin{cases} f_x = (x^2 + y \cdot x - y^2)_x = 2x + y \cdot 1 - 0 = 2x + y \cdots ② \\ \qquad \text{定数扱い} \qquad x \text{での偏微分を表す} \\ f_y = (x^2 + x \cdot y - y^2)_y = 0 + x \cdot 1 - 2y = x - 2y \cdots ③ \text{ となる。} \\ \qquad \text{定数扱い} \qquad y \text{での偏微分を表す} \end{cases}$$

よって, 求める全微分 dz は, ②, ③より,

$$dz = f_x dx + f_y dy = (2x + y)dx + (x - 2y)dy \text{ である。} \cdots (答)$$

(2) $z = g(x, y) = xy^2 e^{2x-y}$ ……④ の偏導関数 g_x, g_y を求めると, ④より,

$$\begin{cases} g_x = (y^2 \cdot e^{-y} \cdot x e^{2x})_x = y^2 e^{-y}(1 \cdot e^{2x} + x \cdot 2e^{2x}) = (2x+1)y^2 e^{2x-y} \cdots ⑤ \\ \qquad \text{定数扱い} \qquad (f \cdot g)' = f' \cdot g + f \cdot g' \\ g_y = (x e^{2x} \cdot y^2 e^{-y})_y = x e^{2x}\{2y \cdot e^{-y} + y^2 \cdot (-e^{-y})\} = xy(2-y)e^{2x-y} \cdots ⑥ \\ \qquad \text{定数扱い} \qquad (f \cdot g)' = f' \cdot g + f \cdot g' \end{cases}$$

よって, 求める全微分 dz は, ⑤, ⑥より,

$$dz = g_x dx + g_y dy$$

$$= (2x+1)y^2 e^{2x-y} dx + xy(2-y)e^{2x-y} dy \text{ である。} \cdots (答)$$

全微分 (II)

次の関数の全微分 dz を求めよ。

(1) $z = f(x, y) = \cos(3x^2 y)$ (2) $z = g(x, y) = \tan^{-1}(x^2 + 2y)$

ヒント！ いずれも，全微分の公式：$dz = f_x dx + f_y dy$ を使って，解いていこう。

解答 & 解説

(1) $z = f(x, y) = \cos(3x^2 y)$ ……① の偏導関数 f_x, f_y を求めると，①より，

$$
\begin{cases}
f_x = \dfrac{\partial\{\cos(\boxed{3x^2 y})\}}{\partial x} = \dfrac{\partial(\cos u)}{\partial u} \times \dfrac{\partial(\boxed{3y} \cdot x^2)}{\partial x} \quad \text{(定数扱い)} \\[4mm]
\quad = -\sin u \times (6yx) = -6xy\sin(3x^2 y) \quad \cdots\cdots ② \\[4mm]
f_y = \dfrac{\partial\{\cos(\boxed{3x^2 y})\}}{\partial y} = \dfrac{\partial(\cos u)}{\partial u} \times \dfrac{\partial(\boxed{3x^2} \cdot y)}{\partial y} \quad \text{(定数扱い)} \\[4mm]
\quad = -\sin u \times (3x^2 \times 1) = -3x^2\sin(3x^2 y) \quad \cdots\cdots ③
\end{cases}
$$

よって，求める全微分 dz は，②，③より，

$$dz = f_x dx + f_y dy = -6xy\sin(3x^2 y)dx - 3x^2\sin(3x^2 y)dy \quad \cdots\cdots\text{(答)}$$

(2) $z = g(x, y) = \tan^{-1}(x^2 + 2y)$ ……④ の偏導関数 g_x, g_y を求めると，④より，

$$
\begin{cases}
g_x = \dfrac{\partial\{\tan^{-1}(\boxed{x^2 + 2y})\}}{\partial x} = \dfrac{\partial(\tan^{-1} u)}{\partial u} \times \dfrac{\partial(x^2 + \boxed{2y})}{\partial x} \quad \text{(定数扱い)} \\[4mm]
\quad = \dfrac{1}{1 + u^2} \times 2x = \dfrac{2x}{1 + (x^2 + 2y)^2} \quad \cdots\cdots ⑤ \\[4mm]
g_y = \dfrac{\partial\{\tan^{-1}(\boxed{x^2 + 2y})\}}{\partial y} = \dfrac{\partial(\tan^{-1} u)}{\partial u} \times \dfrac{\partial(\boxed{x^2} + 2y)}{\partial y} \quad \text{(定数扱い)} \\[4mm]
\quad = \dfrac{1}{1 + u^2} \times 2 = \dfrac{2}{1 + (x^2 + 2y)^2} \quad \cdots\cdots ⑥
\end{cases}
$$

よって，求める全微分 dz は，⑤，⑥より，

$$dz = g_x dx + g_y dy = \dfrac{2x}{1 + (x^2 + 2y)^2} dx + \dfrac{2}{1 + (x^2 + 2y)^2} dy \quad \cdots\cdots\text{(答)}$$

179

重積分（I）

次の重積分を計算せよ。

$$(1) \int_0^1 \int_0^\pi \frac{xy^2\cos x}{1+y^2}\,dx\,dy \qquad (2) \int_0^1 \int_0^{\frac{1}{\sqrt{2}}} x^2 y \sqrt{1-x^2}\,e^{-y}\,dx\,dy$$

ヒント！ 一般に，重積分 $\int_c^d \int_a^b f(x,y)\,dx\,dy$ において，$f(x,y)=g(x)\cdot h(y)$ の形

（x での積分）

（y での積分）

であれば，$\int_c^d \int_a^b g(x)\cdot h(y)\,dx\,dy = \int_a^b g(x)\,dx \cdot \int_c^d h(y)\,dy$ として計算すればいい。

（x での積分）（y での積分）

解答＆解説

(1) $\int_0^1 \int_0^\pi \underbrace{x\cdot\cos x}_{g(x)}\cdot\underbrace{\frac{y^2}{1+y^2}}_{h(y)}\,dx\,dy = \underbrace{\int_0^\pi x\cos x\,dx}_{(\text{i})}\cdot\underbrace{\int_0^1 \frac{y^2}{1+y^2}\,dy}_{(\text{ii})}$ ……① より，

それぞれの重積分 (i), (ii) を求めると，

(i) $\int_0^\pi x\cdot(\sin x)'\,dx = \underbrace{[x\cdot\sin x]_0^\pi}_{0\ (\because \sin\pi=\sin 0=0)} - \int_0^\pi 1\cdot\sin x\,dx = [\cos x]_0^\pi$

$= \underbrace{\cos\pi}_{-1} - \underbrace{\cos 0}_{1} = -1-1 = -2$ ……………②

(ii) $\int_0^1 \frac{(1+y^2)-1}{1+y^2}\,dy = \int_0^1 \left(1-\frac{1}{1+y^2}\right)dy = [y-\tan^{-1}y]_0^1$

$= 1-\underbrace{\tan^{-1}1}_{\frac{\pi}{4}}-(0-\underbrace{\tan^{-1}0}_{0}) = 1-\frac{\pi}{4}$ ……③

以上 (i), (ii) より，②，③を①に代入して，

$$\int_0^1 \int_0^\pi \frac{xy^2\cos x}{1+y^2}\,dx\,dy = \underbrace{-2}_{(\text{i})}\times\underbrace{\left(1-\frac{\pi}{4}\right)}_{(\text{ii})} = \frac{\pi-4}{2}$$ ……………………（答）

(2) $\displaystyle\int_0^1\int_0^{\frac{1}{\sqrt{2}}} \underbrace{x^2\sqrt{1-x^2}}_{g(x)}\cdot\underbrace{ye^{-y}}_{h(y)}\,dx\,dy = \underbrace{\int_0^{\frac{1}{\sqrt{2}}} x^2\sqrt{1-x^2}\,dx}_{(\text{i})}\cdot\underbrace{\int_0^1 ye^{-y}\,dy}_{(\text{ii})}$ ……④ より，

それぞれの重積分 (ⅰ), (ⅱ) を求めると，

(ⅰ) $\displaystyle\int_0^{\frac{1}{\sqrt{2}}} x^2\cdot\sqrt{1-x^2}\,dx$ について，$x=\sin\theta$ とおくと，

$x:0\to\dfrac{1}{\sqrt{2}}$ のとき，$\theta:0\to\dfrac{\pi}{4}$ であり，また，

> $\sqrt{a^2-x^2}$ の積分では，$x=a\sin\theta$ とおくとうまくいく。

$dx=\cos\theta\,d\theta$ より，

$$\int_0^{\frac{1}{\sqrt{2}}} x^2\sqrt{1-x^2}\,dx = \int_0^{\frac{\pi}{4}} \sin^2\theta\underbrace{\sqrt{1-\sin^2\theta}}\cdot\cos\theta\,d\theta$$

> $\sqrt{\cos^2\theta}=|\cos\theta|=\cos\theta$ $\left(\because 0\leqq\theta\leqq\dfrac{\pi}{4}$ より, $\cos\theta>0\right)$

$$=\int_0^{\frac{\pi}{4}} \sin^2\theta\cos^2\theta\,d\theta = \frac{1}{8}\int_0^{\frac{\pi}{4}} (1-\cos4\theta)\,d\theta$$

> $(\sin\theta\cos\theta)^2=\left(\dfrac{1}{2}\sin2\theta\right)^2=\dfrac{1}{4}\sin^2 2\theta=\dfrac{1}{4}\cdot\dfrac{1}{2}(1-\cos4\theta)$

> 2 倍角と半角の公式

$$=\frac{1}{8}\left[\theta-\frac{1}{4}\sin4\theta\right]_0^{\frac{\pi}{4}}=\frac{1}{8}\times\frac{\pi}{4}=\frac{\pi}{32} \quad\cdots\cdots\cdots\cdots\text{⑤}$$

> 0 $(\because \sin\pi=\sin0=0)$

(ⅱ) $\displaystyle\int_0^1 ye^{-y}\,dy = \int_0^1 y\cdot(-e^{-y})'\,dy$

> 部分積分 $\displaystyle\int f\cdot g'\,dx=f\cdot g-\int f'\cdot g\,dx$

$$=-\left[ye^{-y}\right]_0^1+\int_0^1 1\cdot e^{-y}\,dy = -1\cdot e^{-1}-\left[e^{-y}\right]_0^1$$

$$=-e^{-1}-(e^{-1}-1)=1-2e^{-1}=1-\frac{2}{e} \quad\cdots\cdots\cdots\cdots\text{⑥}$$

以上 (ⅰ), (ⅱ) より，⑤, ⑥ を④ に代入して，

$$\int_0^1\int_0^{\frac{1}{\sqrt{2}}} x^2 y\sqrt{1-x^2}\,e^{-y}\,dx\,dy = \underbrace{\frac{\pi}{32}}_{(\text{i})}\underbrace{\left(1-\frac{2}{e}\right)}_{(\text{ii})}=\frac{\pi(e-2)}{32e} \quad\cdots\cdots\cdots\cdots\text{(答)}$$

重積分 (Ⅱ)

次の重積分を計算せよ。

(1) $\displaystyle\int_1^2\int_0^1 (x\sqrt{x} - x\sqrt{y} + y^2\sqrt{y})\,dx\,dy$

(2) $\displaystyle\int_0^1\int_1^2 (x\sqrt{x} - x\sqrt{y} + y^2\sqrt{y})\,dy\,dx$

ヒント! 一般に，重積分 $\displaystyle\int_c^d\int_a^b f(x,y)\,dx\,dy$ $(a,b,c,d：定数)$ は，積分の順序を入れ替えて，$\displaystyle\int_a^b\int_c^d f(x,y)\,dy\,dx$ と計算しても同じ結果になる。(1)，(2) で確認してみよう。

解答 & 解説

(1) $\displaystyle\int_1^2\int_0^1 (x\sqrt{x} - x\sqrt{y} + y^2\sqrt{y})\,dx\,dy$ ← まず，x で積分する

x での積分

$$= \int_1^2\left\{\int_0^1\left(x^{\frac{3}{2}} - y^{\frac{1}{2}}\cdot x + y^{\frac{5}{2}}\right)dx\right\}dy = \int_1^2\left[\frac{2}{5}x^{\frac{5}{2}} - \frac{1}{2}y^{\frac{1}{2}}x^2 + y^{\frac{5}{2}}x\right]_0^1 dy$$

定数扱い　　　　　　　$\frac{2}{5} - \frac{1}{2}y^{\frac{1}{2}} + y^{\frac{5}{2}}$

$$= \int_1^2\left(\frac{2}{5} - \frac{1}{2}y^{\frac{1}{2}} + y^{\frac{5}{2}}\right)dy$$ ← 次に，y で積分する

$$= \left[\frac{2}{5}y - \frac{1}{3}y^{\frac{3}{2}} + \frac{2}{7}y^{\frac{7}{2}}\right]_1^2$$

$$= \frac{4}{5} - \frac{2\sqrt{2}}{3} + \frac{2\times 8\sqrt{2}}{7} - \left(\frac{2}{5} - \frac{1}{3} + \frac{2}{7}\right)$$

$$= \frac{48\sqrt{2} - 14\sqrt{2}}{21} + \frac{2}{5} + \frac{1}{3} - \frac{2}{7} = \frac{34\sqrt{2}}{21} + \frac{\overset{47}{\overbrace{42 + 35 - 30}}}{105}$$

$$= \frac{170\sqrt{2} + 47}{105} \quad \cdots\cdots ① \quad\cdots\cdots\cdots\cdots\cdots\cdots\cdots\cdots (答)$$

(2) $\displaystyle\int_0^1 \int_1^2 (x\sqrt{x} - x\sqrt{y} + y^2\sqrt{y})\,dy\,dx$ ← まず，y で積分する

y での積分

$= \displaystyle\int_0^1 \left\{ \int_1^2 \left(x^{\frac{3}{2}} - x \cdot y^{\frac{1}{2}} + y^{\frac{5}{2}} \right) dy \right\} dx$

定数扱い

$= \displaystyle\int_0^1 \left[x^{\frac{3}{2}} y - \frac{2}{3} x \cdot y^{\frac{3}{2}} + \frac{2}{7} y^{\frac{7}{2}} \right]_1^2 dx$

$x^{\frac{3}{2}} \cdot 2 - \dfrac{2}{3} x \cdot 2\sqrt{2} + \dfrac{2}{7} \cdot 8\sqrt{2} - \left(x^{\frac{3}{2}} - \dfrac{2}{3} x + \dfrac{2}{7} \right)$

$= x^{\frac{3}{2}} - \dfrac{4\sqrt{2} - 2}{3} x + \dfrac{16\sqrt{2} - 2}{7}$

$= \displaystyle\int_0^1 \left(x^{\frac{3}{2}} - \frac{4\sqrt{2} - 2}{3} x + \frac{16\sqrt{2} - 2}{7} \right) dx$ ← 次に，x で積分する

$= \left[\dfrac{2}{5} x^{\frac{5}{2}} - \dfrac{2\sqrt{2} - 1}{3} x^2 + \dfrac{16\sqrt{2} - 2}{7} x \right]_0^1$

$= \dfrac{2}{5} - \dfrac{2\sqrt{2} - 1}{3} + \dfrac{16\sqrt{2} - 2}{7}$

$= \dfrac{42 - 35(2\sqrt{2} - 1) + 15(16\sqrt{2} - 2)}{105}$

$= \dfrac{(240 - 70)\sqrt{2} + 42 + 35 - 30}{105}$

$= \dfrac{170\sqrt{2} + 47}{105}$ ……② となる。 ……………………………………(答)

①，②のように，重積分の順序を入れ替えても，結果は
同じになることは，**(1)**，**(2)** いずれ
で計算しても，右図に示すように，
曲面 $z = f(x, y)$ と，xy 平面上の
領域 $D(0 \le x \le 1,\ 1 \le y \le 2)$ とで
挟まれる立体の体積を求めている
ことになるからなんだね。

曲面 $z = f(x, y)$
（曲面はイメージ）

領域 D

重積分 (Ⅲ)

次の重積分を計算せよ。

(1) $\displaystyle\int_0^1\int_0^2(x-y)e^{x+y}dx\,dy$　　　　(2) $\displaystyle\int_0^2\int_0^1(x-y)e^{x+y}dy\,dx$

ヒント! 一般に，$\displaystyle\int_c^d\int_a^b f(x,\,y)dx\,dy=\int_a^b\int_c^d f(x,\,y)dy\,dx$ が成り立つ。これは，同じ体積計算をしていることになるからだ。(1)と(2)を計算して，このことを確認してみよう。

解答&解説

(1) $\displaystyle\int_0^1\int_0^2(x-y)e^{x+y}dx\,dy$　←（まず，x で積分する）

〔x での積分〕

（定数扱い）

$=\displaystyle\int_0^1\left\{e^y\int_0^2(x-y)e^x dx\right\}dy$　　（x での部分積分）

$$\int_0^2(x-y)(e^x)'dx=\left[(x-y)e^x\right]_0^2-\int_0^2 1\cdot e^x dx$$
$$=(2-y)e^2-(-y)\cdot 1-\left[e^x\right]_0^2$$
$$=e^2(2-y)+y-(e^2-1)=(1-e^2)y+e^2+1$$

$=\displaystyle\int_0^1 e^y\{(1-e^2)y+e^2+1\}dy$　←（次に，y で積分する）

$=(1-e^2)\displaystyle\int_0^1 ye^y dy+(e^2+1)\int_0^1 e^y dy$

$$\int_0^1 y(e^y)'dy$$
$$=\left[ye^y\right]_0^1-\int_0^1 1\cdot e^y dy$$
$$=1\cdot e^1-0-\left[e^y\right]_0^1$$
$$=e-(e-1)=1$$

（y での部分積分）

$$\left[e^y\right]_0^1$$
$$=e^1-e^0$$
$$=e-1$$

$=\underbrace{(1-e^2)\cdot 1}_{1-e^2}+\underbrace{(e^2+1)(e-1)}_{e^3-e^2+e-1}=e^3-2e^2+e$　$\cdots\cdots\cdots\cdots\cdots\cdots$(答)

184

$(2) \displaystyle\int_0^2 \int_0^1 (x-y)e^{x+y}\,dy\,dx$ ← まず，y で積分する

$\underbrace{}_{y \text{ での積分}}$

定数扱い

$= \displaystyle\int_0^2 \left\{ e^x \int_0^1 (x-y)e^y\,dy \right\}dx$

y での部分積分

$$\int_0^1 (x-y)(e^y)'\,dy = \left[(x-y)e^y\right]_0^1 - \int_0^1 (-1)\cdot e^y\,dx$$
$$= (x-1)e - x\cdot 1 + \left[e^y\right]_0^1$$
$$= e(x-1) - x + e - 1 = (e-1)x - 1$$

$= \displaystyle\int_0^2 e^x \{(e-1)x - 1\}dx$ ← 次に，x で積分する

$= (e-1)\displaystyle\int_0^2 x\cdot e^x\,dx - \int_0^2 e^x\,dx$

$$\int_0^2 x(e^x)'\,dx$$
$$= \left[xe^x\right]_0^2 - \int_0^2 1\cdot e^x\,dx$$
$$= 2e^2 - 0 - \left[e^x\right]_0^2$$
$$= 2e^2 - (e^2 - 1) = e^2 + 1$$

$\left[e^x\right]_0^2 = e^2 - 1$

x での部分積分

$= \underbrace{(e-1)(e^2+1)}_{e^3 - e^2 + e - 1} - (e^2 - 1) = e^3 - 2e^2 + e$ ……………………………………(答)

今回も，重積分の順序を入れ替えても変化しないことが確認できた。このようなことが成り立つ理由は，前問でも少し説明したように，(1)，(2) いずれで計算しても，曲面 $z = f(x, y)$ と，xy 平面上の長方形の領域 $D\,(0 \leqq x \leqq 2,\ 0 \leqq y \leqq 1)$ とで挟まれる立体の体積を求めていることになるからなんだね。これについて，次の 参考 でさらに詳しく解説し，そして，このような領域 D が，これまでのような長方形でない場合，x と y での積分の順序を入れ替えたらどうなるのかについても，その考え方を解説しよう。

演習問題 **108** の問題を例にして，重積分の意味を，$z = f(x, y)$ と領域 D で挟まれる立体の体積計算として考えてみよう。被積分関数 $z = f(x, y)$ は，2 変数関数なので，図 **1** に示すように，xyz 座標空間上のある曲面を表すんだね。

> 図の曲面はあくまでもイメージで，実際のものとは異なる。

まず，

(1) $\displaystyle\int_0^1 \int_0^2 \overbrace{(x-y)e^{x+y}}^{z=f(x,y)} \underbrace{dx}_{x\text{での積分}} dy$

について，x での積分

$$\int_0^2 (x-y)e^{x+y}dx \quad \cdots\cdots ① \text{ の部分}$$

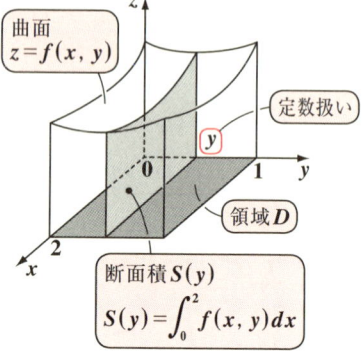

図 **1** 曲面 $z = f(x, y)$ と断面積 $S(y)$

曲面 $z = f(x, y)$
定数扱い y
領域 D
断面積 $S(y)$
$$S(y) = \int_0^2 f(x, y)dx$$

では，y は定数扱いなので，

図 **1** に示すように，y は，$0 \leqq y \leqq 1$ の範囲にあるある定数と考える。そして，①では，x の区間 $[0, 2]$ で定積分するため，図 **1** に示すように，y がある y の値のときに，y 軸に垂直な平面で立体を切った切り口の断面積 $S(y)$ を求めることになるんだね。実際に **P184** で計算した結果，$S(y) = \displaystyle\int_0^2 f(x, y)dx = e^y\{(1-e^2)y + e^2 + 1\}$ となって，y の関数が導けた。

次に，この断面積 $S(y)$ を y の区間 $[0, 1]$ で積分することにより，曲面 $z = f(x, y)$ と，xy 平面上の領域 $D(0 \leqq x \leqq 2, 0 \leqq y \leqq 1)$ とで挟まれる立体の体積が求められるんだね。これに対して，

(2) $\displaystyle\int_0^2 \int_0^1 (x-y)e^{x+y}\underbrace{dy}_{y\text{での積分}} dx$

について，y での積分

$$\int_0^1 (x-y)e^{x+y}dy \quad \cdots\cdots ② \text{ の部分}$$

では，x は定数扱いなので，図 **2** に示すように，x は，$0 \leqq x \leqq 2$ の範囲にあるある定数と考える。

図 **2** 曲面 $z = f(x, y)$ と断面積 $S(x)$

曲面 $z = f(x, y)$
定数扱い x
断面積 $S(x)$
$$S(x) = \int_0^1 f(x, y)dy$$

そして，②では，y の区間 $[0, 1]$ で定積分するため，図2に示すように，x があるある x の値のときに，x 軸に垂直な平面で立体を切った切り口の断面積 $S(x)$ を求めることになる。P185 で計算した結果，これは，$S(x) = e^x\{(e-1)x-1\}$ となった。そして，この $S(x)$ を x の区間 $[0, 2]$ で積分することにより，(1) と同じ立体の体積が求められたんだね。

では次のテーマとして，xy 平面上の積分領域が，これまでのような長方形でなく，三角形の場合について考えてみよう。2変数関数の曲面は，これまでと同じく，$z = f(x, y) = (x-y)e^{x+y}$ を用いるものとするが，積分領域 D' は，新たに $D'\left(x \geqq 0, y \geqq 0, y \leqq -\dfrac{1}{2}x+1\right)$ とすることにしよう。

$$\boxed{x \text{軸と} y \text{軸と直線} y = -\dfrac{1}{2}x+1 \text{とで囲まれる領域のこと}}$$

従って，今回は図3に示すような，曲面 $z = f(x, y)$ と xy 平面上の三角形の領域 D' とで挟まれる立体の体積を求めることにする。

そのためには，今回も重積分を行うことになるけれど，その際に積分区間に気を付けなければならない。

図3 曲面 $z = f(x, y)$ と領域 D'

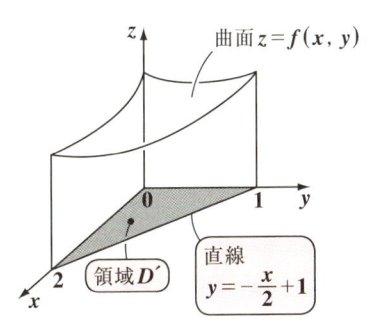

(1) 図4に示すように，まず，y を $0 \leqq y \leqq 1$ の範囲内のある定数とおくと，x が動ける範囲は，

$0 \leqq x \leqq 2-2y$ となる。

図4 領域 D' （y を定数扱い）

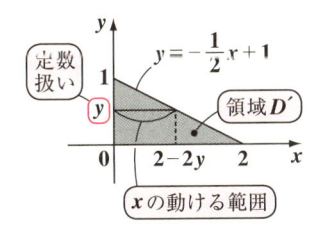

$$\boxed{\begin{array}{l}\text{直線 } y = -\dfrac{1}{2}x+1 \text{ より，}\\ \boxed{\text{定数扱い}}\\ \dfrac{1}{2}x = 1-y \quad \therefore x = 2-2y\end{array}}$$

したがって，この立体を，ある y の値のとき，y 軸に垂直な平面で切ってできる切り口の断面積を $S(y)$ とおくと，

$$S(y) = \int_0^{2-2y} f(x, y)dx \quad \cdots\cdots ③$$

となる。よって，図5に示すように，この③を y の区間 $[0, 1]$ で定積分することにより，求める曲面 $z = f(x, y)$ と領域 D' とで挟まれる立体の体積 V' を次のように求めることができる。つまり，

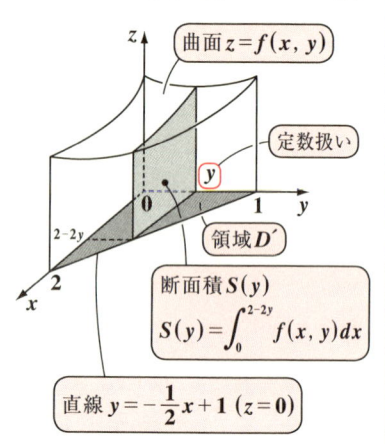

図5　曲面 $z = f(x, y)$ と断面積 $S(y)$

曲面 $z = f(x, y)$

定数扱い

y

領域 D'

断面積 $S(y)$
$$S(y) = \int_0^{2-2y} f(x, y)dx$$

直線 $y = -\dfrac{1}{2}x + 1 \ (z = 0)$

$$\therefore V' = \int_0^1 S(y)\,dy = \int_0^1 \int_0^{2-2y} \underbrace{f(x, y)}_{(x-y)e^{x+y}}dx\,dy \quad (③より)$$

$$= \int_0^1 \int_0^{2-2y} (x-y)e^{x+y}dx\,dy \quad \cdots\cdots ④ \quad となる。これに対して，$$

(2) 今度は，図6に示すように，まず x を，$0 \leq x \leq 2$ の範囲内のある定数と考えると，y が動ける範囲は，

$$0 \leq y \leq 1 - \dfrac{1}{2}x \quad となる。$$

直線 $y = -\dfrac{1}{2}x + 1$ より，

定数扱い

$y = 1 - \dfrac{1}{2}x$

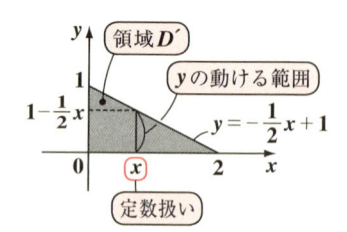

図6　領域 D'（x を定数扱い）

領域 D'

y の動ける範囲

$1 - \dfrac{1}{2}x$

$y = -\dfrac{1}{2}x + 1$

x

定数扱い

188

したがって，この立体を，ある x の値のとき，x 軸に垂直な平面で切ってできる切り口の断面積を $S(x)$ とおくと，

$$S(x) = \int_0^{1-\frac{1}{2}x} f(x, y)\,dy \quad \cdots\cdots ⑤$$

図7 曲面 $z = f(x, y)$ と断面積 $S(x)$

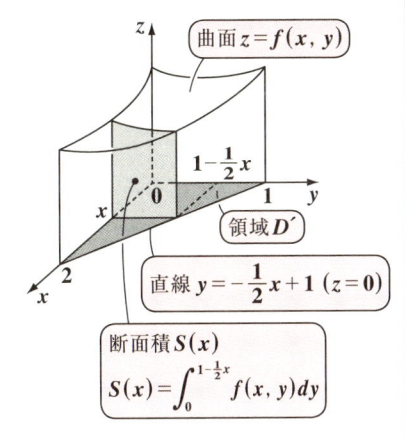

曲面 $z = f(x, y)$

$1 - \frac{1}{2}x$

領域 D'

直線 $y = -\frac{1}{2}x + 1 \ (z = 0)$

断面積 $S(x)$

$S(x) = \int_0^{1-\frac{1}{2}x} f(x, y)\,dy$

となる。よって，図7に示すように，この⑤を x の区間 $[0, 2]$ で定積分することにより，求める曲面 $z = f(x, y)$ と領域 D' とで挟まれる立体の体積 V' を次のように求めることができる。つまり，

$$\therefore V' = \int_0^2 S(x)\,dx = \int_0^2 \int_0^{1-\frac{1}{2}x} f(x, y)\,dy\,dx \quad (⑤ より)$$

$$\underbrace{f(x, y)}_{(x-y)e^{x+y}}$$

$$= \int_0^2 \int_0^{1-\frac{1}{2}x} (x-y)e^{x+y}\,dy\,dx \quad \cdots\cdots ⑥ \quad となるんだね。$$

以上より，④と⑥は，同じ立体の体積 V' を求める式なので，当然等しい。よって，

$$\int_0^1 \int_0^{2-2y} (x-y)e^{x+y}\,dx\,dy = \int_0^2 \int_0^{1-\frac{1}{2}x} (x-y)e^{x+y}\,dy\,dx \quad \cdots\cdots ⑦$$

となるんだね。

一般に a, b, c, d が定数のとき，重積分の積分の順序を単純に入れ替えても等しい。つまり，$\int_c^d \int_a^b f(x, y)\,dx\,dy = \int_a^b \int_c^d f(x, y)\,dy\,dx$ は成り立つ。しかし，積分区間に変数 x や y が入った場合に，積分の順序を変えるには，これまで解説したように，xy 平面上の積分領域にまで戻って考える必要があるんだね。面白かっただろう？
では最後に，⑦が成り立つことを実際に計算して確認してみよう。

重積分 (IV)

重積分 $\displaystyle\int_0^1\int_0^{2-2y}(x-y)e^{x+y}\,dx\,dy$ を計算せよ。

ヒント！ まず，$S(y)=\displaystyle\int_0^{2-2y}(x-y)e^{x+y}\,dx$ を求め，$\displaystyle\int_0^1 S(y)\,dy$ の積分計算を行えばいいんだね。少し複雑な計算だけれど，頑張ろう！

解答＆解説

求める重積分を計算すると，

$$\int_0^1\int_0^{2-2y}(x-y)e^{x+y}\,dx\,dy \quad \longleftarrow \boxed{\text{まず，} x \text{で積分する}}$$

（x での積分）

$$=\int_0^1\left\{\boxed{e^y}\int_0^{2-2y}(x-\boxed{y})e^x\,dx\right\}dy \quad \longrightarrow \boxed{x \text{での部分積分}}$$

（定数扱い）（定数扱い）

$$\int_0^{2-2y}(x-y)\cdot(e^x)'\,dx=\left[(x-y)e^x\right]_0^{2-2y}-\int_0^{2-2y}1\cdot e^x\,dx$$

$$=(2-3y)e^{2-2y}-(-y)\cdot1-\left[e^x\right]_0^{2-2y}$$

$$=(2-3y)e^{2-2y}+y-(e^{2-2y}-1)$$

$$=(1-3y)e^{2-2y}+y+1$$

$$=\int_0^1 e^y\left\{(1-3y)e^{2-2y}+y+1\right\}dy$$

$$=\int_0^1\left\{(1-3y)e^{2-y}+(y+1)e^y\right\}dy \quad \longleftarrow \boxed{\text{次に，} y \text{で積分する}}$$

（断面積 $S(y)$）

$$=e^2\underbrace{\int_0^1(1-3y)e^{-y}\,dy}_{(\text{i})}$$

$$+\underbrace{\int_0^1(y+1)e^y\,dy}_{(\text{ii})} \cdots\cdots① \quad \text{となる。}$$

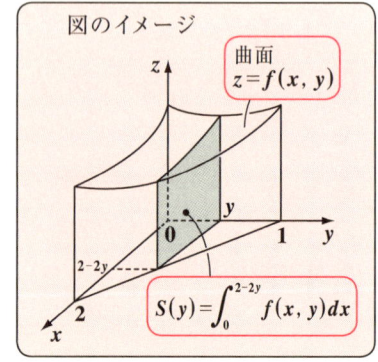

図のイメージ

曲面 $z=f(x,y)$

$$S(y)=\int_0^{2-2y}f(x,y)\,dx$$

ここで，(ⅰ), (ⅱ)の定積分をそれぞれ求めると，

(i) $\displaystyle\int_0^1 (1-3y)e^{-y}dy$

$\qquad = \displaystyle\int_0^1 (1-3y)(-e^{-y})'dy$ ←─ y での部分積分

$\qquad = -\left[(1-3y)e^{-y}\right]_0^1 + \displaystyle\int_0^1 (-3)\cdot e^{-y}dy$

$\qquad = 2e^{-1}+1\times 1+3\left[e^{-y}\right]_0^1$

$\qquad = 2e^{-1}+1+3(e^{-1}-1)$

$\qquad = 5\cdot e^{-1}-2 \ \cdots\cdots ② \ となる。$

(ii) $\displaystyle\int_0^1 (y+1)e^y dy = \int_0^1 (y+1)(e^y)'dy$ ←─ y での部分積分

$\qquad = \left[(y+1)e^y\right]_0^1 - \displaystyle\int_0^1 1\cdot e^y dy$

$\qquad = 2e-1\times 1-\left[e^y\right]_0^1$

$\qquad = 2e\!\!\not{-1}-(e\!\!\not{-1}) = e \ \cdots\cdots ③ \ となる。$

以上 (i), (ii) より, ②, ③ を①に代入して,

$\displaystyle\int_0^1 \int_0^{2-2y} (x-y)e^{x+y}dx\,dy$

$\qquad = \underbrace{e^2(5e^{-1}-2)}_{(\text{i})}+\underbrace{e}_{(\text{ii})}$

$\qquad = 5e-2e^2+e = 6e-2e^2 \ となる。$ $\cdots\cdots\cdots\cdots\cdots\cdots\cdots\cdots\cdots\cdots\cdots$(答)

重積分 $\displaystyle\int_0^2 \int_0^{1-\frac{1}{2}x} (x-y)e^{x+y}\,dy\,dx$ を計算せよ。

ヒント！　まず、$S(x) = \displaystyle\int_0^{1-\frac{1}{2}x}(x-y)e^{x+y}\,dy$ を求め、次に、$\displaystyle\int_0^2 S(x)\,dx$ を求めるんだね。結果が、演習問題 **109(P190)** と同じになることを確認しよう！

解答 & 解説

求める重積分を計算すると、

$$\int_0^2 \int_0^{1-\frac{1}{2}x}(x-y)e^{x+y}\,dy\,dx \quad \longleftarrow \boxed{\text{まず、} y \text{ で積分する}}$$

（y での積分）

$$= \int_0^2 \left\{ \boxed{e^x} \int_0^{1-\frac{1}{2}x}(\boxed{x}-y)e^y\,dy \right\}dx \qquad \boxed{y \text{ での部分積分}}$$

（定数扱い）（定数扱い）

$$\int_0^{1-\frac{1}{2}x}(x-y)\cdot(e^y)'\,dy = \left[(x-y)e^y\right]_0^{1-\frac{x}{2}} - \int_0^{1-\frac{x}{2}}(-1)e^y\,dy$$

$$= \left(\frac{3}{2}x-1\right)e^{1-\frac{x}{2}} - x\cdot 1 + \left[e^y\right]_0^{1-\frac{x}{2}}$$

$$\boxed{x-\left(1-\frac{x}{2}\right)}$$

$$= \left(\frac{3}{2}x-1\right)e^{1-\frac{x}{2}} - x + e^{1-\frac{x}{2}} - 1$$

$$= \frac{3}{2}x\cdot e^{1-\frac{x}{2}} - (x+1)$$

$$= \int_0^2 e^x\left\{\frac{3}{2}xe^{1-\frac{x}{2}} - (x+1)\right\}dx$$

$$= \frac{3}{2}e\underbrace{\int_0^2 xe^{\frac{x}{2}}\,dx}_{(\text{i})}$$

$$\underbrace{-\int_0^2 (x+1)e^x\,dx}_{(\text{ii})} \quad \cdots\cdots ① \quad \text{となる。}$$

ここで、(i)、(ii)の定積分をそれぞれ

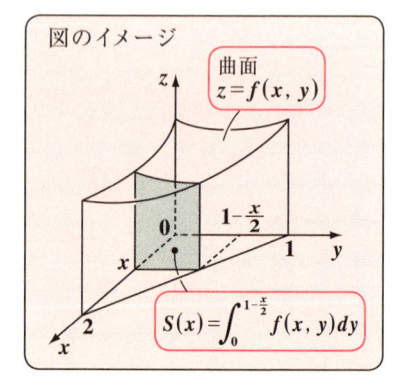

図のイメージ

曲面 $z = f(x, y)$

$S(x) = \displaystyle\int_0^{1-\frac{x}{2}} f(x, y)\,dy$

求めると，

(ⅰ) $\displaystyle\int_0^2 x \cdot e^{\frac{x}{2}} dx = \int_0^2 x \left(2e^{\frac{x}{2}}\right)' dx$　←―[x での部分積分]

$\qquad\qquad = 2\left[xe^{\frac{x}{2}}\right]_0^2 - 2\int_0^2 1 \cdot e^{\frac{x}{2}} dx$

$\qquad\qquad = 2(2e - \cancel{0}) - 2 \cdot 2\left[e^{\frac{x}{2}}\right]_0^2$

$\qquad\qquad = \cancel{4}e - 4(\cancel{e} - 1) = 4$ ……② となる。

(ⅱ) $\displaystyle\int_0^2 (x+1)e^x dx = \int_0^2 (x+1)(e^x)' dx$　←―[x での部分積分]

$\qquad\qquad = \left[(x+1)e^x\right]_0^2 - \int_0^2 1 \cdot e^x dx$

$\qquad\qquad = 3 \cdot e^2 - 1 \times 1 - \left[e^x\right]_0^2$

$\qquad\qquad = 3e^2 \cancel{-1} - (e^2 \cancel{-1}) = 2e^2$ ……③ となる。

以上 (ⅰ), (ⅱ) より，②，③ を① に代入すると，

$$\int_0^2 \int_0^{1-\frac{1}{2}x} (x-y)e^{x+y} dy\, dx = \frac{3}{2}e \cdot \underset{(ⅰ)}{4} - \underset{(ⅱ)}{2e^2}$$

$\qquad = 6e - 2e^2$ となる。………………………………………………(答)

予想した通り，この結果は，演習問題 **109(P190)** のものと同じになる。つまり，

$$\int_0^1 \int_0^{2-2y} (x-y)e^{x+y} dx\, dy = \int_0^2 \int_0^{1-\frac{1}{2}x} (x-y)e^{x+y} dy\, dx = 6e - 2e^2$$

となることが分かったんだね。大丈夫だった？

補充問題 1	微分方程式	CHECK*1*	CHECK*2*	CHECK*3*

次の変数分離形の微分方程式を，各条件の下で解け。

(1) $y' = -\dfrac{x}{2y}$ ……………… ① $(y \neq 0)$ （条件：$x = 0$ のとき，$y = 1$）

(2) $y' = y\sin^2 x \cos x$ ……② $(y \neq 0)$ （条件：$x = 0$ のとき，$y = 2$）

┃レクチャー　微分方程式とは，x や y や y' などが入った方程式のことで，これをみたす関数 $y = f(x)$ や x と y の関係式を求めればよい。その際，積分定数 C が残る形の解を一般解という。これに対して，条件により，x と y の値の組が与えられると，C の値が決まる。この解を特殊解という。微分方程式には，様々なタイプのものがあるんだけれど，その中で最もシンプルなものが，次に示す変数分離形の微分方程式だ。ここでは，その解法も一緒に覚えよう。

変数分離形の微分方程式：$y' = \dfrac{g(x)}{f(y)}$ ……① が与えられた場合

$\dfrac{dy}{dx} = \dfrac{g(x)}{f(y)}$ より，$\underline{f(y) \cdot dy = g(x) \cdot dx}$ となる。この両辺を不定積分して，

> （y の式）$\cdot dy =$（x の式）$\cdot dx$ のように，左右は y だけ，x だけの式となって，変数が分離されていることが分かるはずだ。

$\displaystyle\int f(y)\,dy = \int g(x)\,dx$ となる。これから，一般解を求めればいいんだね。

解答＆解説

(1) $y' = -\dfrac{x}{2y}$ ……① $(y \neq 0)$ （条件：$x = 0$ のとき $y = 1$）を変形して，

$\dfrac{dy}{dx} = -\dfrac{x}{2y}$ より，$2y \cdot dy = -x \cdot dx$ ← 変数分離形：（y の式）$dy =$（x の式）dx になった！

この両辺を不定積分して，

$$\int 2y \cdot dy = -\int x \cdot dx$$

$y^2 = -\dfrac{1}{2}x^2 + C$ ← 2つの不定積分から2つの積分定数が出来るが，これをまとめて1つにした C を右辺に示した。

194

よって，①の微分方程式の一般解は，$\dfrac{x^2}{2} + y^2 = C$ ……③　となる。

ここで，条件より，$x = 0$，$y = 1$ を

③に代入すると，

$\dfrac{0^{\cancel{2}}}{\cancel{2}} + 1^2 = C$　より，　$C = 1$

これを③に代入して，①の特殊解は，

$\dfrac{x^2}{2} + y^2 = 1$　$(y \neq 0)$

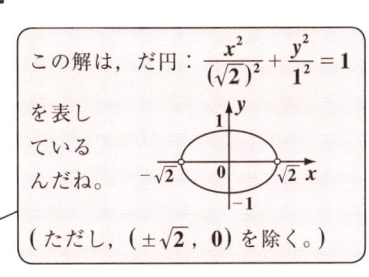

この解は，だ円：$\dfrac{x^2}{(\sqrt{2})^2} + \dfrac{y^2}{1^2} = 1$

を表し
ている
んだね。

$(\,$ただし，$(\pm\sqrt{2},\, 0)$ を除く。$)$

となる。 ……………………………(答)

$(2)\ y' = y\sin^2 x \cdot \cos x$ ……②　$(y \neq 0)$$(\,$条件：$x = 0$ のとき $y = 2)$ を変形して，

$\dfrac{dy}{dx} = y \cdot \sin^2 x \cdot \cos x$　より，　$\dfrac{1}{y}\, dy = \sin^2 x \cos x\, dx$ ←　$\begin{array}{l}\text{変数分離形}\\(y\,\text{の式}\,)dy\\\quad= (x\,\text{の式}\,)dx\end{array}$

この両辺を不定積分して，

$\displaystyle\int \dfrac{1}{y}\, dy = \int \sin^2 x \cdot \cos x\, dx$

$\boxed{\log|y|}$　$\boxed{\displaystyle\int f^2 \cdot f'\, dx = \dfrac{1}{3}f^3 + C\ \text{より，これは，}\ \dfrac{1}{3}\sin^3 x + C\ \text{となる。}}$

$\log|y| = \dfrac{1}{3}\sin^3 x + C_1$　$(C_1：$積分定数$)$ ←　$\begin{array}{c}\log_e a = b\\\uparrow\downarrow\\a = e^b\end{array}$

$|y| = e^{\frac{1}{3}\sin^3 x + C_1} = e^{C_1} \cdot e^{\frac{1}{3}\sin^3 x}$

$y = \underline{\pm e^{C_1}} \cdot e^{\frac{1}{3}\sin^3 x}$　より，②の一般解は，

$\boxed{\text{これを新たな定数}\,C\,\text{とおく。}}$

$y = C \cdot e^{\frac{1}{3}\sin^3 x}$ ……④　$(C = \pm e^{C_1})$　となる。ここで，

条件：$x = 0$，$y = 2$ を④に代入すると，

$2 = C \cdot e^{\frac{1}{3}\sin^3 0} = C \cdot \underset{\boxed{1}}{e^0}$　∴ $C = 2$ となる。

これを，④に代入して，②の特殊解は，

$y = 2e^{\frac{1}{3}\sin^3 x}$ となる。 …………………………………………(答)

正項級数 $\displaystyle\sum_{k=1}^{\infty} \frac{{}_{2k}C_k}{7^k}$ ……① の収束・発散をダランベールの判定法を用いて調べよ。$\left(\text{ただし，} {}_{n}C_r = \dfrac{n!}{r!(n-r)!} \text{ である。}\right)$

ヒント! $a_n = \dfrac{{}_{2n}C_n}{7^n} = \dfrac{1}{7^n} \cdot \dfrac{(2n)!}{n! \cdot (2n-n)!}$ とおいて，$\displaystyle\lim_{n \to \infty} \dfrac{a_{n+1}}{a_n}$ を求めて，正項級数の収束・発散を，ダランベールの判定法を使って調べればいいんだね。

解答&解説

①の正項級数の一般項 a_n は，

$a_n = \dfrac{{}_{2n}C_n}{7^n} = \dfrac{1}{7^n} \cdot \dfrac{(2n)!}{(n!)^2}$ ……② となる。よって，

$a_{n+1} = \dfrac{1}{7^{n+1}} \cdot \dfrac{\{2(n+1)\}!}{\{(n+1)!\}^2} = \dfrac{1}{7^{n+1}} \cdot \dfrac{(2n+2)!}{\{(n+1)!\}^2}$ …③ となる。

$$
\begin{aligned}
&{}_{n}C_r = \frac{n!}{r!(n-r)!} \text{ より，}\\
&{}_{2n}C_n = \frac{(2n)!}{n! \cdot (2n-n)!}\\
&= \frac{(2n)!}{(n!)^2}
\end{aligned}
$$

よって，①の収束・発散を調べるために，ダランベールの判定法を用いると，②，③より，

$$
\lim_{n \to \infty} \frac{a_{n+1}}{a_n} = \lim_{n \to \infty} \frac{\dfrac{1}{7^{n+1}} \cdot \dfrac{(2n+2)!}{\{(n+1)!\}^2}}{\dfrac{1}{7^n} \cdot \dfrac{(2n)!}{(n!)^2}}
$$

> **ダランベールの判定法**
> 正項級数 $\displaystyle\sum_{k=1}^{\infty} a_k$ は，
> $\displaystyle\lim_{n \to \infty} \dfrac{a_{n+1}}{a_n} = r$ とおくと，
> (i) $0 \leq r < 1$ のとき
> 　収束し，
> (ii) $1 < r$ のとき
> 　発散する。

$$
= \lim_{n \to \infty} \underbrace{\frac{7^n}{7^{n+1}}}_{\frac{1}{7}} \cdot \underbrace{\frac{(2n+2)!}{(2n)!}}_{\substack{(2n+2)(2n+1)\\=2(n+1)(2n+1)}} \cdot \underbrace{\frac{(n!)^2}{\{(n+1)!\}^2}}_{\left\{\frac{n!}{(n+1)!}\right\}^2 = \frac{1}{(n+1)^2}}
$$

$$
= \lim_{n \to \infty} \frac{1}{7} \cdot \frac{2(n+1)(2n+1)}{(n+1)^2} = \lim_{n \to \infty} \frac{2}{7} \cdot \frac{2n+1}{n+1} = \lim_{n \to \infty} \frac{2}{7} \cdot \frac{2 + \overset{0}{\boxed{\frac{1}{n}}}}{1 + \underset{0}{\boxed{\frac{1}{n}}}}
$$

$$
= \frac{4}{7} \text{ となる。}
$$

この極限値を r とおくと $r = \dfrac{4}{7}$ となり，これは $0 \leq r < 1$ をみたす。

∴ダランベールの判定法により，①の正項級数 $\displaystyle\sum_{k=1}^{\infty} a_n$ は収束する。……(答)

◆ *Term・Index* ◆

大学数学入門編
初めから解ける 演習
微分積分 キャンパス・ゼミ

マセマ

著　者　馬場 敬之
発行者　馬場 敬之
発行所　マセマ出版社
〒 332-0023 埼玉県川口市飯塚 3-7-21-502
TEL 048-253-1734　　FAX 048-253-1729
Email：info@mathema.jp
https://www.mathema.jp

編　集	七里 啓之	令和 6 年 1 月 22 日　初版発行
校閲・校正	高杉 豊　秋野 麻里子	
制作協力	久池井 茂　印藤 治　久池井 努	
	野村 直美　野村 烈　滝本 修二	
	平城 俊介　真下 久志	
	間宮 栄二　町田 朱美	
カバーデザイン	馬場 冬之	
ロゴデザイン	馬場 利貞	
印刷所	中央精版印刷株式会社